"十二五" 国家重点图书

现代振动筛分技术及设备设计

闻邦椿　刘树英　著

U0315616

北　京

冶金工业出版社

2015

内 容 提 要

本书扼要介绍了振动筛分技术及筛分设备的发展、用途与分类、筛分方法及其特点、散物料的粒度及粒度分析；较系统地叙述了筛分机械的典型结构与工作原理，各类振动筛工作面上物料运动的理论及工艺参数的设计计算方法，振动筛、振动脱水机运动学参数的选择与工艺参数的计算，惯性式、弹性连杆式和电磁式振动筛的动力学与动力学参数的设计计算，双电动机驱动的振动筛的同步理论，振动筛某些零部件的设计计算，给出了若干计算实例。

本书可供企业和科研院所从事振动利用工程的科技人员使用，也可供高等院校相关工程类专业师生参考。

图书在版编目（CIP）数据

现代振动筛分技术及设备设计/闻邦椿，刘树英著 . —北京：冶金工业出版社，2013.10（2015.1 重印）
ISBN 978-7-5024-6362-5

Ⅰ.①现… Ⅱ.①闻… ②刘… Ⅲ.①筛分—技术 ②筛分设备—机械设计 Ⅳ.①TD921 ②TD452

中国版本图书馆 CIP 数据核字（2013）第 233045 号

出 版 人 谭学余
地　　址　北京市东城区嵩祝院北巷 39 号　邮编　100009　电话　(010)64027926
网　　址　www. cnmip. com. cn　电子信箱　yjcbs@ cnmip. com. cn
责任编辑　宋　良　张耀辉　美术编辑　彭子赫　版式设计　孙跃红
责任校对　卿文春　责任印制　牛晓波
ISBN 978-7-5024-6362-5
冶金工业出版社出版发行；各地新华书店经销；北京百善印刷厂印刷
2013 年 10 月第 1 版，2015 年 1 月第 2 次印刷
169mm×239mm；19 印张；371 千字；294 页
59.00 元
冶金工业出版社　投稿电话　(010)64027932　投稿信箱　tougao@ cnmip. com. cn
冶金工业出版社营销中心　电话　(010)64044283　传真　(010)64027893
冶金书店　地址　北京市东四西大街 46 号(100010)　电话　(010)65289081(兼传真)
冶金工业出版社天猫旗舰店　yjgy. tmall. com
（本书如有印装质量问题，本社营销中心负责退换）

前　言

　　振动筛分设备是利用振动原理来完成筛分工艺过程并用来提高筛分工作效率的一类新型机械设备，目前被广泛用于矿山、冶金、煤炭、化工、电力、建筑、交通、环保、轻工和食品等工业部门。振动筛分设备类型有几十种之多，如单轴圆运动惯性振动筛、悬挂式自定中心振动筛、座式自定中心重型振动筛、双轴惯性振动筛、座式直线振动筛、双轴椭圆振动筛、振幅沿排料方向递减的椭圆振动筛、单轴双质体椭圆振动筛、线性惯性式共振筛、非线性惯性式共振筛、单质体弹性连杆式振动筛、双质体弹性连杆式振动筛、弹性连杆式非线性共振筛、筛箱振动式电磁振动筛、筛网振动式电磁振动筛、自同步热矿振动筛、激振器偏移式自同步冷矿筛、双向半螺旋式自同步振动细筛、自同步式概率筛、惯性共振式概率筛、自然分层等厚筛、概率等厚振动筛、节肢振动筛、多单元组合振动筛、弛张筛、中频振动细筛、高频振动细筛、锥形筛面振动细筛、螺旋筛面振动细筛和圆形筛面振动细筛等。这些振动筛在各工业部门中发挥着重要的作用。

　　随着国内经济建设和现代化科学技术的进一步发展，对振动筛分设备不仅在品种和规格上，而且在质量上也提出了愈来愈高的要求。为此，本书除吸收该领域国内外科技工作者对振动筛研究的部分成果外，着重总结了作者科研团队30多年来对振动机械进行理论和设计研究取得的新成果，如惯性共振式概率筛、激振器偏移式自同步冷矿筛、自同步热矿振动筛、概率等厚振动筛、高频振动细筛、锥形筛面振动细筛、螺旋筛面振动细筛等。本书较系统、全面地介绍了各类振动筛的结构、工作原理、工艺参数、运动学参数、动力学参数、动力学特性分析及主要零部件的设计计算，并给出了相应的计算实例。

本书共分9章。第1章叙述了振动筛分技术及筛分机械的国内外发展，筛分机械的组成、用途和分类，散物料的粒度及粒度分析；第2章介绍了固定筛、滚轴筛、滚筒筛、惯性式振动筛、弹性连杆式振动筛、电磁式振动筛、自同步惯性式振动筛和其他几种新型振动筛（概率筛、等厚筛、节肢振动筛、弛张筛和振动细筛）的结构与特点；第3章叙述了直线运动振动筛和椭圆运动振动筛工作面上物料运动的理论，以及振动离心脱水机物料运动的理论；第4章介绍了振动筛、振动脱水机运动学参数的选择与工艺参数的计算，并给出了计算实例；第5章介绍了线性非共振、线性近共振与非线性近共振惯性式振动筛的动力学，惯性式振动筛与共振筛动力学参数的设计计算，并给出了惯性式振动筛与共振筛的动力学参数计算实例；第6章叙述了线性单质体、线性双质体、线性多质体和非线性弹性连杆式振动筛的动力学，动力学参数的设计计算，弹性连杆式振动筛工作点的调整及动力学参数计算实例；第7章介绍了电磁式振动筛的动力学分析、动力学参数的计算、激磁方式、电磁参数的计算及计算实例；第8章介绍了双电动机驱动的振动筛的同步理论及其发展与应用；第9章介绍了振动筛某些零部件如弹性元件（金属螺旋弹簧、板弹簧、橡胶弹簧）、激振器（惯性激振器、弹性连杆式激振器、电磁式激振器）与箱体结构的设计计算等。

本书由闻邦椿、刘树英编写。在编写和出版过程中，得到东北大学机械设计与理论研究所及有关单位的大力支持，并得到东北大学"211"和"985"工程建设项目的资助和支持，在此深表感谢。本书可能会有一些不足，敬请广大读者批评指正。

作　者
2013 年 3 月

目　录

1 绪 论

1.1 筛分技术及筛分机械在经济建设中的应用

筛分就是将颗粒大小不同的散状混合物料通过单层或多层筛面的筛孔，按其粒度大小分成两种或多种不同粒级产品的分级过程。多孔的工作面称为筛面。筛面是筛机的基本工作部件，在多数情况下，筛面是平的，但也有弧形、螺旋形和锥形等。筛面上的孔称为筛孔，筛孔的形状有方形、圆形、长方形和条缝形。在1层筛面上筛分物料时，可得两种产品，透过筛孔的物料称为筛下产品，而留在筛面上的物料称为筛上产品，如筛孔尺寸为 12mm，则筛下与筛上产品分别用 $-12mm$ 和 $+12mm$ 表示，用 n 层筛面筛分物料则可得 $n+1$ 种产品。筛分作业可分为干式筛分和湿式筛分两种。筛分技术广泛应用于冶金、矿山、煤炭、化工、电力、建筑、粮食、医药和环保等部门，可对各种各样的松散物料进行筛分分级、脱水、脱泥、脱介。

在冶金工业部门，高炉冶炼时，送入高炉的原料及燃料必须事先进行筛分，将粉末状的细料从混合物料中分离出来，以免因粉状物料过多而影响高炉熔炼过程中的透气性，从而可避免高炉出现严重事故。为了对物料进行筛分，科技工作者提出了多种有效的筛分方法：普通筛分法、薄层筛分法、概率筛分法、厚层筛分法和概率等厚筛分法等。作者领导的科研团队设计研制的激振器偏移式大型自同步冷烧结矿振动筛和热矿筛，已应用于全国多家钢铁企业，对冷、热烧结矿进行筛分，除去其中的粉状或不符合进高炉要求的粒度很小的物料，提高了高炉的冶炼效果。该类大型振动筛有 2500mm × 7500mm、2500mm × 8500mm、3000mm × 9000mm 等规格。

在选矿厂的破碎筛分工艺流程中，普遍采用圆振动筛对矿石进行预先筛分、检查筛分和预先检查筛分。从矿床开采出来的矿石，其粒度大小不一，并且还含有一定量的细粒矿石，这些细粒矿石无需破碎，在进入破碎机之前，应将这些细粒级矿石分离出来，这种为下一步加工而进行的筛分称为预先筛分，这样可以增大破碎机的处理能力和防止矿石过粉碎。破碎后的产品中也含有过大的矿块，这也需要将过大的矿块从破碎产品中分离出来并返回破碎机中继续破碎，这种在破碎机后用以检查破碎产品粒度的筛分称为检查筛分。在破碎筛分工艺流程中，同时起预先筛分和检查筛分作用的筛分称为预先检查筛分。用固定细筛和振动细筛替代双螺旋分级机对磨矿产品按粒度进行分级，可以提高精矿品位；用高频振动细筛对选矿厂的尾矿进行分级，可以提高精矿的回收率。由此可见，各种规格形式的振动筛是选矿厂不可缺少的关键设备。

在选煤厂，不同的场合分别采用圆振动筛、概率振动筛和等厚筛对煤进行筛分分级，得到不同用途、不同粒度的煤：采用直线振动筛对精煤和末煤进行脱水和脱介；采用振动离心脱水筛对煤泥及细粒煤进行脱水作业；先后采用琴弦筛、弛张筛、滚轴筛和旋转概率筛等，解决了含水 7% ~14% 的难筛细粒煤的湿式筛分过程中的堵孔问题，并提高了筛分效率。

在水利电力部门，火电厂采用圆振动筛或等厚筛对煤进行预先筛分，利用直线振动筛解决煤炭的处理问题；在水电站的建设工程中，如在三峡和小浪底等水利工程建设中，也有众多的各种类型的筛分机械对砂石散物料进行筛分分级处理。

在交通部门，采用大揭盖清筛机对铁路砟石进行清砂和除泥土的筛分作业，省工省时、效果好；在高速公路的建设中，用圆振动筛或直线振动筛对砂石进行分级，用热石筛对沥青混凝土的石块进行分级，以满足筑路的需求。

在化工部门，对化工原料和产品的筛分，如化肥和复合肥分级，筛网振动筛和化肥筛都是关键设备。在制盐、粮食加工等领域也广泛利用筛分作业对物料进行净化处理。

在环卫部门，采用滚筒筛、多段筛面的反流筛等筛分设备对固体垃圾进行筛分处理。

1.2 筛分技术的发展

筛分技术的发展总是以生产需求为前提的，筛分技术面临的任务是：科学技术的进步向工业提出降低能耗、综合利用和环境保护的要求，如煤炭工业要求对原煤深加工、增加品种、增加产量、提高精度、降低成本、减轻污染等。为满足各行各业生产的需求，各国的科技工作者致力于各种筛分方法的研究，提出了多种筛分方法，如普通筛分法、薄层筛分法、概率筛分法、厚层筛分法和概率厚层筛分法等。这些方法各有特点，下面分别介绍这些筛分方法及其特点。

1.2.1 普通筛分法

在工业部门中长期使用的一种筛分方法是普通筛分法，这是一种中等料层厚度的筛分方法，在普通振动筛中的筛分就是利用这种方法。该筛分法有如下特点：

(1) 料层厚度一般为筛孔尺寸的 3~6 倍。

（2）筛面层数为 1～2 层。

（3）物料颗粒的透筛是按照筛孔的大小进行的，小于筛孔的物料颗粒在沿筛长方向运动的过程中不断透过筛孔，而大于筛孔的物料颗粒沿筛面方向移动，最后从筛面上方排出，其筛分过程如图 1-1 所示。

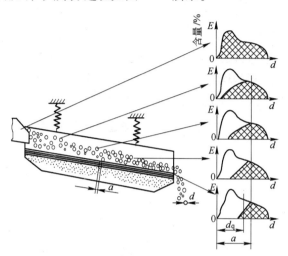

图 1-1　普通筛分法示意图

a—筛孔尺寸；d_q—分离粒度；d—物料尺寸；E(影线部分)—筛上物出率

（4）一般情况下，筛孔尺寸 a 与筛下物的最大尺寸 d_{max} 有如下关系：对于圆孔，$a = 1.3～1.4d_{max}$；对于方孔，$a = 1.1～1.15d_{max}$；对于长条形孔，$a = 0.7～0.8d_{max}$（注：筛孔尺寸，对于圆孔为直径，对方孔和长条孔为窄边长）。

利用普通筛分法对物料进行筛分，物料的透筛过程进行得较缓慢，在筛长相同的情况下，该种筛分法的筛分效率较低。尽管如此，由于普通筛分法的适用性强，既可以用于粒状物料筛分，也适用于块状物料筛分；既可用于干筛，也可用于湿筛，所以直到现在该筛分法仍广泛应用于工农业生产中。

1.2.2　薄层筛分法

1965 年法国人 E·布尔雷斯研究细粉物料的筛分，提出了"薄层筛分法"。薄层筛分法是在物料层极薄的条件下进行的一种筛分法，也就是筛面上物料的厚度与分离粒度的比值不超过 1/1～2/1 的范围。

该筛分法通常应用于筛面直接激振的振动筛机，如筛网振动式电磁振动筛、凸轮式振动筛、直线振动筛等。该筛分法有以下特点：

（1）料层厚度 h 仅为筛孔尺寸 a 的 1～2 倍，即 $h/a = 1～2$。

（2）筛面为单层或双层。

（3）一般选用较高的物料运动速度，常用速度为 $0.5 \sim 1 m/s$。

（4）一般采用高频率、小振幅，常用的振动频率为 $1500 \sim 6000 r/min$，相应的单振幅为 $3 \sim 0.12 mm$。

（5）给料宽度与筛面宽度之比接近 $1:1$。

（6）适用的筛面倾角一般为 $25° \sim 45°$。

（7）薄层筛分法适于对细物料或超细物料进行筛分，分离粒度一般为 $0.05 \sim 5 mm$，最常见的为 $0.1 \sim 3 mm$。当采用薄层筛分法时，筛机给料端要设置布料装置，以保证给料的均匀性。

薄层筛分法与普通筛分法的比较见表 $1-1$。

表 $1-1$　薄层筛分法与普通筛分法的比较

比较项目　　筛分方法	薄层筛分法	普通筛分法
物料层厚度 h 与分离粒度 d_q 之比	$h:d_q = 1:1 \sim 2:1$	$h:d_q \geqslant 3:1$
筛宽 B 与筛长 L 之比	$B:L = 1:1 \sim 1:2$	$B:L = 1:2 \sim 1:3$
给料宽度 b 与筛宽 B 之比	$b:B = 1:1$	$b:B \geqslant 1:2$
输送速度 $v/m \cdot s^{-1}$	$0.5 \sim 1$	$0.15 \sim 0.3$
分离粒度范围 /mm	$0.05 \sim 5$	$0.5 \sim 200$
振动频率 $n/r \cdot min^{-1}$	$1500 \sim 6000$	$700 \sim 1500$
双振幅 $2\lambda/mm$	$6 \sim 0.25$	$20 \sim 4$
加速度 a	$5 \sim 15g$，局部区域更大	$4 \sim 10g$
工作面倾角 $\alpha_0/(°)$	$25 \sim 45$	$0 \sim 30$

1.2.3　概率筛分法

随着对筛分过程认识的深入，研究学者又提出了新的筛分原理。1951 年瑞典人费雷德里克·摩根森用统计学方法分析研究了物料在筛面上的筛分过程，首先提出了概率筛分法。这种方法能够有效地按照概率理论去完成物料筛分的整个过程。该筛分法有以下特点：

（1）采用多层筛面，一般为 $3 \sim 6$ 层。

（2）筛面采用较大的安装倾角，一般为 $25° \sim 60°$。

（3）采用较大的筛孔，筛孔尺寸 a 与分离粒度 d_q 之比为 $2 \sim 10$。

采用这种筛分方法的筛机称为概率筛，国外称之为摩根森筛，其筛分法原理如图 $1-2$ 所示。由于这种筛分法能动地利用了概率原理，使得物料在这种筛机中的筛分过程进行得十分迅速。在这种筛机中物料经历的时间一般为 $3 \sim 6s$，而在普通筛机中约需 $10 \sim 30s$。因此，可以说在概率筛上进行的筛分属于快速筛分。

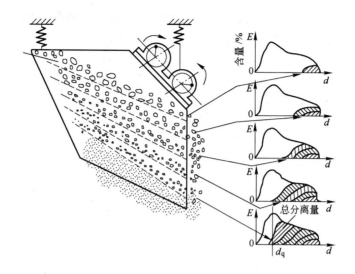

图1-2 概率筛分法原理图

  概率筛分法的优点是，由于采用了多层、大倾角和大筛孔的筛面，物料入筛后能迅速透筛，同时还克服了普通筛分法中容易堵塞筛孔的缺点，消除了临界颗粒的影响，减小了筛面的磨损，提高了单位面积的处理量（概率筛单位面积的处理量约为普通振动筛的5倍）。但是，由于概率筛分法的筛下产品常常含有一定量的粗颗粒，有时不能获得较高的筛分效率，因此，其一般只适用于近似筛分的场合。

1.2.4　厚层筛分法

  厚层筛分法也称大厚度筛分法，20世纪60年代该法首先出现于法国，到70年代初期国外已广泛应用这一新筛分方法。该筛分法的特点是：不管入料中小于筛孔的颗粒所占的百分比如何，在筛分过程中筛上物料层的厚度大，并保持不变或递增（见图1-3a）。而采用普通筛分时，筛上物料层厚度较薄，而且都是递减的（见图1-3b）。

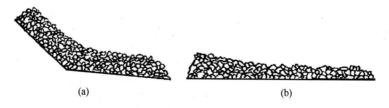

(a)　　　　　　　　　　　　(b)

图1-3 厚层筛分法与普通筛分法筛上料层变化图
（a）厚层筛分法筛上料层变化；（b）普通筛分法筛上料层变化

用普通筛分法筛分物料时，筛面给予物料层的加速度值不够大，导致小颗粒向下沉降的速度小，到达筛面要经过一段较长的时间，物料分层不好，因此，普通筛分法的平均单位面积透筛能力仅是筛面实际透筛能力的25%左右。

厚层筛分法在入料端的加速度要比普通筛分法大，因而可使物料层的加速度加大，料层迅速变薄，并很快地分层。对已分层的料群，再施加与普通筛分法相同的加速度，即可使物料透筛。这种筛分法，使小颗粒和筛面接触的概率显著增大，平均单位面积透筛能力约为筛面实际透筛能力的80%。因此厚层筛分法可成倍地提高筛机的处理能力。

为了使物料层能沿筛面按上述要求分布，可以采用以下两种方法：

（1）大抛掷指数的厚层筛分法，如图1-4所示。在筛分作业中，筛面呈缓倾斜或水平布置，并分成若干区段，每区段都有自己的传动机构。第一区段的振幅（或频率）比较大，其振动加速度约为$10g$，第二区段的振幅（或频率）比较小，振动加速度约为$4\sim5g$。

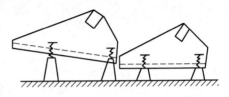

图1-4　大抛掷指数的厚层筛分法

（2）大倾角安装的厚层筛分法，如图1-5所示。将圆运动振动筛与直线振动筛串联安装，圆运动振动筛的安装倾角为30°~40°，物料有较高的运动速度，料层较薄；而直线振动筛安装倾角为0°~10°，以正常的加速度进行筛分，如图1-5a所示。多台小型筛机串联安装，如图1-5b所示。一台筛机上安装三段筛面，第一段筛面长4m，安装倾角为34°；第二段筛面长0.8m，安装倾角为20°；第三段筛面长4.5m，安装倾角为0°，如图1-5c所示。

厚层筛分法目前已在我国某些大型选煤厂中使用，效果良好。

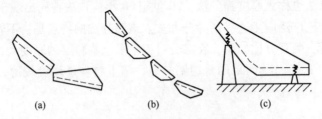

(a)　　　　　　(b)　　　　　　(c)

图1-5　大倾角安装的厚层筛分法
（a）圆运动振动筛与直线振动筛串联安装；（b）多台小型筛机串联安装；
（c）一台筛机上安装三段筛面

1.2.5　概率厚层筛分法

作者经过多年的实践与研究，将概率筛分法和厚层筛分法的优点集于一体，并克服两种方法的不足，提出了一种新的筛分方法——概率厚层筛分法。在此基础上，又与铁道科学院共同研制了概率等厚筛，用于铁路路基砟石筛分除土，处理能力大，筛分效率高，处理速度快，省时省工。

概率厚层法的第一阶段是以概率筛分原理为基础，而第二阶段以厚层筛分原理为基础，对物料进行快速分层，加快物料透筛概率。这种筛分方法有较大的产量和较高的筛分效率，而且不需要很长的筛面。

根据这种筛分方法，作者所在的科研团队已设计出了多种规格的概率厚层筛分机，并已被应用于工业中，其工作效果令人十分满意。

1.2.5.1 概率厚层筛分法的产生及其背景

最近30年来，筛分方法有了很大的发展，除了以往一直沿用的普通筛分法及薄层筛分法外，还在工业部门中出现了概率筛分法和厚层筛分法（又称等厚筛分法）。这两种筛分方法的出现，曾引起了工程技术界的广泛重视和密切注意。1978年，作者的科研团队研制了我国第一台自同步概率筛（见图1-6a），并将它成功地应用于碳化硅的筛分流程中。1979年，又研制成功了我国第一台厚层筛（见图1-6b）。概率筛和厚层筛均具有其他筛机所不能比拟的优点，如产量很大；但也有其各自的缺点，如概率筛在多数情况下，筛分效率较低，筛上物和筛下物分离不够纯净，而厚层筛的长度过长，结构较笨重。如何能充分发挥上述两种筛机的优点而克服其缺点呢？概率厚层筛分法与概率厚层筛（又称概率等厚筛）就是为解决上面提出的问题而研究成功的。

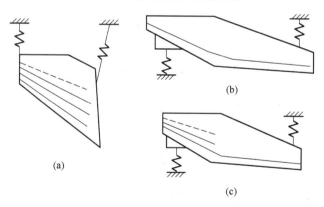

图1-6 三种筛结构示意图
(a) 概率筛；(b) 厚层筛；(c) 概率厚层筛

1981年初，由于某工业部门生产的需要，提出要研制一种尺寸小、产量大和筛分效率高的新型筛分机械。筛机的尺寸为：长×宽×高应小于3500mm×2200mm×1400mm。按给料计算的产量应达到675m³/h，而筛分效率应超过90%。根据上述情况，利用概率筛和厚层筛虽然都能满足产量的要求，但概率筛很难达到所要求的筛分效率，而厚层筛由于长度过大（一般为 7～9m），在尺寸严格限制的条件下显然也是不适用的。为了解决现场提出的关键问题，经过反复研究与试验，终于在 1981 年夏，研究出将概率筛分法与厚层筛分法结合在一起的一种新的筛分方法——概率厚层筛分法，并进而研制出了新型概率厚层筛（见图 1-6c）。经过近 4 年时间的运转，证明该筛机的研制是成功的，满足了现场提出的要求。目前该筛机在多个部门推广使用。最近又设计与研制了另外一种用于煤炭筛分的概率厚层筛，已用于原煤及煤矸石的筛分，效果良好。

1.2.5.2 概率厚层筛分法的特点

概率厚层筛分法的工作过程包括两个阶段：概率分层与筛分阶段和厚层筛分阶段。

A 概率分层与筛分阶段

概率厚层筛分法与厚层筛分法不同。首先，概率厚层筛分法的第一个阶段是利用概率原理对物料进行快速分层，同时还有筛分的作用，其所需筛面的工作长度一般为 1.5～2m，也可以说，这种分层是属于强制分层。而厚层筛分法的第一个阶段是靠筛面的振动，使筛面上的物料实现自然分层，其所需筛面的工作长度一般为 2.5～4m，由于依靠物料在筛面上跳动来实现自然分层，其所需时间长，分层慢，因而这是一种效率较低的分层方法。其次，概率厚层筛分法的第一个阶段，除了实现快速分层之外，细颗粒物料将以很快的速度不同程度地透过各层筛面的筛孔，部分地实现了筛分。而在厚层筛分法中，依靠物料实现自然分层，细颗粒物料透筛的速度远较概率筛分法慢，被筛下的细粒级物料也较前一种方法少。因此，对细颗粒物料来说，在概率强制分层过程中，能获得比厚层筛分法较好的筛分；对粗颗粒物料来说，则其只是一个分层的过程。

概率厚层筛分过程的第一阶段，其工作原理与概率筛分法有很多相似之处，但也有一些不同，其筛面结构有以下特点：

（1）多层。在概率筛分法中，筛面一般采用 3～6 层。而在概率厚层筛分法中，筛面宜采用 3 层。

（2）大倾角。在概率筛分法中，筛面的安装倾角一般取 25°～60°，而对概率厚层筛分法，第一阶段筛面的安装倾角可取 20°～40°。

（3）大筛孔。在概率筛分法中，筛孔尺寸与分离粒度之比一般为 2～10，而对概率厚层筛分法，最下层筛面的尺寸应适当减小，一般为分离粒度的 1.3～1.7 倍。

由于筛面具有上述特点，使得概率厚层筛分过程的第一阶段与自然分层的厚层筛分法的第一阶段有着显著的不同。最主要的不同点是概率厚层筛分法的第一阶段十分明显和有效地按照概率理论完成物料的分层与部分细粒物料的筛分，因而这一阶段所需的时间及所需的筛面长度比自然分层的厚层筛分法都短，可以说这是一种极快速的分层与筛分。但对概率厚层筛分法来说，在这一阶段中，细粒物料的透筛并非是根本目的，而是第二位的功能，当然提高这一功能也是有重要意义的。但细粒物料的透筛效果，即筛机的筛分效率应该由第二个阶段来保证。在这一阶段中被筛分物料的分层与筛分在各层筛面上的分配曲线如图 1-7 所示。十分明显，在这一阶段中，由上而下从各层筛面上方排出的物料由粗逐渐变细。在图 1-7 所示的直角坐标系中，横坐标为相对粒度，即物料粒度与筛孔尺寸之比，纵坐标为各粒级物料含量的百分数，曲线 1 为被筛分物料的粒度组成。被筛分物料经第一层、第二层及第三层筛面筛分之后，分为筛上与筛下两种产品，它们的粒度分界线为曲线 2，曲线 2 与曲线 1 之间距为筛上物粒度组成，曲线 2 与横坐标之间距为筛下物粒度组成。由图 1-7 可见，经第一阶段分层与筛分之后，在筛上物中还有相当多的细粒物料。因此，为了使物料获得更精确的筛分，应采用第二阶段——厚层筛分阶段对物料进行进一步筛分。

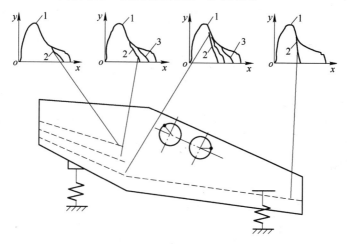

图 1-7　概率厚层筛分法各阶段各层物料的分配曲线

B　厚层筛分阶段

在第二阶段中，物料的筛分过程是以厚层筛分法为基础的。这一阶段筛面的倾角一般为 0°～10°，物料运动速度较低，料层变厚，其厚度一般大于筛孔尺寸的 8～10 倍。筛面长度一般为 2.5～4m，而自然分层的厚层筛第二阶段的筛面长度通常为 4～6m。这一阶段的筛分过程是在料层较厚的条件下进行的，由于物料层厚度大，物料按粒度的大小成层，大块在上，小粒在下，因此，细粒物料承受厚料层的压力也较大，并直接与筛面接触，这就使细粒物料透过筛孔的概率显著增大。根据文献介绍，厚层筛平均单位面积的透筛能力约为筛面实际透筛能力的 80%，而普通振动筛由于料层较薄，细粒物料所受的压力较厚层筛小，透筛概率显著降低，因此，厚层筛与普通筛相比可成倍地提高筛机的处理能力。

综上可知，概率厚层筛采用了概率快速分层（兼有筛分作用）与厚层筛分，使该筛有较大的处理能力和很高的筛分效率，并且可使其工作长度远小于厚层筛分机。

概率厚层筛分法第二阶段的分配曲线如图 1-7 上方的直角坐标图所示。由于在第一阶段概率分层与筛分之后，细粒物料没有得到充分的筛分，在筛上级别的物料中还有较多的细粒级别的物料，特别是接近筛孔尺寸的细粒物料。曲线 1 与曲线 2 之间距为进入第二阶段的被筛物料的粒度组成，由图可以看出，在这部分物料中还有许多小于分离粒度的物料，必须进行第二阶段的筛分，经第二阶段筛分后，再分为两种级别。曲线 3 上各点的纵坐标为筛下物的粒度组成，而曲线 3 与曲线 1 之间距为筛上物的粒度组成。由图可见，筛上物料中虽然还含有细颗粒，但其含量甚小。因此，概率厚层筛分法所处理的物料具有较高的精确度和较高的筛分效率。

1.2.5.3　提高概率厚层筛分效果的若干措施

根据前面分析结果可知，为了提高概率厚层筛的筛分效率，可以采取以下措施：

（1）增大每一粒级物料的透筛概率 C_x。概率厚层筛的第一段采用大筛孔，第二段采用大厚度，可以增大对细物料的压力，进而增大物料的透筛概率 C_x 值，提高概率厚层筛的筛分效率。

（2）增加物料在筛面上的跳动次数 m，对提高筛分效率也是一个很重要的因素。概率厚层筛的第二个筛分段就是为了增加物料在筛面上的跳动次数，以提高该筛分机的筛分效率。

（3）减少被筛分物料中难筛颗粒（即接近于筛孔尺寸的颗粒）的含量，可以提高筛分机的筛分效率。在概率厚层筛的概率分层及筛分阶段适当增大筛孔尺寸，可在一定程度上提高筛分效率，但筛下物中往往含有粗粒级颗粒。在一般筛机中，只能靠增加物料跳动次数和增大每次跳动的概率来提高物料的筛分效率。

相对粒度不同时物料的透筛量与跳动次数和筛面长度的关系如图 1-8 所示。

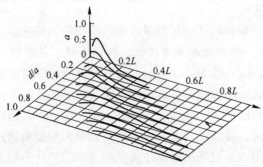

图 1-8　相对粒度不同时物料的透筛量与跳动次数和筛面长度的关系

d—物料颗粒尺寸；a—筛孔尺寸；L—筛面长度

1.2.5.4　概率厚层筛分法试验研究的若干结果

概率厚层筛用于筛分铁路砟石，以除去小于20mm的泥沙和碎石。试验结果如图1-9所示。分离粒度为20mm，下层筛面的筛孔尺寸为20mm×30mm。筛分后筛上物与筛下物的粒度组成以及筛面上各粒级含量的百分比均列于表1-2中。由表可见，在筛上物中还含有细粒级别。根据表1-2中的数据即可计算出筛分效率。

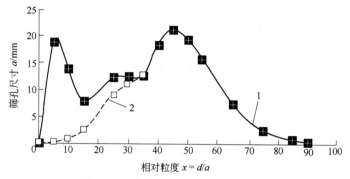

图1-9　筛分铁路砟石时的试验结果

1—给料相对粒度的分布曲线；2—留在筛面上的物料相对粒度的分布曲线

表1-2　概率等厚筛分法的筛分结果

筛孔尺寸 /mm	原始物料 中各粒级 的含量/%	筛下物中 各粒级的 含量/%	通过筛孔 物料含量的 百分比/%	筛面上 各粒级的 含量/%	筛面上各粒 级含量的 百分比/%
~10	19	18.4	96.84	0.6	3.16
10~20	7.8	7.5	96.15	0.3	3.85
20~30	12.3	5.3	43.09	7.0	56.91
30~40	12.7	0	0	12.7	100
40~50	21.4	0	0	21.4	100
50~60	15.8	0	0	15.8	100
60~70	9.1	0	0	9.1	100
70~	1.9	0	0	1.9	100
总　计	100	31.2		68.8	

注：该项试验是在筛机单位面积产量为46.57m³/h的条件下进行的，所得的筛分效率为96.6%。

根据研究结果，可得出以下几点结论：

（1）概率厚层筛分法是一种新的高效筛分方法，它是在概率筛分法和厚层筛分法的基础上发展起来的，将厚层筛分法的自然分层阶段由强制性的概率分层（并兼有筛分的作用）阶段来取代，与概率筛分法和厚层筛分法相比具有本质的区别。

（2）概率厚层筛分法综合了概率筛分法的单位面积产量大及设备尺寸小的优点，同时克服了概率筛分法筛分效率较低和筛下产品中常含有粗颗粒的缺点及厚层筛分法筛面长度较大的缺点。因此，概率厚层筛分法已成为一种较为完善的筛分法，具有单位面积产量较大、筛分效率高、所需筛面长度较小等优点。

（3）在本节中介绍了概率厚层筛分过程两个阶段的基本原理，给概率厚层筛分法的筛分结果做出了定性的估算。

（4）在研究概率厚层筛分法的基础上，作者已成功研制了新型概率厚层筛，并已将这种新型筛机应用于铁路砟石及煤矸石的筛分工艺过程中。经过现场试验，其工业指标良好。因此，概率厚层筛分是一种高效筛分方法，而概率厚层筛则是一种高效的新型筛分机构，具有推广价值。

1.3 筛分机械的国内外发展

筛分机械广泛应用于矿山、冶金、煤炭、水利电力、石油化工、铁路交通、粮食加工、医药和环保等工业部门，用以完成筛分、分级、洗涤、脱水、脱介、脱泥等各种不同的工艺过程。随着现代科学技术和现代化建设的迫切需要，对筛分机械不仅在品种上，而且在产品质量上都提出了越来越高的要求，在此形势下，振动筛分设备的研究得到了迅速发展，并为我国经济建设作出了巨大贡献。

1.3.1 国外筛分机械的发展现状

国外从 16 世纪就已开始进行振动筛分机械的研究与生产。在 18 世纪欧洲工业革命时期，振动筛分机械得到了迅速发展，到 20 世纪振动筛分机械的发展已达到一个较高的水平。目前已知的最古老的筛分设备应该是固定筛，使用时将被筛分的物料倒在固定筛的筛板上，存留在筛面上的大块物料用手拣出来，再用锤子把拣出来的大块物料打碎，使其达到所要求的粒度级别，所以说固定筛是所有筛分设备中资历最老的筛子。与此同时，有的固定筛的筛面由加上若干根平行排列的异型断面的棒条所构成，这就是棒条筛。后来又出现了有传动机构的棒条筛，这就是沿用至今的滚轴筛。许多行业对筛分机械不断提出各种要求，促进了筛分机械的发展和工艺的进步，如圆筒筛、摇动筛和振动筛等各种类型的筛分设备，都是为了适应各行业的需要而先后问世的。

在冶金、煤炭、建材、食品加工和化工等许多行业，筛分作业是重要的生产环节，对筛分设备的要求也愈来愈高。不但要求筛分机械具有机构简单、制造容易、安装维护方便和使用寿命长等性能，而且还要求筛分机械具有生产能力大，筛分效率高，脱水、脱介和脱泥效果好及动力消耗低等性能。因此，目前煤用筛分机中，由于滚轴筛、圆筒筛和摇动筛性能较差，使用上受到限制，已逐渐被工艺效果好、结构简单和维修方便的振动筛所代替。筛分机械发展方向与所有选煤机械一样，正向着标准化、系列化、通用化和大型化方向发展，以此来适应对煤炭、矿石、烧结矿、筑路和建筑砂石、粮食、工业和生活垃圾等散状物料筛分的需要。

许多国家如德国、美国、法国、日本、英国和俄罗斯等，都已制造出大型筛分机，其中德国尤为突出。德国的 STK 公司可提供 260 多种筛分设备，系列品种较全，技术水平较高；德国申克公司（SCHENCK）制造了处理能力达 1200t/h，烧结矿温度高达 1000℃的热矿振动筛，其宽度为 4m，长度为 7.3m，质量达 50t，更换一台筛子只需 4min；制造的脱水筛的宽度达 4.5m。德国筛子公司（SIEB TECHNIK）单轴振动筛的有效宽度最大为 2400mm，长度为 6000mm，而单层双轴振动筛是世界上最大的筛分机械之一，其有效宽度最大为 5500mm，长度达 11000mm，筛分面积达 60.5m²。单轴振动筛的最大振幅为 12mm，双轴振动筛的最大振幅为 16mm；物料的运行速度一般为 0.3~0.4m/s，但也有高于这种速度的。德国的 KHD 公司生产 200 多种规格的筛分设备，其中 USL 系列直线振动筛和 USK 系列圆振动筛筛箱的侧板、筛板、横梁、传动轴均实现标准化、系列化和通用化，激振器只有三种，可见三化程度之高；德国的 KUP 公司和海因勒曼公司都研制了双倾角的筛分设备。弛张筛最早也是在德国出现，它是利用弹性材料制成的筛面作弛张运动来工作，可用于潮湿细粒黏性物料的分级。德国 Liwell 型弛张筛在筛分入料粒度为 0~80mm、含水为 7%~8%、分级粒度为 6mm 时，单位处理能力为 30t/（h·m²），筛分效率可达 90%。德国阿盖尔机械制造有限公司的发展历史可以追溯到 1906 年，它是一家著名的研发干燥及筛分机械的专业厂家，其生产的干燥机和筛分机在欧洲享有盛名。德国雷尾姆公司设计的喷气式电磁振动筛是一种处理 0.1~0.2mm 细物料的高效振动筛，物料在筛面上受振后的最大加速度为重力加速度的 15 倍，从而使细物料的分离效率得到很大的提高。

美国 RNO 公司研制的 DF11 型双频率筛，采用了不同转速的激振器。美国 DRK 公司研制出三路分配器给料，一台高速电动机驱动的振动筛。比维－特克筛是美国阿雷盖茨公司研制出一种具有单层和双层结构的筛分机，活动的筛面可使筛孔保持清洁，能处理难筛分的团聚物料。

日本东海株式会社和 RXR 公司等合作研制的垂直料流筛，把旋转运动和旋回运动结合起来，对细物料一次分级特别有效。英国为解决从原煤中筛出细粒末煤问题，研制成功流流概率筛。前苏联研制了一种多用途集共振筛和直线振动筛优点的自同步直线振动筛。

概率筛分法的提出，促成了摩根森筛分机（即概率筛）的问世。概率筛和普通振动筛基本结构一样，也是由筛箱、激振器和支撑（吊挂）装置三个部分组成，但在结构上它具有层数多、倾角大、筛孔大和筛面短四大特点。概率筛的筛箱由筛框和 3~6 层筛面组成，每个筛框上可安装数个倾斜筛面，多数概率筛装有 2 层或 5 层筛面，最上层筛面倾角为 15°~35°，并以最上层倾角为准，以下各层按 4°~6°递增。最上层筛面筛孔直径最大，其他筛孔直径自上而下递减。一般最上层筛面的筛孔直径要比分离粒度大 10~50 倍；最下层筛面的筛孔直径至少也是分离粒度的 1.5~2 倍；中间各层筛面的筛孔，可在最上层和最下层两种筛孔之间酌情选取。筛箱采用钢板和型钢焊接或铆接而成。概率筛采用惯性激振器驱动。

1965 年法国人 E. 布尔雷斯提出"薄层筛分法"，接着就出现了用电磁激振器直接激振筛面的细筛筛分机。但这种筛分机在处理中、细粒高水分或黏性物料时，筛孔易被物料堵塞，严重影响了筛分机的生产能力和筛分效率。为解决这个问题，某些国家在筛分机的结构和筛面上进行了创新，出现了"筛面振动筛"和"冲击网眼筛"。"筛面振动筛"就是一种除筛框振动外，筛面还进行第二次振动的筛分机械；"冲击网眼筛"则是把筛面安装在一个塑料框架上，在塑料框架与传动框架相对运动的过程中，周期性地接受传动框架对它的冲击振动。

芬兰诺德伯格集团公司生产的香蕉筛面振动筛，其筛面为多层结构，有不同的坡度和倾角，因而整个筛机的形状像一个香蕉。筛子的振动采用复式激振机构，以适应振动力较大的筛分作业。该筛分机工作效率高，处理能力大，且特别适合于处理难筛析的各种物料。

1.3.2 国内筛分机械的发展现状

1.3.2.1 国内筛分机械发展的三个阶段

新中国成立 60 多年来，我国的筛分机械走过了一个从无到有、从小到大、从落后到先进的发展过程，前后经历了测绘仿制、自行研制和引进提高三个阶段。

A 仿制阶段

20 世纪 50 年代，由于基础较薄弱，理论研究和技术水平比较落后，我国的筛分机械也很落后，这个阶段生产中使用的筛分机，都是仿制前苏联的 ГУП 系列圆振动筛、BKT－11、BKT－OMZ 型摇摆筛，波兰的 WK－15 圆振动筛、CJM－21 型摇摆筛和 WP1、WP2 型吊式直线振动筛。为适应生产的发展需要，当时洛阳矿山机器厂、锦州矿山机械厂和上海冶金矿山机械厂等几家制造单位，通过对从前苏联和波兰进口的几种振动筛进行测绘仿制，形成了国产型号为 SZZ 系列的自定中心振动筛、SZ 系列的惯性筛和 SSZ 系列的直线筛等。这些筛分机的仿制成功，为我国筛分机械的发展奠定了坚实的基础，并培养了一批技术人员。

B 自行研制阶段

通过对市场需求和用户要求进行调研，1967 年洛阳矿山机械研究所、鞍山矿山机械厂、北京煤矿设计院、沈阳煤矿设计院、平顶山选煤设计院组成联合设计组,制定了我国第一个煤用单、双轴振动筛系列型谱,并进行了 ZDM (DDM)系列单轴振动筛和 ZSM (DSM) 系列双轴振动筛的产品设计工作。1974 年完成了两个系列的设计,并投入生产制造。在此基础上,洛阳矿山机械研究所、鞍山矿山机械厂、东北工学院和西安煤矿设计院等 9 家单位又组成矿用基型振动筛设计组,设计出 2ZKB2163 直线振动筛、YK1545 和 2YK2145 圆振动筛、YH1836重型振动筛、FQ1224 复合振动筛 4 种基型新系列振动筛。1980 年鞍山矿山机械厂完成了这四种基型筛的制造,通过了技术鉴定,并在工业生产中得到了广泛的应用,这标志着我国筛分机械已走上了自行研制发展的道路。

C　提高阶段

20 世纪 80 年代以来,我国筛分机械的发展也进入了一个新的阶段。冶金和煤炭系统不断从国外引进先进的振动筛,如上海宝钢引进了日本神户制钢所和川崎重工株式会社制造的用于原料分级、焦炭筛分、电厂煤用分级的振动筛和烧结矿用的冷矿筛;鞍钢和唐钢引进了德国申克公司的热矿筛;山东兖州矿务局兴隆庄选煤厂引进了美国 RS 公司的 TI 倾斜筛和 TH 水平筛;河北开滦矿务局范各庄选煤厂从德国 KHD 公司引进了 USK 圆振动筛、USL 直线振动筛,钱家营选煤厂引进了波兰米克乌夫采矿机械厂制造的 PWK 圆振动筛和 PWP 直线振动筛;山西西山矿务局西曲选煤厂和安徽淮北矿务局临涣选煤厂从日本神户制钢所引进了HLW 型直线振动筛等。引进的这些振动筛基本上代表了 20 世纪 70 年代国际振动筛的技术水平。在引进这些筛机的同时,国内生产振动筛的厂家,如鞍山矿山机械厂在 1980 年把从美国 RS 公司引进的 TI 和 TH 型振动筛制造技术,转化为国内型号 YA 系列圆振动筛和 ZKX 系列直线振动筛,在国内得到了广泛的应用。1986 年洛阳矿山机器厂把从日本引进 HLW 型振动筛制造技术,转化为国内型号ZK 系列振动筛,其筛分面积达 27m^2,是当时国内最大的直线振动筛。国外振动筛产品和制造技术的引进,拓宽了我国筛分机械设计制造人员的视野,使他们从中学习和掌握了先进的理论、方法、设计技术、制造工艺和管理水平。

1.3.2.2　国内筛分机械的发展

A　自同步大型冷(热)矿筛

国内筛分机械自 20 世纪 50 年代开始得到发展,经历了仿制、自行研制和提高三个阶段。随着工农业的发展,各生产部门对筛分机械的需求更为迫切。在冶金行业,过去冷烧结和热烧结矿因物料温度达 150℃ 和 700℃,无法筛分,进入高炉后透气性不好,影响炼铁质量。1987 年在引进吸收消化国外先进设计制造工艺技术的基础上,西安重机所和鞍山矿山机械厂共同设计制造了我国第一台SLZS2575 大型冷矿筛,用于天津铁厂,效果良好。为解决马钢烧结矿筛分问题,1992 年其又设计制造了 9 台 SLZS3090 大型冷矿筛。1987～1988 年,作者领导的科研团队与鞍山矿山机械厂、鞍山冶金设计院、长沙冶金设计院合作，联合设计制造了 ZSL2585、ZSL3090 型激振器偏移式自同步大型冷矿筛，先后应用于鞍钢、包钢、湘钢、首钢等钢厂。该筛机处理能力大，动负荷小，噪声低，筛分效率高，深受用户好评。1991 年，作者领导的科研团队与鞍山矿山机械厂合作为唐钢设计制造了 SZR3184 大型热矿筛，取代了德国申克公司的筛机，开创了我国生产大型热矿筛的历史。至此，我国冶金行业用冷矿筛和热矿筛基本走上了国产化道路。

B　概率筛、等厚筛、概率等厚筛

随着筛分技术的发展，新的筛分理论不断出现，并相应生产出新的筛分设备。1978 年，作者领导的科研团队根据概率筛分原理为首钢炼铁厂研制成功我国第一台共振式概率筛，大大提高了处理能力。接着中国矿业大学和西安煤矿设计院也分别研制成功了惯性概率筛并广泛应用于原煤分级。1982 年，由平顶山煤矿设计院设计、鞍山矿山机械厂制造的我国第一台箱式振动器结构的 D1894 等厚筛，处理能力大，筛分效率高；不久中国矿业大学又研制成功自同步重型等厚筛，使我国等厚筛设计达到了一个新的水平。20 世纪 80 年代初，作者综合概率筛分法和等厚筛分法的优点，提出了"概率厚层筛分法"这一新的筛分原理，并与铁道科学院共同研制了概率等厚筛，用于铁路路基砟石筛分除土，处理能力大，筛分效率高，处理速度快，省时省工。鞍山矿山机械厂也自行设计了 ZDG2040 概率等厚筛，用于鞍钢炼铁厂七号高炉焦炭筛分，筛分效率达 90% 以上。该筛机具有外形尺寸小、质量轻、处理能力大、筛分效率高、能耗低等特点，是一种高效节能设备。

C　大型直线（圆）振动筛

1986 年，洛阳矿山机器厂和洛阳矿山机械研究所联合设计出偏心块式自同步振动器，试制成功我国第一台 $27m^2$ ZK3675 大型直线振动筛。鞍山矿山机械厂在吸收美国 RS 公司技术的基础上，自行研制出 DYS 系列大型圆振动筛。1988 年 DYS3373 通过技术鉴定，并先后用于内蒙古霍林河矿选煤厂、抚顺西露天矿选煤厂、马钢材料码头等国家重点建设项目中，其处理能力最高达 1400t/h，筛分效率也在 85% 以上。由唐山煤炭研究分院和鞍山矿山机械厂研制的 2YKH2245 振动筛，1983 年用于抚顺西露天矿选煤厂，取代滚轴筛对煤矸石脱介和进行大、中块煤分级，为我国重型振动筛产品的开发进行了创新。1992 年鞍山矿山机械厂研制成功了 YAC2460 超重型振动筛，其最大入料粒度为 400mm，处理能力在 1000t/h 以上，投入使用后效果很好。

D　旋转概率筛、旋转筛

为解决黏湿原煤的分级，唐山煤炭研究分院于 1983 年研制成功了 XGS 型旋转概率筛。该筛只有转动无振动，通过调整转速改变筛分粒度，对黏湿煤有较强的适应性，是一种新型筛分设备。它处理能力大，但筛分精度低。

旋转筛是一种特殊型、高精度、细粒度筛分机械，适应于冶金、耐火材料、磨料、化工、燃料、橡胶制品、胶木、陶瓷、农药、化妆品等干式、湿式及多种几何物料的间断、连续、干湿式等各种形式筛分作业，具有高性能、低噪声、结构全封闭、无粉尘等特点。旋振筛是由立式振动电动机轴的上下两端装有失衡的偏心重锤产生激振，或由普通电动机所带振子的上下两端偏心重锤产生激振。借助驱动电动机的旋转，使筛机参振部分在水平、垂直、倾斜方向做三次元运动。调节上部、下部重锤的相位角，可以改变物料在筛面上的运动轨迹，满足不同密度物料的最佳筛分效果。调节上部、下部重锤的配重块，可以达到不同的激振力，以此达到不同比重、不同目数物料的最佳筛分量。

E 琴弦筛、螺旋筛分机

1990 年作者领导的科研团队与阜新矿务局机电修配厂合作研制成功 QS1230 型琴弦筛，在铁岭煤矿投入使用，筛分效果很好。由于该筛采用了弦索筛网，不堵孔，处理能力大，筛分效率高达 90% 以上。

沈阳煤矿设计院研制了一种筛面呈阶梯状布置，由左、右旋双头螺旋轴组成的螺旋筛分机，用于大、中、小型选煤厂的黏湿物料筛分。

F 振动细筛、高频振动细筛

在选矿厂，由于一直采用螺旋分级机和旋流器，按矿粒密度进行分级，其分级效率低，能耗大。为解决此问题，1982 年鞍山矿山机械厂研制了 ZKBX1856 振动细筛与 $\phi2.7 \times 3.6$ 球磨机组成闭路，取代螺旋分级机，分级效率提高 20%，磨矿效率也提高 22.3%，年节电 $42.5 \times 10^4 \mathrm{kW \cdot h}$。该筛机先后用于首钢大石河铁矿选矿厂、海南铁矿、云溪公司选矿厂，都取得了显著的经济效益。东北工学院、沈阳有色冶金机械厂和本钢歪头山铁矿共同研制成功的 GPS800 $\times$ 1680 型高频振动细筛，1985 年通过冶金部技术鉴定，并用于歪头山铁矿选矿厂与二段磨机组成闭路取代旋流器，提高了精矿回收率，降低了功耗，经济效益明显提高。1995 年鞍山矿山机械厂研制成功筛面作弛张运动的 MJS2055 水煤浆筛，现场应用效果良好。

G 节肢振动筛

节肢振动筛是我国自行研制并获得国家专利的选煤筛分设备，采用直线等厚分级原理、单元组合、分节振动、二次减振普通电动机外拖动。该节肢选煤筛具有重量轻、噪声低、能耗小、效率高、寿命长、结构简单及维护方便等特点，并采用了高耐磨、高开孔、自清理、无黏堵的棒条悬臂音叉筛板，广泛适用于煤炭行业大规模、机械化、连续分级作业，是各类进口选煤筛分设备的理想换代产品。节肢振动筛达到 20 世纪 90 年代先进水平，填补了我国生产大型振动筛空白，荣获国家专利和国际发明银奖。

H　大型振幅递减椭圆振动筛

2004 年研发出具有创新性的 2DYK3882 大型振幅递减椭圆振动筛，该筛用于陕西火石嘴煤矿，设备运行可靠，生产能力高达 1500t/h 以上，筛分效率高达 90%。2005 年研发出 2DY KB4282 超大型振动筛，运动轨迹为椭圆，入料端振幅大，有利于入料分层和透筛；出料端振幅小，有利于提高筛分效率，用于陕西旬邑旬东煤矿，生产能力高达 2200t/h 以上，筛分效率高达 98%。2006 年研制出 ZX4392 大型香蕉形振动筛，2007 年通过省级技术鉴定。2007 年研制出多单元组合振动筛，2009 年通过省级技术鉴定。2008 年研制出 TKB5011 振幅递减椭圆振动筛，是当时世界上同类产品最大规格的设备，于 2010 年通过省级技术鉴定。这些振动筛在冶金、选矿、选煤、水利电力和交通等部门，发挥着巨大作用，为我国经济建设做出了巨大贡献，并出口海外，享有盛誉。

I　无振动离心筛

无振动离心筛也是干法筛分的一种，适用于煤的筛分。从力学角度看，离心场比重力场具有更大的灵活性，被筛物料的离心力不仅容易得到，且便于调节，较易实现符合要求的离心强度。当物料进入给料盘，并均匀撒向筛筒，一部分小于筛孔的颗粒透过筛板，其余留在内侧，这样就实现了部分筛分。该筛机具有结构简单，对地基无动荷，筛筒无振动、只承受物料冲击和磨损，工作寿命长，设有随给料盘传动的清扫器，清理及时，筛孔不易堵塞，噪声低、密封好、不扬尘等特点。

目前国内自主研制的振动筛产品种类很多，如有圆振动筛、直线振动筛、椭圆振动筛、高频振动筛、弧形筛、等厚筛、概率筛、概率等厚筛、冷矿筛、热矿筛、节肢振动筛、电磁振动筛、旋振筛等，这些筛机已在矿山、冶金、煤炭、电力、食品、粮食、石油化工、交通等许多行业得到广泛的应用。为满足现代化发展的需要，全国筛分机械制造企业已多达 300 余家，从企业所有制来看，除国营、集体、股份制外，还有外资和合资企业，特别是股份制、民营企业发展很快。筛分机械制造企业主要分布在东北、华北、华东和中南地区，尤其是鞍山、新乡地区。例如，鞍山重型矿山机器股份有限公司成立于 1994 年，主要从事振动筛等设备的研究、设计、制造和销售，具有独立研发新产品的技术力量和制造条件，现已成为中国振动筛分行业的龙头企业，生产的振动筛有：ZKK 系列大型宽筛面直线振动筛，ZX 系列香蕉直线振动筛，TAB（TKB）系列振幅递减椭圆振动筛，GDZS 系列高频单元组合振动筛，DYK 系列大型圆振动筛，LZS 系列沥青筛，GPS 系列高频振动筛，SY、SP 系列滚轴筛，ZWS 系列振网筛，GZWS 系列高频振网筛，HXS 系列弧形筛，LKSX、LKTD 系列冷矿筛，SZR 系列热矿筛，ZKXg 系列直线振动筛，JYAg 系列焦炭筛，DD、DZ 系列单轴振动筛，ZSM、DSM 系列双轴振动筛等。近些年，鞍山重型矿山机器股份有限公司大力开展技术创新，2003 年研发出的 2DYK3073 大型圆振动筛，用于攀钢选矿厂对钒钛磁铁矿的筛分，处理能力大、透筛好、筛分效率高、维护方便，深受现场工人欢迎。

河南威猛振动设备股份有限公司始建于 1954 年，前身为国营新乡振动设备总厂，后经股份制改造，更名为河南威猛振动设备股份有限公司，经过 50 多年的不断努力，已发展成为集振动利用设备研发、设计、制造、销售、安装服务、进出口业务为一体的中大型企业。该公司多年来与清华大学、北京航空航天大学、东北大学、上海电器科学研究所等高等院校和科研机构加强技术合作，并先后邀请了美国、法国、日本等国专家到公司开展技术合作和交流，形成了强大的综合技术创新体系，具备机械设备加工、制造、焊接、装配、检测计量等配套齐全的先进生产装备和大规模生产能力。生产的筛机产品主要有高效振动筛、节肢振动筛、双轴自同步椭圆（直线）等厚振动筛、冷矿筛、热矿筛、高效重型筛和超声波振动筛等。这些振动筛产品广泛应用于煤炭、冶金、矿山、电力、建筑、化工等行业，服务于首钢、宝钢、沙钢、攀钢、武钢、神华集团、中铝集团、华能集团、三峡水利枢纽工程、江苏核电站等国家重点工程建设项目。部分产品出口东南亚、中东和南美地区，享有较高的知名度与美誉度。公司实力雄厚，技术先进，近 20 年来设计、制造的振动设备遍及全国，成为振动行业的先导，并出口海外。

综上可见，我国筛分机械的发展不仅能取得良好的经济效益，为我国的经济建设做出巨大贡献，更重要的是它将带来更大的社会效益，走出国门，获得盛誉。

1.4　筛分机械的分类与用途

1.4.1　筛分机械的分类

筛分机械的分类方式有三种：一是按筛分原理分类；二是按工作面机构的运动形式分类；三是按激振器的类型分类。

（1）筛分机械按筛分原理分类。按筛分原理，筛分机械分为普通筛机、薄层筛机、概率筛机、厚层筛机和概率厚层筛机 5 种类型。普通筛机就是采用普通筛分法的筛机；薄层筛机就是采用薄层筛分法的筛机；概率筛机就是采用概率筛分法的筛机；厚层筛机就是采用厚层筛分法的筛机；概率厚层筛机就是采用概率厚层筛分法的筛机。

（2）按筛机工作机构的运动形式分类。按筛机工作机构的运动形式，筛分机械分为固定筛、滚轴筛、滚筒筛、平面摇动筛、平面振动筛、空间振动筛和共振筛 7 种类型。固定筛就是工作面固定不动的筛机；滚轴筛的工作面由一根根平行排列的滚轴组成；滚筒筛的工作面为一回转的筒体；平面摇动筛就是由曲柄连杆机构驱动的平面筛；平面振动筛就是由惯性激振器驱动的平面筛，通常筛机在非共振状态下工作；空间振动筛的两激振器轴交叉安装，当两轴作等速反向回转时，产生垂直方向的激振力，使螺旋筛面作垂直振动，同时还产生绕垂直轴的激振力偶，使工作面作扭转振动，这两种运动的合成，使工作面的每一点均做与螺旋筛面成一定角度的空间振动；共振筛的驱动机构为惯性激振器、弹性连杆式激振器和电磁式激振器等，它是在近共振状态下工作的平面筛。

（3）按激振器的类型分类。按常用激振器的类型，筛分机械可分为惯性式振动筛、弹性连杆式振动筛、电磁式振动筛、液压式和击打式筛分机等。

1.4.2 振动筛分机械的组成

振动筛分机械通常是由激振器、工作机体及弹性元件 3 个部分组成（见图 1 – 10）。

1.4.2.1 激振器的类型

激振器用以产生周期变化的激振力，使工作机体产生持续的振动。常用的激振器有惯性式激振器、弹性连杆式激振器、电磁式激振器、液压式或气动式激振器，以及凸轮式激振器等。

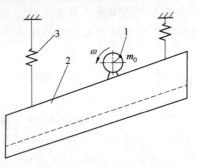

图 1 – 10 惯性式振动筛
1—激振器；2—工作机体；3—弹性元件

A 惯性式激振器的形式

惯性式振动筛是由偏心轴、偏心轴与偏心块组合或轴上带偏心块的惯性激振器驱动的。惯性激振器可分为单轴式、双轴式和多轴式，如图 1 – 11 所示。

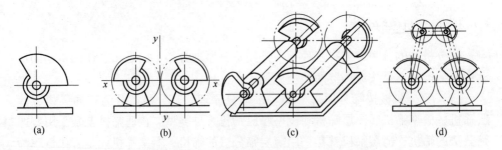

(a)   (b)   (c)   (d)

图 1 – 11 惯性式激振器的形式
（a）单轴式惯性激振器；（b），（c）双轴式惯性激振器；（d）多轴式惯性激振器

单轴式惯性激振器如图 1 – 11a 所示，带有偏心块的轴回转时，通常产生圆周方向的激振力。当轴两端的偏心块具有不同的安装相位时，还会产生沿圆周方向变化的激振力偶。

双轴式惯性激振器如图 1 – 11b、c 所示，当两轴上偏心块质量和偏心距相等且双轴式惯性激振器（见图 1 – 11b）的两轴作等速反向回转时，在 $y-y$ 方向上两轴偏心块产生的惯性力相互叠加，而在 $x-x$ 方向上两轴偏心块产生的惯性力相互抵消，因此，该激振器产生一个直线方向变化的激振力，使振动筛产生直线方向的振动。当轴两端的偏心块具有不同的安装相位时，还会产生定向周期变化的激振力偶。

图 1 – 11d 所示的四轴式惯性激振器最为常见，通常产生两种频率的激振力。

目前单轴式惯性激振器和双轴式惯性激振器得到了相当广泛的应用，而多轴式惯性激振器仅在少数振动筛中采用。最近某单位研制成功一种工作面做圆运动的三轴惯性振动筛，用来对散物料进行筛分作业。

B　弹性连杆式激振器的形式

弹性连杆式激振器分为偏心式、偏心套式和轴与套同时偏心三种。具有偏心轴的弹性连杆式激振器如图 1 – 12 所示，由连杆头、轴承座、偏心轴、轴承、密封盖和皮带轮等组成。具有偏心套的弹性连杆式激振器如图 1 – 13 所示，由轴承座、连杆头、连杆、连杆弹簧、支板、电动机、小皮带轮、紧固螺栓、三角皮带、大皮带轮、偏心套和主轴等组成。轴与套同时偏心的弹性连杆式激振器如图

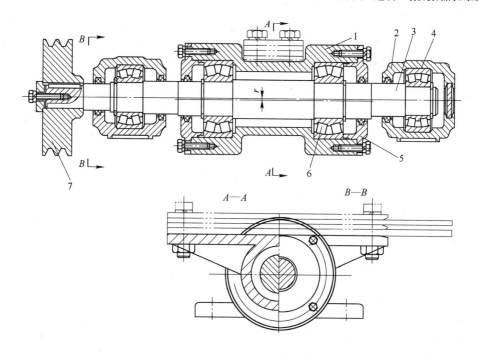

图 1 – 12　具有偏心轴的弹性连杆式激振器

1—连杆头；2—轴承座；3—偏心轴；4—轴承 1；5—密封盖；6—轴承 2；7—皮带轮

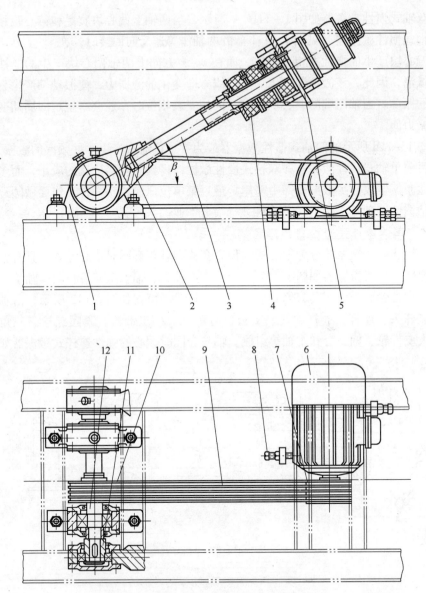

图 1-13 具有偏心套的弹性连杆式激振器

1—轴承座；2—连杆头；3—连杆；4—连杆弹簧；5—支板；6—电动机；7—小皮带轮；
8—紧固螺栓；9—三角皮带；10—大皮带轮；11—偏心套；12—主轴

1-14 所示，由轴承座、连杆头、偏心套、偏心主轴、皮带轮、轴承、连杆和连杆弹簧等组成。对比图 1-12 与图 1-13 可明显看出，若将主轴加工成偏心轴，会使整个传动部件简化，但是前者的工艺性不好，而且偏心距 r 不能调整，因此一般仅用于小型振动筛中；而大多数振动筛采用带有偏心套的主轴结构，虽然结

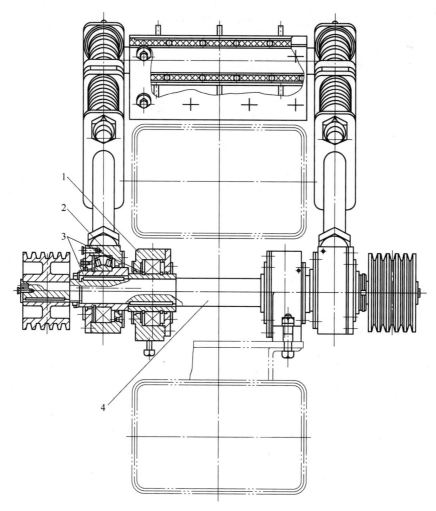

图 1 - 14　轴与套同时偏心的弹性连杆式激振器
1—轴承座；2—连杆头；3—偏心套；4—偏心主轴

构略有复杂，但对于制作和调试工作会带来极大的方便。连杆结构的形状可以是杆状，也可以是板状，这要视整个结构而定。连杆可以布置在中部，如图 1 - 12 所示，但更多的是布置在主轴两端，如图 1 - 13 所示。很明显，连杆布置在中部，主轴受力状况比较好，但装卸维修不方便。当连杆布置在两端时，为了使连杆具有良好的装配性，通常采用双列向心球面滚子轴承，以补偿承载件侧面与主轴的不垂直度。

　　C　电磁式激振器的形式
　　电磁式激振器的形式有电磁式和电动式两种，如图 1 - 15 所示。
　　图 1 - 15a 所示为电磁式激振器，由铁心、电磁线圈、衔铁和弹簧等组成。

铁心通常与平衡质体固定在一起，而衔铁则与机体固定在一起。图1-15b所示为电动式激振器，由直流电激磁的磁环、中心磁极和通有交流电的可动线圈组成，可动线圈与振动筛机体相连接。

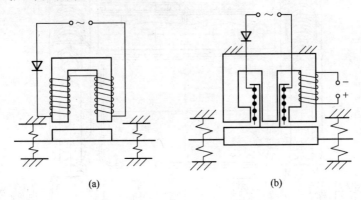

(a)　　　　　　　　　　(b)

图1-15　电磁式激振器的形式

（a）电磁式激振器；（b）电动式激振器

电磁激振器的典型结构如图1-16所示。从结构上看电磁激振器就是一般电磁铁，在铁心上装有激磁线圈，将主振弹簧直接加在衔铁与铁心之间，便构成一个完整的激振器。对激振器提供不同的供电方式，就能产生不同频率的激振力，目前采用可控半波整流供电方式较多。电磁激振器的特点是：结构简单、紧凑，电磁力可直接获取，不需要传动构件，维修工作量小，工作寿命长；启动和停机时间短，启动时没有冲击电流，能经受频繁的启动；可较方便地在运转时调频和

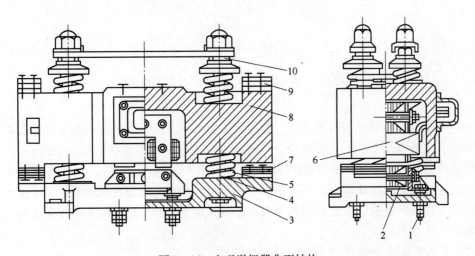

图1-16　电磁激振器典型结构

1—间隙调节螺栓；2—衔铁；3—底座；4—弹簧；5—螺杆；6—铁心；7—板簧；
8—振动板；9—配重；10—压紧螺母

调幅；受供电电压影响较大，多用于重、中型级别的共振状态的振动机中。在工业用电磁振动筛中，广泛应用的是电磁式激振器。电动式激振器在电磁振动台中应用。

1.4.2.2 工作机体

为了完成不同工艺过程，各种振动筛的机体通常做周期性的运动。振动筛的机体由筛框、筛面、筛面的固定装置等组成。

A 筛框

振动筛的筛框是由侧板、加强板、后挡板和横梁等构成。侧板采用厚度为 6 ~ 16mm 的 Q235、16Mn 或 20G 钢板制成。Q235 的可焊性良好，但强度与冲击韧性较低，适用于小型振动筛。而对于大型振动筛，应采用具有高强度和高冲击韧性的 16Mn 或 20G 钢材。侧板和横梁是筛框主要受力构件，由于筛箱是借助侧板支承或吊挂在支承架上的，所以侧板承受物料和筛箱的重力，并将激振力传送到筛框的各个部分。对于小型振动筛，侧板一般用 6 ~ 8mm 的 Q235 钢板制成图 1 – 17a 所示的形状，它对 x—x 轴的惯性矩较大，所以在垂直方向的抗弯能力较大；但是它对 y—y 轴的惯性矩较小，因而不利于承受水平方向的力，所以在有可能产生水平方向力的地方，应适当进行补强。

横梁承受筛板和物料的重力及其工作时的惯性力。横梁通常采用圆形钢管梁、槽钢梁、箱形梁、工字钢梁和压型梁等几种。侧板和横梁的结构形式如图 1 – 17 所示。采用圆形钢管作横梁（见图 1 – 17d），由于它在各个方向的惯性矩相同，受力状态较好，所以特别适用于做圆运动的筛箱。箱形梁（见图 1 – 17e）通常是由两根槽钢焊接而成；而图 1 – 17g 所示的箱形梁由两块钢板弯成 U 字形堆焊而成，梁的转角处呈圆角，避免受力后产生应力集中，因而比图 1 – 17e 所示的横梁受力更好。箱形梁有利于承受两个方向的力，所以这种形式的横梁在大型振动筛中被广泛采用。压型梁（见图 1 – 17f）是用钢板热压而成，可制成所要求的形状，在梁的转角处呈圆角，避免受力后产生应力集中，这种形式的横梁在大型振动筛中也被广泛采用。

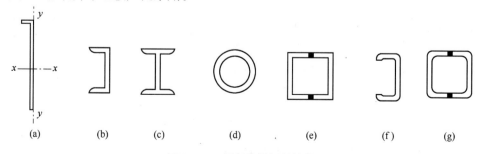

图 1 – 17　侧板和横梁的结构

（a）侧板结构；（b）槽钢梁；（c）工字钢梁；（d）圆形钢管梁；（e），（g）箱形梁；（f）压型梁

筛框结构常用的连接方式有焊接和铆接两种。焊接结构施工简便，但由于焊缝复杂、内应力大，在强烈的振动负荷下往往会发生焊缝开裂或焊缝附近部位开裂，甚至造成构件的断裂。为消除焊接后的内应力，常采用高温退火处理，即将构件均匀加热到600~650℃，并保温一定时间，然后缓慢冷却。铆接结构的尺寸准确而且无内应力，对振动负荷有较好的适应能力，但制造工艺繁杂。铆接结构的筛框，其损坏一般比焊接结构要少一些。根据这两种连接方式的特点，对振动强度较小的小型筛框，采用焊接法；对大型筛框采用铆接法，或采用焊铆联合结构。

B 筛面的种类

筛面是筛机的主要工作部件。对筛面的基本要求是：有足够的强度，最大的有效面积，筛孔应不易堵塞，在物料运动时与筛孔相遇的机会较多；也就是要求筛面工作可靠，筛分效率高、处理能力大和使用寿命长。

筛面的种类很多，常见的有棒条筛面、板状筛面、编织筛面、波浪筛面、条缝筛面、非金属筛面等。

a 棒条筛面

棒条筛面是由平行排列的具有一定形状的钢条或钢棒制成，如图1-18所示。这种筛面通常用在固定筛或重型振动筛上，适用于粒度大于50mm的粗粒级散物料的筛分。各种棒条的断面形状如图1-19所示。

b 板状筛面

板状筛面如图1-20所示，通常用厚度为6~8mm的钢板制成，钢板厚度一

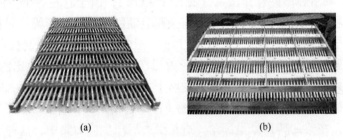

(a)   (b)

图1-18 棒条筛面

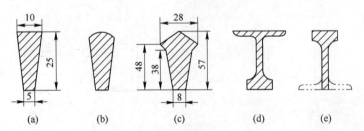

(a)   (b)   (c)   (d)   (e)

图1-19 各种棒条的断面形状

(a) 梯形；(b) 带圆头梯形；(c) 带方头梯形；(d) 倒置钢轨；(e) 切除底边的钢轨

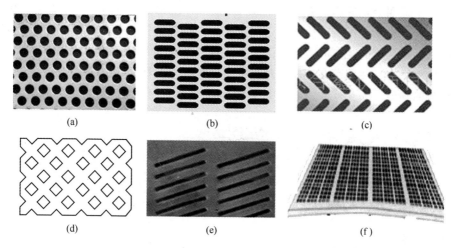

图 1-20　几种筛孔形状不同的板状筛面

(a) 圆孔板状筛面；(b)，(c)，(e) 长条孔板状筛面；(d) 方孔板状筛面；

(f) 聚氨酯长孔条形板状筛面

般不超过 12mm。此外，还有用非金属材料制成的筛板。筛孔的形状有圆形、方形和长条形。如为圆孔，则可钻制，但通常在穿孔压力机上冲制。为了在一定程度上减轻筛孔的堵塞现象，筛孔稍呈锥形，即孔向下逐渐放大，锥角为 7°。孔的大小与孔距如表 1-3 所示。

表 1-3　圆孔尺寸与孔距的关系

筛孔尺寸/mm	不同开孔率时的孔距/mm					板厚/mm
	40%	45%	50%	56%	63%	
7	10.5	10.0				4~6
12	18.0	16.5				
16	22.5	21.0				6~8
18	27.0	25.5				
20	30.0	28.0	26.5			
24	35.0	33.5	32.5			
26		37.5	35.5			
30		42.5	40.5			
32		45.0	43.0			8~10
40		46.5	53.0	50.0		
47			62.5	58.0	56.0	
50			67.0	63.5	60.0	
60			80.0	76.0	71.5	
75				95.0	90.0	8~12
82				100.0	95.0	
90				115.0	108.0	
95				120.0	114.0	

板状筛面上孔的排列方式如图 1-21 所示。圆形筛孔一般布置在等边三角形的定点；方形筛孔可按直角等腰三角形排列；长条筛孔通常与筛面的纵轴排成一定角度。筛孔间的距离应考虑筛面的强度和开孔率的大小。板状筛面具有刚度较大、比较坚固、使用寿命较长、开孔率较低等特点。板状筛面一般用于中等粒度散物料的筛分。筛孔尺寸一般为 12～50mm。

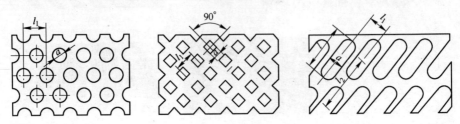

图 1-21 板状筛面上孔的排列方式

c 编织筛面

编织筛面是由金属丝或尼龙丝线等编织而成，如图 1-22 所示。它的突出优点是开孔率大，可达总筛面面积的 75%，但与板状筛面相比，坚固性差，使用寿命较短，所以一般只用于细粒度物料的分级上。

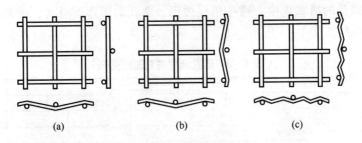

图 1-22 编织筛面
(a) 单向筛条压型；(b) 双向筛条压型；(c) 复杂型

编织筛面最常用的材质是低碳钢、高碳钢和合金钢。低碳钢筛条编织的筛面只适用于磨损性较小的物料，对于磨损性较大的物料，采用不锈钢和 65Mn 钢丝制造的筛面，使用寿命可延长几倍。编织筛面筛孔绝大部分是方形，但少量也有长方形的。

d 波浪形筛面

图 1-23 所示为波浪形筛面，该筛面的筛条沿横向被压成波浪形，波长的大小可按筛孔的要求而定。筛孔由两筛条并合组成，筛条的

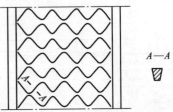

图 1-23 波浪形筛面

横断面为倒梯形，其材质为 65Mn 钢，它具有弹性，能产生小振幅的二次振动，有利于消除筛孔的堵塞。

　　e　条缝筛面

　　条缝筛面由不锈钢条穿合、焊接或编织而成。筛条的断面形状如图 1 - 24 所示。我国生产的条缝筛面的缝宽有 0.25mm、0.5mm、0.75mm、1mm 和 2mm 等几种。条缝筛面主要用于中、细粒物料的脱水、脱介和脱泥作业。

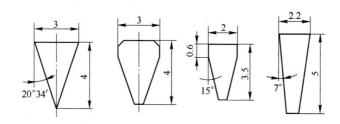

图 1 - 24　条缝筛面筛条的断面形状

　　条缝筛面的结构形式有穿条式、焊接式和编织式 3 种。穿条式条缝筛面如图 1 - 25a 所示，它具有结构可靠、制造复杂、耗材较多、开孔率较低等特点；焊接式条缝筛面如图 1 - 25b 所示，它与穿条式条缝筛面相比，可节约材料 30%，且制造简单；编织式条缝筛面如图 1 - 25c 所示，它具有开孔率较高、质量小、拆装方便等优点，但使用寿命较低。

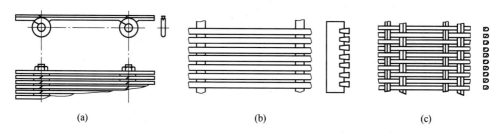

|　　　　(a)　　　　　　　　　　　　　(b)　　　　　　　　　　　　(c)|

图 1 - 25　条缝筛面

(a) 穿条式条缝筛面；(b) 焊接式条缝筛面；(c) 编织式条缝筛面

　　f　非金属筛面

　　我国目前使用的非金属筛面有天然橡胶、合成橡胶（聚氨酯）和尼龙等几种。橡胶筛面多用于黑色和有色金属矿山的矿石筛分，橡胶筛面的厚度一般为 12 ~ 20mm，筛孔应比要筛分的物料粒度大 10% ~ 25%。橡胶筛面具有耐磨、抗折断能力强、使用寿命长、能防止堵孔、噪声小、维护方便、开孔率低、不适于细粒级物料的筛分等特点。尼龙筛面质量比较小，耐磨性好，筛条的长度受限制，一般为 600mm。

g　网状丝布

网状丝布一般用于煤泥脱水。它类似于编织的粗布，开孔率可达 40% ~ 50%。网状丝布的种类很多，常用的材料有不锈钢、紫铜、磷铜、黄铜和尼龙等。丝布的材质对其使用寿命影响很大，当作煤泥或末精煤脱水用时，铜丝布大约只能使用两个月，而不锈钢和尼龙丝布的强度较大、耐磨，使用寿命比铜丝布约高 3 倍。尼龙丝布遇水有微小的膨胀，伸长率较大，易松弛而出现小窝，泄水效率比不锈钢丝布差。但尼龙丝布货源充足，价格便宜，所以使用较多。

C　筛面的固定方法

筛面紧固的可靠性对筛面使用寿命和筛分效率都有很大的影响。筛面的固定方法如图 1 - 26 所示。板状筛面和条缝筛面的两边可用木楔压紧（见图 1 - 26a），当湿式筛分时，木楔遇水后膨胀，可把筛面压得很紧，为防止筛面中间发生松动，可用 U 形螺栓压紧（见图 1 - 26b）。

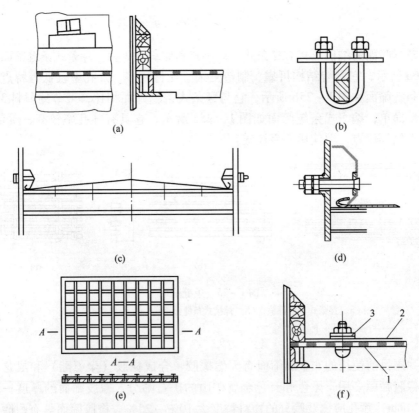

图 1 - 26　筛面的固定方法

(a)，(b) 板状筛面和条缝筛面的固定；(c)，(d) 编织筛面的固定；

(e) 丝布在木框架上的固定；(f) 丝布在筛板上的固定

1—冲孔筛板；2—丝布；3—橡皮垫

编织筛面的两侧用钩紧装置钩紧，为了使被筛分物料均匀地分布在筛面上，筛面安装成拱形（见图 1－26c、d）。

丝布的固定方法有木框架固定和冲孔钢板固定两种。木框架类似窗户框，如图 1－26e 所示。丝布铺在许多格子的木框架上，用小钉钉在木框架的格条上。为增大固定点的面积，减轻小钉直接磨损丝布，可在格条上垫一层橡皮条。冲孔钢板固定方法，就是把丝布直接固定在冲孔钢板上，其结构如图 1－26f 所示。为了防止螺栓磨坏丝布，可在丝布上垫上薄橡皮。

D　筛面的有效面积系数（开孔率）

当其他条件相同时，筛分机的生产率与筛面有效面积系数 K 有关。筛面的有效面积系数就是筛孔总面积与筛面总面积之比。

对于方形孔的筛面，其有效面积系数为

$$K = \frac{a^2}{(a+b)^2} \times 100\% \tag{1-1}$$

式中　a——正方形筛孔的尺寸，mm；

　　　b——筛条的直径，mm。

对于长方形孔的筛面，其有效面积系数为

$$K = \frac{la}{(l+b)(a+b)} \times 100\% \tag{1-2}$$

式中　l，a——筛孔的两个边长，mm；

　　　b——筛条的直径，mm。

对于棒条筛，其有效面积系数为

$$K = \frac{s}{s+b} \times 100\% \tag{1-3}$$

式中　s——缝宽，mm。

对于圆孔的筛板，其有效面积系数为

$$K = \frac{n\pi a^2}{4} \times 100\% \tag{1-4}$$

式中　a——筛孔的直径，mm；

　　　n——1m² 筛面上孔的个数。

1.4.2.3　弹性元件（弹簧）

在振动筛中，弹性元件按用途可分为三类：一类是隔振弹簧，它被用作支承振动机体，使机体实现所要求的振动，并减小传给基础或结构架的动载荷；另一类是主振弹簧，它的作用是使振动机有适宜的近共振的工作点，使系统振动的动能和位能互相转化，因此也称为共振弹簧或蓄能弹簧；第三类是导向板弹簧和连杆弹簧，它的作用是将激振力传给机体，并减小启动转矩和避免传动部分受冲击载荷，使系统实现弹性振动以完成所需要的筛分分级工艺过程。

A　几种常用的隔振弹簧

几种常用的隔振弹簧如图 1-27 所示。图 1-27a 为自由状态的金属螺旋柱压缩弹簧；图 1-27b 为自由状态的金属螺旋拉伸弹簧；图 1-27c 为自由状态的金属螺旋锥压缩弹簧；图 1-27d 为自由状态的橡胶压缩弹簧；图 1-27e 为自由状态的金属螺旋柱外裹胶复合弹簧；图 1-27f 为自由状态的橡胶空气弹簧。

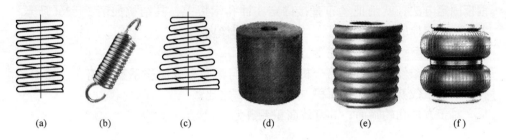

(a)　　　　(b)　　　　(c)　　　　(d)　　　　(e)　　　　(f)

图 1-27　几种常用的隔振弹簧

(a) 金属螺旋柱压缩弹簧；(b) 金属螺旋拉伸弹簧；(c) 金属螺旋锥压缩弹簧；
(d) 橡胶压缩弹簧；(e) 金属螺旋柱外裹胶复合弹簧；(f) 橡胶空气弹簧

B　连杆弹簧和板弹簧

连杆弹簧可以是螺旋弹簧，也可以是如图 1-28 所示的橡胶弹簧，它的作用是将激振力传给筛机，使筛机完成筛分工艺过程。图 1-29 所示为板弹簧。

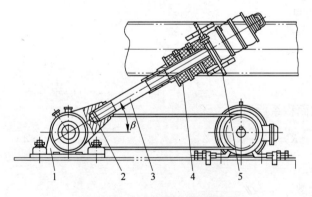

图 1-28　连杆弹簧（橡胶弹簧）

1—轴承座；2—连杆头；3—连杆；
4—连杆弹簧；5—连接在筛框上的支板

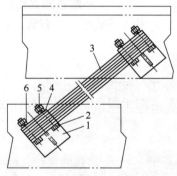

图 1-29　板弹簧

1—支座；2—螺栓；3—板弹簧；
4—垫板；5—螺母；6—弹簧垫圈

C　主振弹簧

主振弹簧通常由剪切橡胶弹簧、间隙橡胶弹簧、螺旋弹簧和板弹簧制成。图 1-30 为剪切橡胶弹簧与导向杆组合的结构图。剪切橡胶弹簧连接在上、下筛框上，每台筛机装有若干组，分布在筛框的整个长度上，每组剪切橡胶弹簧有上、

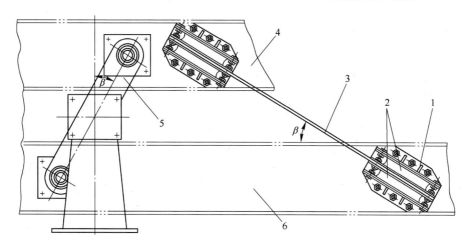

图1-30 剪切橡胶弹簧与导向杆组合的结构图

1—弹簧座；2—剪切橡胶弹簧（主振弹簧）；3—拉杆；4—上筛框；5—导向杆；6—下筛框

下两个弹簧座，每个弹簧座内有两个剪切橡胶弹簧，它们的两外侧用螺栓连接于弹簧座两侧板上，其内侧连接于拉杆上，通过拉杆将上下两个弹簧座联系在一起。剪切橡胶弹簧两侧硫化在4～6mm厚的钢板上，在安装时，每块剪切橡胶弹簧要有一定的预紧压量，以免橡胶在剪切变形时产生过大的拉伸变形，防止剪切橡胶弹簧被拉坏。

图1-31为间隙橡胶弹簧与作导向杆用板弹簧组合的结构图。上、下两块间隙橡胶弹簧的底板用螺栓固定在弹簧座上，上、下两块间隙橡胶弹簧用螺栓联系在一起，调整螺母的位置可以改变间隙的大小，中间的打击板安装在管体上，而间隙橡胶弹簧则固定在平衡架上，工作时打击板与间隙橡胶弹簧做相对运动，间

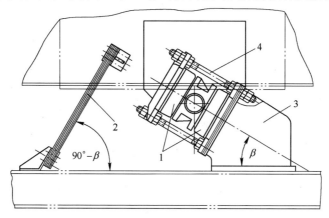

图1-31 间隙橡胶弹簧与作导向杆用板弹簧组合的结构图

1—间隙橡胶弹簧（主振弹簧）；2—板弹簧；3—弹簧座；4—螺栓

隙橡胶弹簧时而压缩，时而离开，使系统具有非线性的特性。

在各工业部门，螺旋弹簧应用最为广泛，用作主振系统的螺旋弹簧典型结构如图1-32所示。螺旋弹簧除制造、选购方便外，还具有阻尼较小、装配质量对刚度影响较小、允许有较大的变形等特点，所以各种振动设备都可采用。为增加使用年限，除保证一定的材质和热处理质量外，还应使弹簧始终处于受压状态。利用螺旋弹簧轴向与横向较大的刚度差，在主振系统中，配合惯性驱动装置可产生非定向振动，这特别适用于筛分等工艺过程。

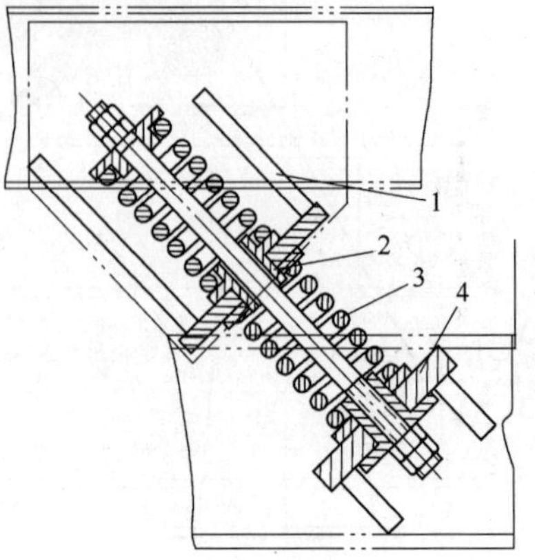

图 1 – 32　螺旋弹簧典型结构图
1—与筛箱连接的上支座；2—中间套筒；
3—螺旋弹簧；4—与底座连接的下支座

1.4.3　筛分机械的用途

在选矿厂、选煤厂和其他工业部门中，物料在使用或进一步处理前，常常需要用筛分机械分成粒度相近的几种级别。各工业部门中所用的筛分机械种类很多，如固定格筛、弧形筛、滚轴筛、滚筒筛、摇动筛、旋流筛、振动筛和共振筛等，其中以振动筛应用最为普遍。振动筛除用于筛分分级外，还用于物料的脱水，即除去物料中的水分；脱介，即在筛机中用水清洗并回收重介质（在重介质选煤中，选别后的精煤和矸石常常黏附着重介质，通常是用水清洗并回收）；脱泥，即在筛机中，用水清洗物料表面的污泥。在实验室或实验场所，时常用筛机对物料进行筛分分析。

根据筛分任务的不同，筛分作业可分为独立筛分、预备筛分和辅助筛分等几种。

（1）独立筛分。筛分后所得到的产品即为成品时，这种筛分称为独立筛分。如在选煤厂中，将原煤分成几种不同粒度级别的产品而直接供消费者使用，就是采用独立筛分的方法来完成的。

（2）预备筛分。为便于下一步加工处理而进行的筛分作业称为预备筛分。在选矿厂中，如采用重力选、电磁选等选矿方法时，要求被选矿石有一定的粒度范围，因而在选别作业之前，须将矿石分成若干级别，以利选别作业的有效进行。

（3）辅助筛分。在选矿厂破碎筛分流程中的筛分作业属于辅助筛分，根据在流程中所起的作用不同分为预先筛分、检查筛分和预先检查筛分3种，如图1-33所示。在原料进入破碎机之前，把已符合要求的不需要破碎的合格产品筛出，这种筛分称为预先筛分（见图1-33a）；对经破碎机破碎后的产品进行筛分，筛出不合格产品送回破碎机中继续进行破碎，这种筛分起着检查作用，所以被称为检查筛分，见图 1 – 33b；图 1 – 33c 所示的筛分作业，既有预先筛分作用，又有检查筛分作用，所以这种筛分称为预先检查筛分。

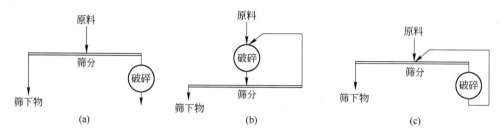

图 1 – 33　辅助筛分的 3 种筛分方式示意图
（a）预先筛分；（b）检查筛分；（c）预先检查筛分

破碎产品都是由各种粒度的混合物组成，为了鉴定破碎产品的质量和破碎机的破碎效果，需要对它们的产品进行筛分分析。筛分分析就是将一堆大小不等的混合物料用一组筛孔尺寸不同的标准筛按其粒度筛分成几种级别，以便了解原物料中各种粒级的含量和破碎产品的粒度特性。

1.5　散物料的粒度及粒度分析

在筛分过程中，被加工的物料均是大小不一且形状各异的碎散物料群。要认识这类物料的粒度特性，必须弄清粒度的概念及粒度分析的方法。

1.5.1　散物料的粒度及其表示方法

粒度是指一个颗粒的大小，对于规则的球形颗粒，可以用直径来精确描述其大小，而绝大多数情形下颗粒的形状都是不规则的几何体，用直径表示显然与实际不符，应需要用几个尺寸表示颗粒的大小。但是，通常采用一个尺寸——平均直径或等值直径来表示颗粒的大小。

（1）单个颗粒的平均直径 d。对于较大的单个料块，其平均直径用料块的二维或三维尺寸的平均值表示，单个颗粒的平均直径可由式(1 – 5)或式(1 – 6)计算：

$$d = \frac{l + b}{2} \tag{1 – 5}$$

$$d = \frac{l + b + h}{3} \tag{1 – 6}$$

式中　l——颗粒长度，mm；

　　　b——颗粒宽度，mm；

h——颗粒高度，mm。

（2）单个颗粒的等值直径 d。当料块粒度很小时，可用等值直径来表示。等值直径就是指与颗粒体积相等的球形颗粒的直径，若颗粒的体积为 V，则单个颗粒的等值直径 d 为：

$$d = \sqrt[3]{\frac{6V}{\pi}} = 1.24 \sqrt[3]{\frac{m}{\rho}} \qquad (1-7)$$

式中　V——颗粒体积，m^3；

　　　m——颗粒质量，kg；

　　　ρ——颗粒密度，kg/m^3。

（3）粒级的平均直径 d。对于由不同粒度混合组成的粒度群，通常用筛分的方法来确定粒度群的平均直径。例如，通过筛孔尺寸为 d_1 的上层筛面，而留在筛孔尺寸为 d_2 的下层筛面上的物料群，其粒度既不能用 d_1 表示，也不能用 d_2 表示，通常用下述方法表示：

$$d_1 \sim d_2 \quad \text{或} \quad -d_1 + d_2$$

当 $-d_1 + d_2$ 粒级的粒度范围很窄，上、下层筛面的筛孔尺寸之比不超过 $\sqrt{2}$ = 1.414 时，则此粒级的平均直径可用式(1-8) 计算：

$$d = \frac{d_1 + d_2}{2} \qquad (1-8)$$

1.5.2　物料的粒度分析

粒度分析的方法有多种，在选煤、选矿过程中常用的粒度分析法有以下几种：

（1）筛分分析。散物料都是由粒度不同的各种颗粒混合组成。在工业生产中，为了鉴定破碎产品的质量和破碎机的破碎效果，测定散物料的粒度组成，需要对破碎产品散物料进行筛分分析。利用筛分分析法可以确定散物料的粒度组成和粒度特性。

筛分分析一般采用国际标准化组织（ISO）系列标准筛，如图 1-34 所示。标准筛是由一组具有不同筛孔尺寸套筛组成，最上面一层筛的筛孔最大，下面各层筛的筛孔尺寸按一定的规律依次逐渐减小。标准套筛使用正方形筛孔的筛网面，筛孔大小用网目表示。网目是指一英寸长度内所具有的筛孔数目，网目越多筛孔越小。这种筛子以 200 目（筛孔边长为 0.074mm）作为基本筛，筛孔由上到下逐渐减小，构成筛序。两个相邻筛子的筛孔尺寸之比称为筛比，泰勒标准筛有两个筛比，即基本筛比（$\sqrt{2}$ = 1.414）和补充筛比（$\sqrt[4]{2}$ = 1.189）。补充筛比即在筛比为 $\sqrt{2}$ 的基本筛序中间又插入一套筛比为 $\sqrt{2}$ 的附加筛序构成。筛孔尺寸可根据筛比计算。例如计算基本筛的上一基本筛序为 150 目的筛子筛孔尺寸时，用基本筛的筛孔尺寸乘以基本筛比便可确定，即 $0.074 \times \sqrt{2} = 0.104$mm。若计算两筛之间的补充筛筛孔尺寸，则用基本筛的筛孔尺寸乘以补充筛比得到，即 $0.074 \times \sqrt[4]{2} = 0.088$mm。泰勒标准筛的筛序如表 1－4 所示。

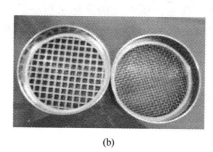

(a)　　　　　　　　　　　　　(b)

图 1－34　筛析用系列标准筛

（a）系列标准筛；（b）不同层的筛子

表 1－4　泰勒标准筛的筛序

筛号/网目		2.5	3	3.5	4	5	6	7	8
筛孔尺寸/mm	现标准	8.00	6.70	5.60	4.75	4.00	3.35	2.80	2.36
	旧标准	7.925	6.680	5.613	4.699	3.962	3.327	2.794	2.362
网丝直径/mm		2.235	1.778	1.651	1.651	1.118	0.914	0.833	0.813
筛号/网目		9	10	12	14	16	20	24	28
筛孔尺寸/mm	现标准	2.00	1.70	1.40	1.18	1.00	0.850	0.710	0.600
	旧标准	1.981	1.651	1.397	1.168	0.991	0.833	0.701	0.589
网丝直径/mm		0.838	0.889	0.711	0.635	0.597	0.437	0.353	0.318
筛号/网目		32	35	42	48	60	65	80	100
筛孔尺寸/mm	现标准	0.500	0.425	0.355	0.300	0.250	0.212	0.180	0.150
	旧标准	0.495	0.417	0.351	0.295	0.246	0.208	0.175	0.147
网丝直径/mm		0.300	0.310	0.254	0.234	0.178	0.183	0.162	0.107
筛号/网目		115	150	170	200	230	270	325	400
筛孔尺寸/mm	现标准	0.125	0.106	0.090	0.075	0.063	0.053	0.045	0.038
	旧标准	0.124	0.104	0.088	0.074	0.063	0.053	0.044	0.038
网丝直径/mm		0.097	0.066	0.061	0.053	0.041	0.041	0.036	0.025

　　筛分分析的操作过程：将被筛析的物料均匀拌好，称出适量的试样，放入标准套筛的最上层筛面，用盖封闭好，然后进行振动筛分，筛分时间一般为 15min 左右，以保证被筛物料在各层筛面上分级。将筛分好的物料从各层筛面上取出，分别称其质量并记录结果，即可得出每级相应的产率，用百分数表示。根据筛析所得的数据，对原料或破碎产品粒度特性进行分析。测定原料或破碎产品的粒度组成，以此鉴定破碎设备的破碎效果。

　　（2）沉积分析。沉积分析是利用不同尺寸的颗粒在水介质中的沉降速度差分成若干个粒级，所以此法又称水析法。它测得的是具有相同沉降速度的当量球径，显然它要受到物料密度差的影响。沉积分析适于沉淀 $1 \sim 75\mu m$ 粒级的粒度组成。

　　（3）显微镜分析。此法主要用来分析微细物料，可直接测量颗粒的形状和大小。最佳测量范围为 $0.5 \sim 20\mu m$。

　　在工业上，应用最多最广的还是筛分分析方法。

2 筛分机械的结构与工作原理

2.1 固定筛、滚轴筛、滚筒筛的结构与工作原理

2.1.1 固定筛的结构、工作原理与工艺参数

固定筛是最古老、最简单的筛分设备,包括固定格筛、固定条筛、悬臂条筛、弧形筛和旋流筛,如图 2 – 1 所示。

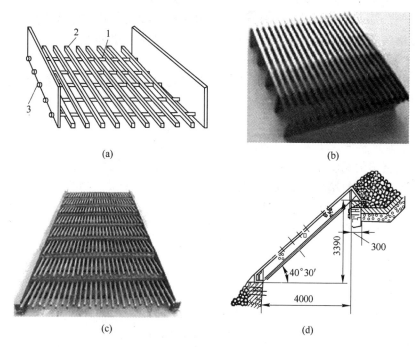

(a)   (b)

(c)   (d)

图 2 – 1 固定筛
(a) 固定格筛;(b) 固定条筛;(c) 悬臂条筛;(d) 固定格筛安装图
1—垫圈;2—格条;3—拉紧螺杆

2.1.1.1 固定格(条)筛的结构、工作原理与工艺参数

A 固定格筛的结构与工作原理

固定格筛如图 2 – 1a 所示,由平行排列的钢棒或钢条组成,钢棒或钢条称为格

条或筛条，钢棒或钢条可采用圆钢、方钢、钢轨或梯形断面的型钢，格条借横杆（螺杆）连在一起构成筛面，格条间由一定大小的垫圈隔开，以获得一定大小的筛孔。固定格筛通常倾斜放置（见图2-1d），倾斜角 α 的大小应能使物料沿筛面自动地下滑。通常取倾斜角 α 大于物料对筛面的摩擦角，一般取 $\alpha = 35° \sim 45°$，而对于黏性物料，可取 $\alpha = 50°$。物料由倾斜筛面的上方给入，靠物料自重由上而下沿筛面滑落，并进行筛分。

固定格筛常用于物料的粗、中碎前的预先筛分。筛孔尺寸一般大于50mm，但有时可小到25mm。用这种筛子只能粗糙地把物料分成筛上和筛下两种产品。固定格筛的构造简单、坚固，不消耗动力，没有运动部件，设备费用低，维修方便，允许由车厢直接将物料卸到筛面上，缺点是生产率低，筛分效率不高，一般为50%~60%，且安置这种筛子需要相当大的高度和面积，筛孔易被堵塞。

B 固定条筛的结构

固定条筛如图2-1b所示，由平行排列的格条组成，筛孔（格条间隙）大于或等于25mm，用于大块物料的分级；由梯形断面格条排列组成的固定条筛，筛孔（格条间隙）一般为0.25~1mm，通常用于物料的初步脱水。

C 悬臂条筛的结构

悬臂条筛如图2-1c所示，由于悬臂条筛的格条为悬臂固定，当筛上给入物料而发生冲击作用时，格条末端产生振动，因而减小了筛孔堵塞的可能性，并略能提高筛分效率。

D 固定格筛工艺参数的确定

固定格筛的宽度决定于装料器械装料边的宽度，如装料箕斗与运输带的宽度等。为了避免物料堵塞在筛面上，筛子的宽度 B 应大于最大物料块直径的3倍。筛面长度 L 应根据筛面宽度来选取，通常取 $L/B \approx 2$。

固定筛的生产率 Q 可按式(2-1)计算：

$$Q = qA\delta \tag{2-1}$$

式中 A——筛面面积，m^2；

     δ——格条间缝隙，mm；

     q——比生产率，即当格条间缝隙为1mm时单位筛面面积的生产率，$t/(mm \cdot h \cdot m^2)$，可按表2-1选取。

表2-1 固定格筛筛孔尺寸为1mm时单位面积的生产率

指标名称	筛孔尺寸/mm										
	10	12.5	20	25	30	40	50	75	100	150	200
比生产率 q /t·(mm·h·m²)⁻¹	1.4	1.35	1.2	1.1	1.0	0.85	0.75	0.53	0.40	0.26	0.2

2.1.1.2 弧形筛面固定筛的结构、工作原理与参数

弧形筛如图2-2所示，是一种筛面在纵向呈弧形的固定筛。筛条的排列与物料运动的方向垂直。筛条的断面形状多为梯形，也有用矩形的。浆料经给料口以一定的速度给入，使浆料流与弧形筛面相切，并由布料装置均匀地分布在弧形筛面的整个宽度上，含有微小颗粒的稀薄浆液透过筛孔成为筛下物，不透筛的粗粒则从筛面下端的出料口排出。弧形筛适用于0.15～1.0mm细粒级物料的分级，在洗煤厂广泛用于煤的脱水和脱介作业。选矿厂分级用的弧形筛，其筛面半径为500～600mm，筛面中心角为75°～80°；选煤厂用的弧形筛，其筛面半径为1000mm、1500mm、2000mm，筛面中心角为45°～60°。弧形筛的筛孔尺寸约比筛下产品粒度大2～3倍。

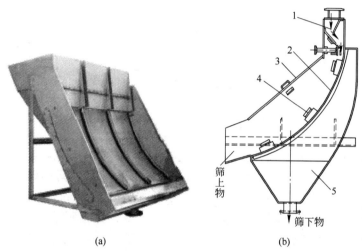

(a)　　　　　　　　　　(b)

图2-2　弧形筛面固定筛

(a) 弧形筛外廓图；(b) 弧形筛结构示意图

1—布料装置；2—筛面；3—盖；4—筛面压紧木楔；5—筛下物收集斗

弧形筛既可用于悬浮液中细小颗粒的精确分级，也可用于细粒物料的脱泥、脱水，还可用于重介质选矿产品的脱介。

2.1.1.3 旋流筛的结构与工作原理

旋流筛也是一种固定筛，用于细粒级物料的分级，其工作原理与弧形筛相同。旋流筛的结构如图2-3所示，由入料喷嘴、导向槽、锥形条缝筛板、导向筛板、固料出口、外壳和滤液出口等组成。料浆以0.05～0.06MPa的压力由入料喷嘴切向给入筛内，这样料浆就以螺旋运动流经筛面，细粒透过筛孔排出，粗粒经下锥排出，更加细的矿泥则由溢流管排出。旋流筛的优点是处理量比弧形筛大，分级与脱水效果也比较好；缺点是要求给料的高度较大。

旋流筛是筛分与水力分级联合作用的筛子。固定的旋流筛可用于末煤跳汰机0.5～10mm级精煤的初步脱水，以及末煤的脱泥和细粒煤的分级。

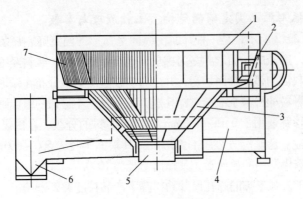

图 2 - 3　旋流筛

1—导向槽；2—入料喷嘴；3—锥形条缝筛板；4—外壳；

5—固料出口；6—滤液出口；7—导向筛板

2.1.2　滚轴筛的结构与工作原理

滚轴筛的筛面由许多根带有盘子的滚轴横向平行排列而成，相邻滚轴和相邻盘子间的空隙，构成筛孔。滚轴筛的安装倾角不大，一般为15°左右。电动机通过链传动或齿轮传动，带动滚轴转动，滚轴转动方向与料流的运动方向相同，而给到筛面上的物料被转动的滚轴带动，逐渐向排料端移动，同时获得筛分，即细粒物料透筛，粗粒物料则移动到排料端排出。筛孔大于15mm的滚轴筛常用于粗筛物料的作业中，与固定筛相比较，筛分效率较高，设备所需的安装高度较小。虽然这种筛机坚固可靠，但由于构造复杂，目前很少采用。在选煤厂和炼铁厂使用，它的分级效率较高。该筛除用于筛分外，还兼作给料机用。

滚轴筛根据盘子的形状不同而有几种不同的形式，最常用的是圆盘滚轴筛和异形盘滚轴筛。

2.1.2.1　圆盘滚轴筛的结构与工作原理

圆盘滚轴筛的结构如图 2 - 4 所示，由机架、滚轴、减速器、电动机、滚珠轴承、圆盘、链轮和筛框等组成。机架上装有 7 根滚轴，滚轴构成的平面成15°倾斜。每根轴上有 9 个圆盘，圆盘与轴铸成一体。

在滚轴轴颈上装有滚珠轴承 5，滚珠轴承安置在筛架上的轴承座中。为了传递运动，每根轴上装有两个链轮 6，两链轮的齿数不同，分别为 18 和 20，其传动比 $i = 20/18 \approx 1.11$。给料端第一根轴的回转速度为 26.6r/min，因而排料端轴的转数为 $1.11^6 \times 26.6 \approx 49.75$r/min。所有轴的回转方向与物料运动方向相同，由于两相邻轴的转速不同，可以避免物料块的堵塞，并且使物料能向排料端加速移动。轴上的圆盘是交错排列的，圆盘的直径比各轴间距离稍大，可以使筛面上的物料更好地松散开，并向前移动。

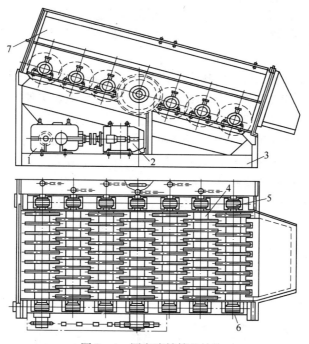

图 2 - 4　圆盘滚轴筛的结构

1—减速器；2—电动机；3—机架；4—带圆盘的滚轴；5—滚珠轴承；6—链轮；7—筛框

电动机 2 和减速器 1 安装在机架平台上，电动机与减速器用联轴器连接，再由减速器通过链子带动筛机中间的主轴运转。滚轴筛工作时，为使链子拉紧，可通过移动电动机的底座位置来保证。机架采用槽钢和钢板焊接制成。减速器出轴的两端都伸出壳外，因此，传动部可根据需要安装在任何一端。

2.1.2.2　香蕉形滚轴筛的结构与工作原理

香蕉形滚轴筛利用多轴旋转推动大块物料沿筛面前移，小块物料自轴间缝隙下落，使物料大小分离，实现筛分。由于筛轴是按三折结构 $2.5° - 3° - 9°$ 进行布置，外形如同一根香蕉，且外形美观、结构先进，故称香蕉形滚轴筛。香蕉形滚轴筛如图2 -5所示，主要由辊道电动机、减速机、联轴器、筛轴、筛盘、轴承、筛罩基座和电控箱等组成。由于筛轴是按不同的工作角度布置的，所以当物料在工作角度较高的位置

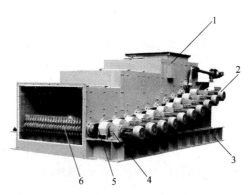

图 2 -5　香蕉形滚轴筛外形图

1—筛箱；2—辊道电动机；3—机座；4—减速器；
5—联轴器；6—滚轴、筛盘

运行时速度较快；当物料在工作角度较低的位置运行时速度较平缓。两种不同速度运行下的物料，在筛面某一位置相汇时开始做轴向运动，这样就使物料均匀地分布在筛面上，达到了提高筛分效率的目的。

香蕉形滚轴筛密封性好、扬尘小，筛盘采用 13Mn 铸造而成，耐磨性好，使用寿命长，每根筛轴各有一套驱动装置，安全性好，维护方便。筛轴上装有过载保护装置，发生堵转时会自动报警切断电源。

香蕉形滚轴筛主要用于电厂原煤筛分，也可用于其他行业筛分颗粒状物料。该设备处理量大、效率高，是理想的颗粒物料的筛分设备。

2.1.2.3　异形盘滚轴筛的结构、工作原理与工艺参数

异形盘滚轴筛的结构如图 2-6 所示，机架上有 9 根滚轴，由这些轴构成的平面呈 12°倾斜角。为了在筛分过程中避免物料破碎，两邻轴上的盘子间的距离应保持不变，因此，盘子应相对排列，同时各轴的速度应相同。此外，异形盘滚轴筛需要精密制造与安装。

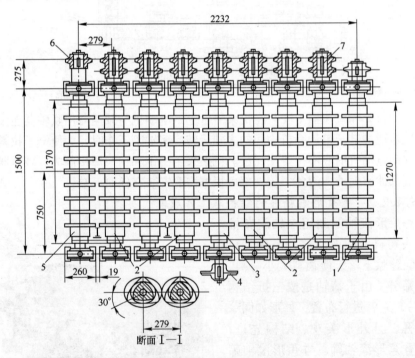

图 2-6　异形盘滚轴筛的结构

1—端滚轴 1；2—滚轴；3—中间滚轴；4—链轮 1；5—端滚轴 2；6—单排链轮；7—双排链轮

除两端的轴以外，其余各轴上均装有两个链轮，每个链轮上有 12 个齿，能顺序将运动从一轴传给另一轴。这种筛机的盘的突出部分磨损很快，但由于盘子回转时，其外缘半径不断变化，被筛物料经常上下运动，能使物料松散开，使小

于筛孔的物料颗粒在自重与滚轴旋转力的作用快速透过筛孔，大于筛孔的物料颗粒则沿筛面继续向排料端运动，从排料端排出。

滚轴筛是火力发电厂输煤系统中必不可少的设备，能够提高碎煤机的工作效率，还可以降低碎煤机电能消耗和金属磨损。滚轴筛对煤的适应性广，尤其对高水分的煤更具有优越性，不易堵塞。它具有结构简单、运行平稳、无振动、噪声小、粉尘少、处理量大等特点。

滚轴筛的技术特征如表 2 - 2 所示。

表 2 - 2　滚轴筛的技术特征

指标名称	圆盘滚轴筛	异形盘滚轴筛
筛机工作部分长度×宽度/mm×mm	2280×1270	2232×1270
筛孔尺寸/mm	100×100	100×100
轴数	7	9
盘的形状	圆盘	圆盘
盘的尺寸/mm	ϕ430	边长 264
盘缘速度/m·s⁻¹	0.5~1	0.76
生产能力/t·h⁻¹	约250	约400
筛机倾角/(°)	15	12
电动机：型号	MA143 - 1/4	MA143 - 1/4
功率/kW	11.4	11.4
转速/r·min⁻¹	1460	1460
外形尺寸（长×宽×高）/mm	3735×2160×2100	3635×2160×2100
筛机质量/kg	6340	5242.5

滚轴筛的生产率可按式(2 - 2)计算：

$$Q = qAa \qquad\qquad (2 - 2)$$

式中　A——筛面面积，m²；

　　　a——筛孔尺寸，mm；

　　　q——当筛孔尺寸为 1mm 时单位筛面面积的生产率，t/(mm·h·m²)，可
　　　　　按表 2 - 3 选取。

表 2 - 3　筛孔尺寸为 1mm 时单位筛面面积的生产率

指标名称	筛孔尺寸 a/mm			
	50	75	100	125
筛孔尺寸为 1mm 时单位筛面面积的生产率 q/t·(mm·h·m²)⁻¹	0.8~0.9	0.8~0.85	0.75~0.85	0.8~0.9
单位筛面面积的生产率/t·(h·m²)⁻¹	40~50	60~65	75~85	100~110

2.1.3 滚筒筛的结构、工作原理与参数计算

2.1.3.1 滚筒筛的种类及特点

滚筒筛有圆柱形、截圆锥形、角柱形或角锥形的工作表面，圆柱形和角柱形滚筒筛的回转轴线通常装成不大的倾角，一般为4°~7°，而锥形滚筒筛则装成水平。滚筒筛由齿轮和减速器传动，或由托辊传动。被筛物料从筒体的一端装入筒内，由于筒体的回转，物料沿筒体内壁滑动，细物料通过工作表面透过筛孔落入收料斗中，而粗物料则从筒体的另一端排出。筛筒转数很低，工作平稳，没有不平衡的工作部分。筛孔易被堵塞，筛分效率低，工作表面的面积仅为整个筛面面积的1/6~1/8。它比平面筛笨重，具有金属消耗量大、成本高等特点。因此滚筒筛只用于中筛和细筛，筛孔尺寸通常为1~75mm。

2.1.3.2 滚筒筛的构造与工作原理

A 圆柱形滚筒筛的结构与工作原理

圆柱形滚筒筛如图2-7所示，由给料斗、筛筒、电动机、减速器、轴承、大小齿轮、支承滚子、机架、外筒等组成。圆柱形滚筒筛的一端支承在轴承上，而另一端支承在滚子上。电动机通过联轴器带动减速器与小齿轮回转，小齿轮带

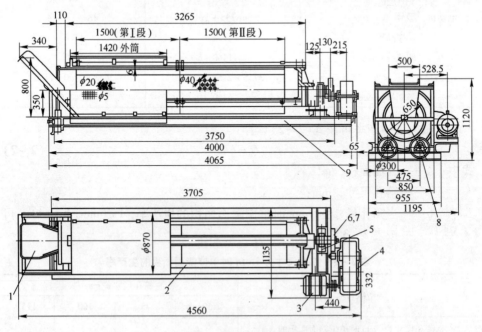

图2-7 圆柱形滚筒筛

1—给料斗；2—筛筒；3—电动机；4—减速器；5—轴承；
6,7—大小齿轮；8—支承滚子；9—机架

动筛筒轴上的大齿轮转动，从而驱使筛筒回转。被筛物料从给料斗送入筛筒内，由于筛筒的回转，物料沿筛筒内壁滑动，细物料通过工作表面透过筛孔落入收料斗中，而粗物料则从筛筒的另一端排出，实现物料的筛分分级。

B 角锥形滚筒筛的结构与工作原理

角锥形滚筒筛结构如图 2-8 所示，主要由电动机、减速器、机架、轴承座、主轴、轴套、丝杠、筛板、进料口、细料斗和粗料口等组成。机架采用角钢焊接成矩形框体，长 2500mm，宽 1800mm，高 580mm，中间加有支承，确保其有较高的强度，机架两端焊接 300mm×75mm×20mm 的钢板，用以安装轴承座。

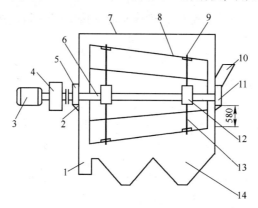

图 2-8 角锥形滚筒筛结构示意图

1—粗料口；2—机架；3—电动机；4—减速器；5，11—轴承座；6—主轴；7—上箱体；
8—筛板（8 块）；9—垫板；10—进料口；12—轴套；13—丝杠；14—细料斗

主轴、轴套、丝杠、筛板等组成筛筒。根据筛板的质心位置确定出两轴套的支承位置，主轴通过键与轴套装配在一起，用以固定筛板和传递动力，而且便于调整、拆卸和维修。轴套圆周均布 8-ϕ30mm×25mm 的钻孔，丝杠过盈配合装入 ϕ30mm×25mm 的孔内。筛板钻孔后用螺母固定在丝杠上，便于拆卸和维修。为使筛板平稳坚固，筛板在丝杠固定处的上下面放置 100mm×100mm×20mm 斜铁，增加了筛板的刚度和螺母装配稳定性。筛板用 12mm 以上的钢板剪制成梯形，筛孔的直径为 ϕ18mm，呈直线均匀排列。筛板装配后呈八面锥柱状，为防止丝杠松动或脱落，将丝杠与轴套、筛板与筛板之间点焊。筛筒的锥度大小决定生产率与筛分效率的高低，筛体的锥度一般取 5°~10° 为宜，筛体的锥度与直径大小由两端丝杠的长短调整。

上、下箱体用 4mm 钢板焊接而成，下箱体用螺栓固定在机架上，上箱体焊接成梯形结构，两侧各开有观察孔，便于观察及清理物料。筛筒与箱体之间最小距离为 100mm，确保筛筒不产生碰撞和振动。

角锥形滚筒筛具有结构简单、运行安全可靠、密封性能较好、占用空间小、投资省，并适宜在狭窄空间安装和使用等特点。

2.1.3.3 滚筒筛的参数计算

滚筒筛的参数包括筛筒的直径和长度、筛机的转数、筛机的生产率和功率等。

（1）筛筒直径的确定。筛筒直径 D 应大于最大料块直径 $d_{\max}$ 的 14 倍，即

$$D > 14d_{\max} \qquad (2-3)$$

（2）筛筒长度的确定。筛筒的长度 L 通常按式（2-4）计算，即

$$L = (3 \sim 5)D \qquad (2-4)$$

（3）筛机转数的计算。筛机的转数 n 通常按式（2-5）计算，即

$$n = \frac{8}{\sqrt{R}} \sim \frac{14}{\sqrt{R}} \quad (\text{r/min}) \qquad (2-5)$$

式中 R——筛筒的半径，m。

筛筒的圆周速度 $v = 0.6 \sim 1.25\text{m/s}$，最常用的值为 $0.7 \sim 1.0\text{m/s}$。

（4）滚筒筛生产率的计算。圆柱形滚筒筛的生产率 Q 可按式（2-6）计算，即

$$Q = 0.72\rho\mu n\tan(2\alpha) \sqrt{R^3 h^3} \quad (\text{t/h}) \qquad (2-6)$$

式中 R——筛筒的半径，m；

h——物料层厚度，m；

ρ——物料的密度，kg/m³；

μ——物料松散系数，一般取 $0.6 \sim 0.8$；

n——筛机的转数，r/min；

α——筛机轴的倾角，(°)。

（5）滚筒筛功率的计算。滚筒筛的电动机功率消耗在 4 个方面：1）散粒混合物料沿筛网向下运动时颗粒的滑动摩擦阻力；2）将散粒混合物料举高所做的功；3）滚子的滚动摩擦阻力；4）滚子轴颈在其轴承内的摩擦阻力。其他小的阻力可用机械效率 η 一并考虑。

对于用托辊传动的滚筒筛，其传动轴上的功率 P，可按式（2-7）计算，即

$$P = \frac{Rn(m_1 + 13m_2)}{29200\eta} \quad (\text{kW}) \qquad (2-7)$$

式中 m_1——回转筛筒的质量，kg；

m_2——筒内被筛物料的质量，kg；

η——传动效率，取 0.7；

其他符号意义同前。

支承在轴承上的滚筒筛的功率 P，可按式（2-8）计算，即

$$P = \frac{dn(m_1 + m_2)}{17500\eta} \quad (\text{kW}) \tag{2-8}$$

式中　d——轴颈直径，m；

其他符号意义同前。

2.2 惯性式振动筛的构造与工作原理

惯性式振动筛具有以下特点：

（1）筛机的弹簧刚度为常数或接近于常数。

（2）筛机在远超共振状态下工作，工作频率 ω 与固有频率 ω_0 之比 z_0，通常在 2~10 范围内选取。

（3）由于固有频率远小于工作频率，所以弹簧的刚度很小，因此，传给地基的动载荷小，具有良好的隔振性能。

（4）筛机通常采用单质体振动系统，构造比较简单。

由于该类振动筛具有构造简单、隔振良好等优点，目前在工业中应用相当广泛。

惯性式振动筛按运动轨迹可分为圆运动惯性振动筛、直线运动振动筛和椭圆运动振动筛 3 种。

2.2.1　单轴圆运动惯性振动筛的构造与工作原理

圆运动惯性振动筛是利用一个带偏心块的激振器使筛箱实现振动的筛机，其运动轨迹一般为圆形或近似圆形。与做直线运动的振动筛相比，该筛机具有结构简单，制造成本低廉和维修工作量少等特点，因而在工业各部门中得到广泛的应用。

圆运动惯性振动筛可分为简单惯性振动筛和自定中心惯性振动筛两种。

2.2.1.1　简单惯性振动筛的结构与工作原理

简单惯性振动筛的结构如图 2-9a 所示，由主轴、轴承、箱体、弹簧、圆盘、偏心块和皮带轮等组成。该筛机的特点是激振器的轴心线与皮带轮的中心在同一条直线上，因而皮带轮与激振器轴线均参与振动。筛箱通过弹簧支承在底座上，带有偏心块的轴通过轴承座安装在筛箱的侧壁上，主轴旋转时，偏心块产生的惯性力迫使筛箱产生振动，此时皮带轮也与筛箱一起振动。这种筛机在远超共振状态下工作。简单惯性振动筛的优点是结构简单，制造容易；缺点是皮带轮与筛箱一起振动，这样就必然引起三角皮带的反复伸缩，影响其使用寿命，为了减轻对皮带寿命的影响，三角皮带必须选得较长。

2.2.1.2　自定中心惯性振动筛的构造与工作原理

自定中心惯性振动筛工作原理如图 2-9b 所示，当筛机运转时，自定中心惯

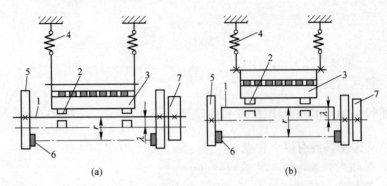

图 2 - 9 单轴圆运动惯性振动筛的工作原理

（a）简单惯性振动筛的工作原理；（b）自定中心惯性振动筛的工作原理

1—主轴；2—轴承；3—箱体；4—弹簧；5—圆盘；6—偏心块；7—皮带轮

性振动筛的皮带轮中心位于轴承中心与偏心块的质心之间，且皮带轮的中心线位于偏心块与振动筛合成的质心上，即使其保持下列关系：

$$m\lambda = m_0 r \qquad\qquad (2-9)$$

式中 m——振动机体的质量；

λ——箱体的振幅；

m_0——偏心块的质量；

r——偏心块的质心到回转中心的距离。

这样，当这种振动筛工作时，皮带轮的中心线就不随筛体一起振动，而只作回转运动，即皮带轮的中心在空间的位置保持不变。自定中心惯性振动筛能克服皮带轮的振动现象，保证了皮带轮的使用寿命，因而获得了广泛的应用。

A 悬挂式自定中心振动筛

悬挂式自定中心振动筛的构造如图 2 - 10 所示，由电动机、皮带轮，激振器、筛箱、筛网和弹簧吊杆等组成。悬挂式自定中心振动筛的筛箱用四根带隔振弹簧的吊杆悬挂在结构架上，箱体与水平面的倾角为 15° ~ 20°。箱体是由钢板与型钢焊接或铆接成的箱形结构，箱体上装有筛网和激振器。自定中心振动筛的激振器（见图 2 - 11）通过轴承座 5 用螺栓固定在筛箱侧板上，主轴 7 的两端分别装有带偏心块 1 的皮带轮 2 和圆盘 8，在主轴中部也配有偏心质量，这两部分偏心质量产生的合力构成振动的激振力。箱体的振幅可通过增减皮带轮和圆盘上的偏心块来进行调整。这种振动筛的主轴中心与轴承中心在同一直线上，由于皮带轮与圆盘的轴孔中心相对于它们的外缘有一偏心距，其值等于箱体的振幅，这样，皮带轮的中心仍位于轴承中心与偏心块的质心之间。这种结构与轴承偏心式相比，结构简单，便于制造。

根据用途不同，自定中心振动筛的筛面可采用单层或双层，而筛面根据所筛物料的不同，可采用钢条焊接成的条形筛面或筛网。

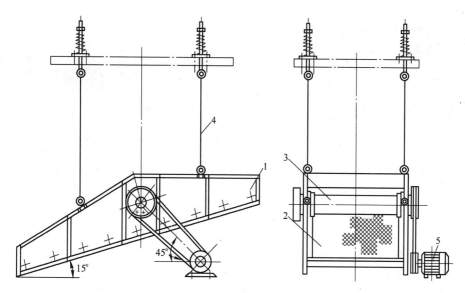

图 2 - 10　悬挂式自定中心振动筛的构造
1—筛箱；2—筛网；3—激振器；4—弹簧吊杆；5—电动机

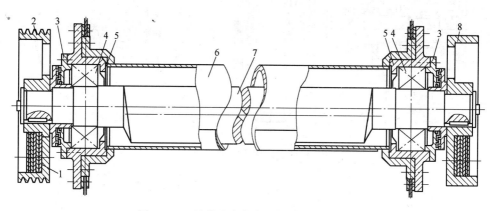

图 2 - 11　悬挂式自定中心振动筛的激振器
1—偏心块；2—皮带轮；3—轴承端盖；4—滚动轴承；5—轴承座；
6—圆筒；7—主轴；8—圆盘

B　座式自定中心重型振动筛

在选矿工艺中，为了筛分粗粒度和大密度的物料，通常采用座式自定中心重型振动筛，其结构如图 2 - 12 所示，由电动机、筛箱、隔振弹簧、激振器、机架等组成。座式自定中心重型振动筛的激振器也是采用皮带轮偏心式。激振器采用自移式偏心块消振装置（见图 2 - 13），防止了启动和停机时经过共振区振幅急剧增大的现象。

单轴惯性振动筛的技术特征列于表 2 - 4 中。

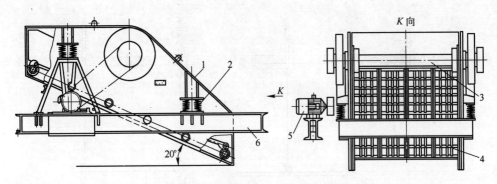

图 2-12 座式自定中心重型振动筛

1—筛箱；2—隔振弹簧；3—激振器；4—筛面；5—电动机；6—机架

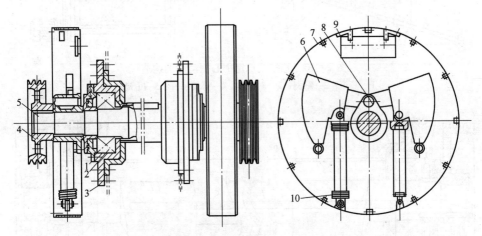

图 2-13 座式自定中心重型振动筛的激振器

1—轴承端盖；2—滚柱轴承；3—轴承座；4—三角皮带轮；5—主轴；
6—偏心块；7—激振器外壳；8—销轴；9—挡块；10—弹簧

表 2-4 单轴惯性振动筛的技术特征

参数 型号	筛 面				给料粒度 /mm	处理量 /t·h^{-1}	振次 /r·min^{-1}	双振幅 /mm	电动机		外形尺寸 (长×宽×高) /mm	总质量 /kg
	层数	面积 /m^2	倾角 /(°)	筛孔尺寸 /mm					型号	功率 /kW		
DD918	1	1.6	20	1~25	≤60	10~30	1000	5~6	Y100 L-4	2.2	1926×1418 ×1809	440
2DD918	2										1926×1418 ×2013	600

参数 型号	筛面				给料粒度 /mm	处理量 /t·h⁻¹	振次 /r·min⁻¹	双振幅 /mm	电动机		外形尺寸 (长×宽×高) /mm	总质量 /kg
	层数	面积 /m²	倾角 /(°)	筛孔 尺寸 /mm					型号	功率 /kW		
ZD918	1	1.6	20	1~25	≤60	10~30	1000	6	Y100 L-4	2.2	1926×1737 ×1434	553
2ZD918	2										1926×1737 ×1634	702
ZD1224	1	2.9	20	6~40	≤100	70~210	850	6~7	Y112 M-4	4	2471×2109 ×1334	1130
2ZD1224	2										2560×2099 ×1780	1545
ZD1530	1	4.5	20	6~50	≤100	90~270	920	6~7	Y132 S-4	5.5	3071×2619 ×1566	1650
2ZD1530	2						850				3170×2619 ×2250	2260
ZD1540	1	6.0	20	6~50	≤100	90~270	850	7	Y132 M-4	7.5	4069×2651 ×2038	2070
2ZD1540	2										4156×2651 ×2656	2850
ZD1836	1	6.5	20	6~50	≤150	100~300	850	7	Y160 M-4	11	3669×3016 ×1807	4960
ZD1836J	1	6.5	20	43×58 87×104	≤150	100~300	850	7	Y160 M-4	11	3069×3100 ×1807	4754
ZD2160	1	12	20	10~50	≤150	240~540	900	8	Y180 L-4	22	6080×3776 ×3075	6529

注：处理量为参考值，以松散密度为 1 t/m³ 的矿石为计算依据。

2.2.2 双轴直线运动惯性振动筛的构造与工作原理

2.2.2.1 双轴惯性振动筛激振器的工作原理

双轴惯性振动筛激振器的工作原理如图 2-14 所示。两偏心块质量 $m_{01} = m_{02}$，筛机运转时产生离心力 $F_1 = F_2 = F$，偏心块做同步反向回转，在各瞬时位置时离心力沿 K 向（即振动方向）的分力总是互相叠加，而与 K 向垂直的方向，离心力的分力总是互相抵消，因此，形成了单一的沿 K 向的激振力，驱动筛机做直线运动。在图2-14中，1、3位置离心力叠加，激振力为最大（2F），2、4位置离心力互相抵消，即激振力为零。

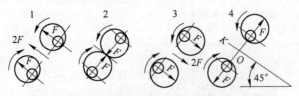

图2-14 双轴惯性振动筛激振器的工作原理

由于激振力作用线与工作面呈45°角，所以筛机的振动方向角为45°。物料在被抛起时松散，与筛面接触时，小于筛孔尺寸的物料颗粒或水分透筛，从而完成筛分分级、脱水、脱介、脱泥等各种工艺过程。

2.2.2.2 双轴惯性振动筛的构造与工作原理

A 吊式直线振动筛的构造与工作原理

图2-15为吊式直线振动筛的结构示意图。筛机由筛箱、箱式激振器、电动机、隔振弹簧、防摆配重等组成。筛箱在激振力的作用下，做振动方向角为45°的往复运动。被筛物料从右端加入，在筛面上跳跃前进，筛下产品从下部排出，收集在筛下漏斗中，而筛上产品从左端排料口排出。

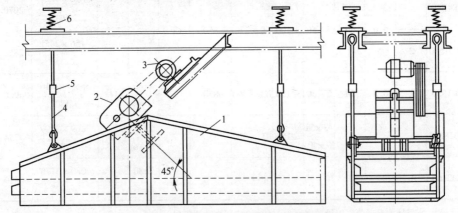

图2-15 吊式直线振动筛的结构示意图

1—筛箱；2—箱式激振器；3—电动机；4—钢丝绳；5—防摆配重；6—隔振弹簧

箱式激振器的结构如图2-16所示。激振器的箱体由ZG35制成，箱体内装有主动轴1和从动轴2，轴上各装有一对质量相同的偏心块3。皮带轮带动主动轴回转，通过齿轮5使从动轴作等速反向回转，利用偏心块回转产生的离心力使激振器产生定向的激振力，驱动筛机做直线振动。箱式激振器具有以下特点：

（1）偏心块成对布置在激振器箱体外。这样布置的优点是：箱体内结构紧凑；便于调整偏心块上的调整柱塞，以改变筛箱的工作振幅；同时，也可避免偏心块回

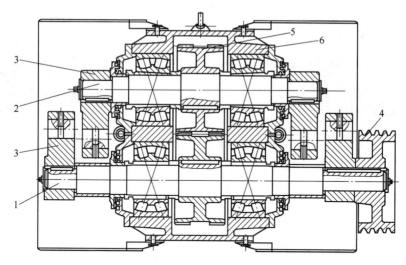

图 2-16 箱式激振器的结构

1—主动轴；2—从动轴；3—偏心块；4—皮带轮；5—齿轮；6—箱体

转时撞击箱体内的润滑油，从而引起箱体发热，使其润滑可靠，传动平稳。

（2）箱体做成整体式，没有剖分面，在承受激振力上比较合理，制造也简单，但拆装上比较困难。

激振器采用人字形齿轮传动，齿轮和传动轴的材料均用 40Cr 钢，并经调质处理。

由于激振器产生的激振力很大，需用双头螺栓将其牢牢固定在筛箱的主横梁上，以避免激振器偏置引起筛箱振幅不稳。

筛机用钢丝绳和隔振弹簧组成的吊挂装置悬挂起来，这样使得筛机工作时传到机架上的动负荷很小。悬吊钢丝绳上装有防摆配重，以防止钢丝绳出现横向振动及共振现象。隔振用的金属螺旋弹簧用抗冲击性较好的 60Si2Mn 弹簧钢制造。

B 座式直线振动筛的结构与工作原理

座式直线振动筛的结构如图 2-17 所示，由弹簧与支承装置、筛箱、筒式激振器，电动机座、三角皮带、电动机等组成。筛箱安装在支承装置上，支承装置共四组，包括压板、座耳、弹簧和弹簧座，座耳为铰链式，便于调节筛箱的倾角。更换弹簧座可以把筛箱倾角调整成 0°、2.5° 和 5° 等位置。

该类振动筛的筒式激振器的构造如图 2-18 所示，由主动偏心轴、皮带轮、滚柱轴承、从动偏心轴、齿轮、轴承座和外壳等组成。皮带轮 2 带动主动偏心轴 1 回转，通过齿轮 7 带动从动偏心轴 4 做反向同步回转，从而产生定向的激振力驱动筛机做直线振动。激振器的齿轮采用直齿齿轮，材料为 20Cr 钢，经渗碳淬火处理。偏心轴用 45 号优质钢制成，并经调质处理。

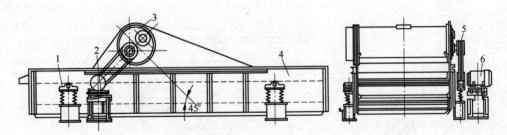

图 2-17 座式直线振动筛的结构

1—弹簧与支承装置；2—电动机座；3—筒式激振器；4—筛箱；

5—三角皮带；6—电动机

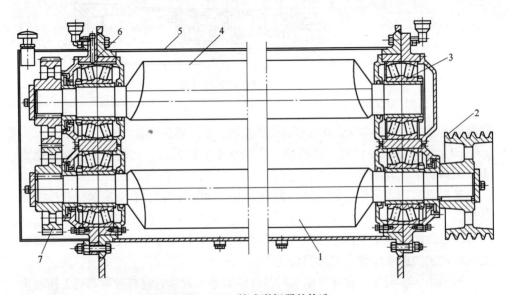

图 2-18 筒式激振器的构造

1—主动偏心轴；2—皮带轮；3—滚柱轴承；4—从动偏心轴；

5—外壳；6—轴承座；7—齿轮

与箱式激振器相比较，筒式激振器具有以下特点：

(1) 由于筒式激振器直接安装在筛箱上，不必采用结构笨重的工字横梁，所以整个筛箱的高度较小，质心降低，质量减轻，增加了座式筛机工作的稳定性。

(2) 激振力相当于沿整个筛宽的均布载荷，安装精度较易保证，其误差对筛箱各点振幅影响较小。

(3) 皮带轮在圆筒侧壁之外，便于布置传动的电动机。

筒式激振器的缺点是：由于皮带与齿轮放在圆筒侧壁以外，筛机宽度尺寸增大；同时，两侧需要留有一定的检修操作空间。

在工业部门除应用强制同步振动筛外，还广泛应用自同步振动筛。自同步振动筛指的是激振器的两根轴分别由一台异步电动机驱动，其间并无强迫联系。两轴的同步运转完全靠动力学关系来保证。

2.2.3 椭圆运动惯性振动筛的构造与工作原理

2.2.3.1 双轴椭圆振动筛的构造与工作原理

图 2-19 所示为日本古河株式会社制造的 E 型振动筛。它是一种双轴椭圆运动的振动筛，由筒式激振器、筛箱、隔振弹簧、筛面、电动机、电动机座和皮带轮等组成，用于中小粒级煤的干式或湿式筛分，以及脱水、脱介和脱泥。该筛采用的筒式激振器结构如图 2-20 所示，由滚柱轴承、两根偏心轴、一对斜齿轮、套筒和皮带轮等组成。电动机通过皮带轮和三角皮带带动主动偏心轴旋转，再通过一对斜齿轮带动从动偏心轴做反方向等速旋转，从而产生激振力。由于两根轴的偏心质量不等，所以激振器带动筛箱做椭圆运动。

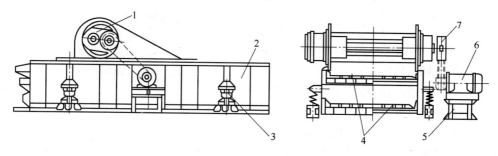

图 2-19 双轴椭圆振动筛（E 型振动筛）

1—激振器；2—筛箱；3—隔振弹簧；4—筛面；5—电动机座；6—电动机；7—皮带轮

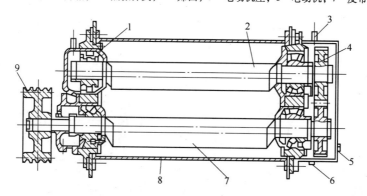

图 2-20 双轴椭圆振动筛的激振器

1—轴承；2—从动偏心轴；3—油杯；4—斜齿轮；5—油位标；
6—排油塞；7—主动偏心轴；8—套筒；9—皮带轮

激振器的工作原理如图 2-21 所示，两根轴的偏心质量矩（$m_1 r_1 > m_2 r_2$）不

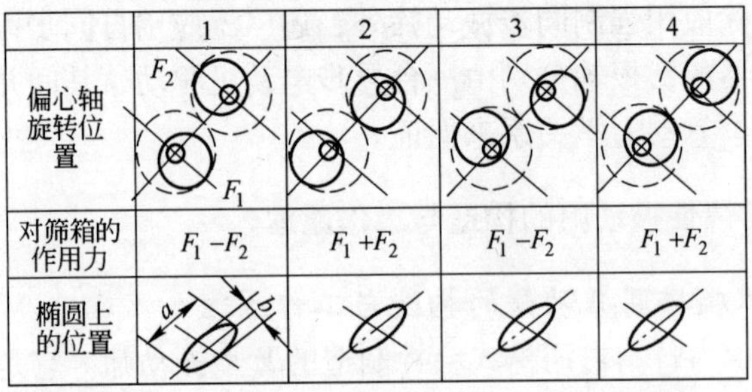

	1	2	3	4
偏心轴旋转位置	F_2 ⊗ F_1	⊗	⊗	⊗
对筛箱的作用力	$F_1 - F_2$	$F_1 + F_2$	$F_1 - F_2$	$F_1 + F_2$
椭圆上的位置	a b			

图 2-21 双轴椭圆振动筛的激振器的工作原理图

a—长轴；b—短轴

相等，所以离心力 $F_1 > F_2$，在 1、3 位置，离心力抵消一部分，作用于筛箱上的力为 $F_1 - F_2$，在椭圆运动轨迹上为短轴 b；在 2、4 位置，离心力叠加，作用于筛箱上的力为 $F_1 + F_2$，在椭圆运动轨迹上为长轴 a，相当于双振幅。这种椭圆振动筛的长短轴之比为 1:6。

2TKB-50113 大型振幅递减椭圆振动筛的结构如图 2-22 所示，由筛框、四台电动机、激振器、电动机支座、隔振装置支座、隔振装置、下筛面和上筛面等组成。该筛机的性能参数如表 2-5 所示。

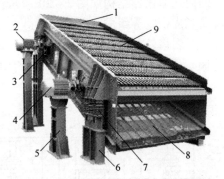

图 2-22 2TKB-50113 大型振幅递减椭圆振动筛

1—筛框；2, 4—电动机；3—激振器；
5—电动机支座；6—隔振装置支座；
7—隔振装置；8—下筛面；9—上筛面

表 2-5 2TKB-50113 大型振幅递减椭圆振动筛的性能参数

性能指标	参数	性能指标				参数
筛面宽度/m	5.0	入料端	振幅方向	长轴/mm	振幅值	6.00
筛面长度/m	11.3			短轴/mm		0.75
筛面面积/m²	56.5	出料端		长轴/mm		4.50
筛孔尺寸/mm	上：50~150 下：5~50			短轴/mm		0.75
筛面倾角/（°）	20	电动机	型号			Y280M-8
筛面层数	2		功率/kW			45×4
入料粒度/mm	≤400		转数/r·min⁻¹			740
生产能力/t·h⁻¹	1200~2500	最大外形尺寸（长×宽×高）/mm				11252×10181 ×7493
振动频率/Hz	12.33	质量/kg				79400

TAB（TKB）系列大型振幅递减椭圆振动筛，广泛用于煤炭、冶金、矿山等行业大、中粒度物料的筛分分级。筛箱的运动轨迹为椭圆形，振幅值从入料端向出料端递减，使入料端处的物料快速减薄而分层透筛，大块物料迅速下滑，中小块物料快速筛分，保持整个振动筛面料层厚度基本相等。与同规格的传统圆运动振动筛相比，具有生产能力大、筛分效率高等优点。

TAB（TKB）系列振幅递减椭圆振动筛技术参数如表2-6所示。

表2-6 TAB（TKB）系列振幅递减椭圆振动筛技术参数

型号	筛面			给料粒度/mm	生产能力 /t·h⁻¹	功率/kW
	层数	宽×长/mm×mm	筛孔尺寸/mm			
2TAB3072	2	3.05×7.20	上：25~100 下：5~25	≤300	600~1200	2×30
2TAB3672	2	3.65×7.20	上：25~100 下：5~25	≤300	600~1200	2×37
2TAB3882	2	3.85×8.22	上：25~100 下：5~25	≤300	850~1700	2×45
2TAB4282	2	4.25×8.22	上：25~100 下：5~25	≤300	1000~2000	2×55
2TKB50113	2	5.05×11.32	上：25~100 下：5~25	≤300	1200~3000	4×45

2.2.3.2 单轴双质体椭圆振动筛的构造与工作原理

单轴双质体椭圆振动筛的结构如图2-23所示，由激振器、筛箱、下质体、隔振弹簧、支杆、剪切橡胶弹簧、筛面和电动机等组成。这种椭圆振动筛具有以下特点：

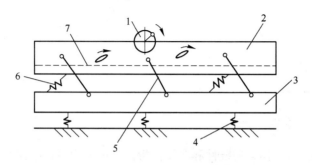

图2-23 单轴双质体椭圆振动筛的结构示意图

1—激振器；2—筛箱；3—下质体；4—隔振弹簧；5—支杆；
6—剪切橡胶弹簧；7—筛面

（1）单轴激振器安装在筛箱上。

（2）筛箱与下质体用剪切橡胶弹簧连接在一起，筛箱与下质体仅在剪切方向能产生相对运动，因而在这个方向激振器仅带动筛箱（上质体）振动，而在垂直方向上，激振器可带动上、下质体一起运动，所以筛箱的运动轨迹为椭圆形。

（3）下质体支承在隔振弹簧上。

几种直线振动筛与椭圆振动筛的技术特征如表 2 - 7 所示。

表 2 - 7 几种直线振动筛与椭圆振动筛的技术特征

性能指标		双激振电机型振动筛	热矿振动筛	箱式激振器振动筛	ГСЛ 型直线振动筛（前苏联）	椭圆振动筛（日本）
筛面面积/m²		—	—	—	10	—
宽/mm		1200	3100	2200	—	2100
长/mm		3000	7500	5000	—	6000
筛面层数		1	1	1 ~ 2	2	2
筛孔尺寸/mm		0.4	20、10、5	—	0.5、6 ~ 25	—
振动频率/次·min⁻¹		940	730	800 ~ 900	820	850 ~ 900
运动轨迹		直线	直线	直线	直线	椭圆
振动方向角/(°)		30	40	45	—	45
双振幅	长轴/mm	7 ~ 8	8 ~ 9	8 ~ 10	0 ~ 8	10 ~ 14
	短轴/mm	0	0	0	0	1.5 ~ 1.8
筛面倾角/(°)		0 ~ 5	5	0 ~ 10	10	0
入料最大粒度/mm		< 100	300	200		
电动机功率/kW		2 × 2.2	2 × 18.5	7.5 ~ 13	15	30
处理量/t·h⁻¹		—	—	150	65	—
外形尺寸（长×宽×高）/mm		—	—	—	—	—
机器质量/kg		—	—	7250	7430	—

2.2.4 惯性式共振筛

惯性式共振筛按弹簧的线性和非线性特性，可分为线性共振筛和非线性共振筛两类。

2.2.4.1 线性惯性式共振筛的结构与特点

线性惯性式共振筛的结构如图 2 - 24 所示，由筛箱、筛面、主振弹簧、导

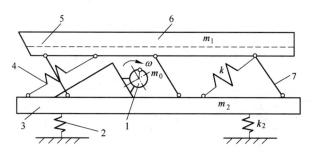

图 2 - 24　线性惯性式共振筛的结构示意图

1—激振器；2—隔振弹簧；3—平衡架（下质体）；4—线性弹簧（主振弹簧）；

5—筛面；6—筛箱；7—导向杆

向杆、激振器、隔振弹簧和平衡架等组成。该类筛是一种座式双质体系统共振筛，采用的是偏心块式激振器，激振器安装在平衡架的中部，两质体间装有线性弹簧和导向杆，整个筛机支承在基础的隔振弹簧上，以保持筛箱与平衡架之间的平衡位置。由于筛机在近共振情况下工作，偏心块质量较小，因此轴承承受的载荷也较小。当偏心块旋转时产生的惯性力的方向垂直于导向杆时，筛箱和平衡架都产生垂直于导向杆方向的振动，但因平衡架的质量较大，故其振幅较小，且与筛箱的振动有 180°的相位差，而筛箱的振幅较大。当激振器的惯性力沿着导向杆的方向时，筛箱与平衡架做整体的振动，它们的振幅是相等的。这两种振动合成的结果，使筛箱产生一个椭圆形的运动轨迹，其长轴垂直于导向杆方向。

2.2.4.2　非线性惯性式共振筛的结构与特点

非线性惯性式共振筛的结构如图 2 - 25 所示，由筛箱、主振弹簧、皮带轮、平衡质体、偏心块、板弹簧和隔振弹簧等组成。筛机只有一个筛箱，但有两个振动质体，另一个振动质体就是与激振器主轴装在一起的平衡质体。平衡质体 4 用板弹簧 6 支承在筛箱 1 上，在与板弹簧相垂直的方向上，两个质体间还装有非线性橡胶弹簧。因此，筛箱、平衡质体与非线性弹簧组成了具有非线性特性的主振动系统。为使平衡质体与筛箱做对称的非线性振动，利用两个螺旋弹簧将平衡质体悬吊在筛箱上，使非线性弹簧两侧的间隙相等。筛箱和平衡质体用隔振弹簧 7 支承，就构成了隔振系统。由于隔振弹簧的刚度较小，因此该筛机具有良好的隔振性能。

由于在相对振动方向上主振动系统的固有频率与工作频率接近，所以在这个方向上筛机的振幅较大，而与其相垂直的方向上由于远离共振工作状态，筛机的振幅很小，因此，筛机的运动轨迹接近于一直线或长椭圆形。这种运动轨迹对筛分工艺过程是有利的。

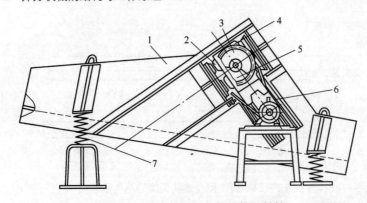

图 2 – 25 非线性惯性式共振筛的结构

1—筛箱；2—主振弹簧；3—皮带轮；4—平衡质体；5—偏心块；6—板弹簧；7—隔振弹簧

2.3 弹性连杆式振动筛的构造与工作原理

2.3.1 单质体弹性连杆式振动筛的构造与工作原理

单质体弹性连杆式振动筛的结构如图 2 – 26 所示。该振动筛是一种对弹性系数不同和摩擦因数不同的两种固体物料进行分选处理的设备，也称之为反流筛，由筛箱、筛面、激振器、主振弹簧 k、连杆弹簧 k_0、导向杆和底架等零部件组成。当电动机转动时，驱动弹性连杆激振器回转，从而弹性连杆带动筛机做近似直线往复运动，达到对固体物料分选处理的目的。

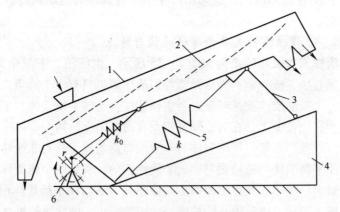

图 2 – 26 单质体弹性连杆式振动筛

1—筛箱；2—筛面；3—导向杆；4—底架；5—主振弹簧；6—弹性连杆激振器

这种形式的振动筛，具有多个不同倾角的筛面，根据所处理物料的不同可方便地调整各筛面的角度，结构简单，零部件少，维修点少且维修方便，但传给基础的动载荷较大，为克服这一缺点，可在底架和基础之间加装隔振弹簧。

反流筛是我国独创的石棉矿石分选设备，在石棉选矿厂用于粗选、精选、除尘、除砂，在石棉制品厂用于原料加工的净化除砂、除尘。该振动筛除用于对石棉矿石的筛分分选外，还可用于处理固体废弃物，例如，含碎塑料薄膜、纸片、碎木屑、砖块和砂石的固体废弃物，在反流筛上的分选过程就是碎塑料薄膜、纸片、碎木屑与砖块、砂石在筛面上发生相反运动的过程。由于碎塑料薄膜、纸片、碎木屑呈松散状，具有摩擦因数大、弹性系数小的特点，与筛面接触时发生塑性碰撞，不发生反跳现象，其运动完全取决于筛机的振动作用，所以塑料薄膜等在筛面上的运动是稳定有规律的正向运动，而砖块、砂石是弹性物料，具有摩擦因数小、弹性系数大的特点，在与筛面接触时发生弹性碰撞，产生反跳现象，因给料又是在筛面法线上方，所以砖块、砂石是向筛面法线下方反跳，当砖块、砂石再次落回到筛面上时，其入料方向仍在筛面法线上方，因此其反跳方向必在筛面法线下方，即砖块、砂石在筛面上做反向运动。由于碎塑料薄膜等与砖块、砂石在筛面上做相反方向的运动，这样就把二者相互分离。

单质体弹性连杆式振动筛具有处理能力大、分选指标高、运行可靠、动力不能平衡、传给基础的动载荷较大等特点。

2.3.2 双质体弹性连杆式振动筛的结构特点

为了消除或减小传给基础的动载荷，设计出了双质体弹性连杆式振动筛，如图 2-27 所示，主要由筛箱、筛面、导向杆、下质体、隔振弹簧、弹性连杆式激振器和线性主振弹簧等组成。由于双质体弹性连杆式振动筛的下质体下方安装在隔振弹簧上，故与图 2-26 所示的单质体弹性连杆式振动筛相比，显著减小了传给地基的动载荷。

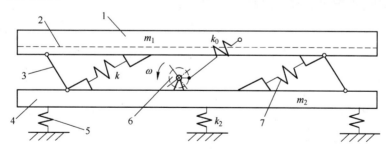

图 2-27 双质体弹性连杆式振动筛

1—筛箱；2—筛面；3—导向杆；4—下质体；5—隔振弹簧；

6—弹性连杆式激振器；7—主振弹簧

2.3.3 弹性连杆式非线性共振筛

弹性连杆式非线性共振筛的结构如图 2-28 所示，由电动机、张紧轮、三角皮带、弹性连杆激振器、非线性橡胶弹簧、上筛箱、筛面、板弹簧、隔振弹簧、固定机架、下筛箱等组成。上、下筛箱分别用两对隔振弹簧9支承于机架10上，固定在机架上的电动机1通过三角皮带和带轮驱动弹性连杆激振器回转，产生激振力使筛箱沿导向杆规定的方向振动。由于筛面随筛箱一起振动，从而使加到筛面上的物料得到筛分。

　　该筛机在近共振的低临界状态下工作，由于主振弹簧采用的是带有安装间隙的橡胶弹簧，因而弹性力具有非线性的特征。筛机具有较大的加速度，从而有利于物料的分级和脱水。

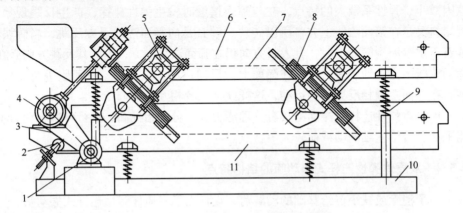

图2-28　弹性连杆式非线性共振筛
1—电动机；2—张紧轮；3—三角皮带；4—弹性连杆激振器；5—非线性橡胶弹簧；
6—上筛箱；7—筛面；8—板弹簧；9—隔振弹簧；10—机架；11—下筛箱

2.4　电磁式振动筛的结构与工作原理

　　电磁式振动筛有两类：一类是筛箱振动式电磁振动筛，另一类是筛网振动式电磁振动筛。它们都由电磁激振器驱动，而且一般都是在近共振状态下工作，因此，在实质上，它是一种共振筛，但是目前工业部门中仍称其为电磁式振动筛。

2.4.1　筛箱振动式电磁振动筛的结构与工作原理

　　图2-29为筛箱振动式电磁振动筛的工作原理，筛箱2和筛箱上的衔铁8组成振动质体 m_1，平衡重9和激振器的铁心7组成振动质体 m_2，两质体间用弹簧4连接。整个系统用隔振弹簧3悬挂在固定架上。激振器通常通入半波整流后的脉动电流，在衔铁8和铁心7之间便产生电磁力，使它们交替地吸引，进而使两个质体产生振动。振动质体的质量和弹簧4的刚度的选择，应使系统的固有频率略高于强迫振动频率，也就是说使振动系统调整到近共振状态。在这种筛机中，主振弹簧4是很重要的部件，它的正确选择，除了可以显著减小所需的激振力

外，还可以使筛机稳定地工作。激振器倾斜安装于筛箱上，与筛面成一定的角度，使筛面产生沿某一倾斜方向的振动，从而使给入筛面上的物料获得筛分。

图 2-30 为筛箱振动式电磁振动筛的结构图，由激振器、筛箱、筛面和隔振弹簧等组成。它的适用范围很广，可用于矿石、煤炭、碎石、食品、药品等物料的筛分分级。

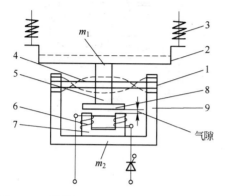

图 2-29 筛箱振动式电磁振动筛的工作原理图
1—激振器；2—筛箱；3—隔振弹簧；
4—主振弹簧；5—连接叉；6—线圈；
7—铁心；8—衔铁；9—平衡重

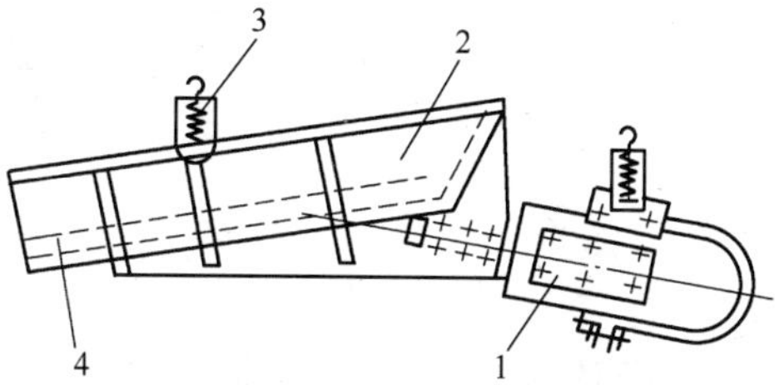

图 2-30 筛箱振动式电磁振动筛的结构图
1—激振器；2—筛箱；3—隔振弹簧；4—筛面

筛箱振动式电磁振动筛具有以下特点：

（1）筛分效率高。筛分机采用高频率、小振幅的振动，使物料在筛面上做高频跳动，有利于提高细物料的筛分效率。

（2）给料量调整方便。利用控制箱可任意调整筛箱的振幅，进而可根据物料性质及工艺要求很方便地调节给料量。

（3）维护检修简单。这种筛分机没有齿轮、偏心轴、皮带轮、电动机等摩擦部件，而只有可动件板弹簧，所以不需要加油和经常性的维护。

（4）防尘好。这种筛分机便于密封，可用来处理含有粉尘的物料，为现场创造良好的工作环境。

2.4.2 筛网振动式电磁振动筛的结构特点

图 2-31 为筛网振动式电磁振动筛的结构图，它主要由隔振弹簧、电磁激振器、筛框、筛网等组成。这种筛机是将筛网张紧在牢固的筛框上，电磁激振器对筛网直接激振。电磁激振器固定于筛框的横梁上，与筛框组成振动质体 2，而固定在板弹簧中部的衔铁通过连杆与固定于筛网中部的纵梁连接在一起，组成振动质体 1，板弹簧两端与激振器固定在一起，因而振动质体 1 和振动质体 2 及板弹簧组成了在近共振状态下工作的主振动系统。筛框通常悬吊在隔振弹簧上。由于

振动质体 2 的质量较大，而振动质体 1 的质量较小，所以采用较小的激振器即可使筛网产生较大振幅的振动。这种筛机常用于 0.05~5mm 的细物料的筛分，是一种很好的筛分设备。

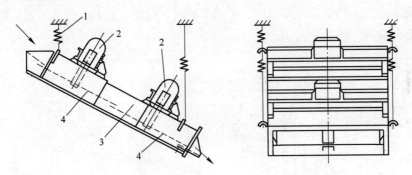

图 2 - 31 筛网振动式电磁振动筛

1—隔振弹簧；2—电磁激振器；3—筛框；4—筛网

筛网振动式电磁振动筛具有以下特点：

(1) 筛网不易发生堵塞。

(2) 对基础的振动影响小。

(3) 由于仅对筛网激振，电能消耗极小。

(4) 筛分效率较高。

(5) 振幅易于调整，在生产流程中便于实现集中控制与自动控制，适于自动化生产。

该筛机的电磁式激振器经可控硅半波整流后供电，振动频率为 3000 次/min。电磁式振动筛的技术特征如表 2 - 8 所示。

表 2 - 8 电磁式振动筛的技术特征

振动筛类型	筛面面积 /m²	振动次数 /次·min⁻¹	电压 /V	电流/A	功率/W	质量/kg	处理能力 /kg·h⁻¹	激振器 个数
筛箱振动式 电磁振动筛	0.09~1.0	3000	220	1.25~36	100~2000	35~1800	150~3500	1
筛网振动式 电磁振动筛	0.83~3.7	3000	220	(1×5)~ (4×10)	(1×300)~ (4×600)	350~4000	800~4500	1~4

2.5 自同步惯性式振动筛

2.5.1 自同步惯性式振动筛的特点

前述采用齿轮传动强迫联系的激振器，虽然其结构紧凑、成本较低，但是由于振动筛的振动次数较高，振幅较大，所以齿轮的线速度也比较高，齿轮就需要比较好的材质和较高的制造精度，并且还需要用稀油润滑，因此回转轴的密封装置结构要求也比较高，这就给生产和维修带来许多麻烦。另外，由于偏心轴的动力作用，齿轮在运转中会产生强烈的噪声。为了克服这些缺点，近 30 多年来，国内外出现了多种结构形式的双电动机或双振动电动机拖动的双轴直线振动筛。

双电动机拖动的双轴直线振动筛，其激振器的双轴分别由两台异步电动机驱动，其间并无强迫联系。两轴的同步运转完全靠动力学的关系来保证。双电动机拖动的直线振动筛具有以下特点：

（1）利用自同步原理代替了强制同步式直线振动筛中的齿轮传动，简化了传动部的结构。

（2）由于取消了齿轮传动，机器的润滑、维护和检修等经常性工作大为简化。

（3）可以减小启动、停机过程中通过共振区时垂直方向与水平方向的共振振幅，但在一些自同步直线振动筛中，通过共振区时摇摆振动的振幅有时会显著增大。

（4）在目前应用的自同步直线振动筛中，有许多是采用激振电机直接驱动，从而使其结构相当简单。

（5）自同步直线振动筛的两根轴，可以在较大距离条件下安装。

（6）便于实现三化。

· 双电动机驱动的双轴直线振动筛耗电量较大，占地面积也较大（除激振电机驱动的直线振动筛外）。

2.5.2 自同步惯性式振动筛的构造与工作原理

2.5.2.1 自同步热矿振动筛的构造与工作原理

自同步热矿振动筛的构造如图 2-32 所示，由激振器、筛箱、二次隔振架、二次隔振弹簧、一次隔振弹簧、异步电动机、弹性联轴器、中间轴等组成。两台异步电动机通过弹性联轴器驱动激振器回转，产生激振力驱使筛箱振动，达到对热矿物料筛分的目的。根据力学原理，在一定条件下，两轴上的偏心块可做等速反向回转，而且两偏心块对称于两轴心连线运转，因而其所产生的激振力垂直于两轴心连线。为获得较好的隔振效果，筛机采用二次隔振系统。该筛机的特点是：

（1）两台电动机装于筛箱的同一侧，电动机通过可伸缩的花键轴、橡胶弹性联轴器与激振器相连。

（2）采用二次隔振系统，使筛机具有良好的隔振效果。

（3）由于筛机是在约 800℃ 的高温下工作，筛箱采用耐热的合金钢钢板和型钢等铆接而成。

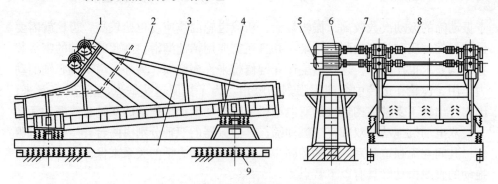

图 2 – 32　自同步热矿振动筛的构造

1—激振器；2—筛箱；3—二次隔振架；4——次隔振弹簧；5，6—异步电动机；

7—弹性联轴器；8—中间轴；9—二次隔振弹簧

（4）4 个激振器分别装于筛箱侧板的上方，使筛箱的受力情况良好。

（5）筛板使用拧动螺帽来压缩压杆，再通过斜面与压紧轴将其压紧，压杆装于矩形横梁的方孔中。

热矿筛是烧结厂的关键设备，由于工作温度高，筛机质量大，结构复杂，因此，对筛机的制造与安装的要求都比较严格。

2.5.2.2　激振器偏移式自同步冷矿振动筛的构造特点

图 2 – 33 所示为激振器偏移式自同步冷矿振动筛，它由电动机、弹性联轴器、激振器、筛箱、一次隔振弹簧、二次隔振弹簧、二次隔振架和电动机架等组成，用于烧结厂中，对冷烧结矿进行筛分。该筛机具有以下特点：

（1）两激振器分别由两台异步电动机带动，且两激振器轴心连线平行于筛面，而筛箱质心并不在轴心连线的中垂线上，因此被称为"激振器偏移式"冷矿振动筛。

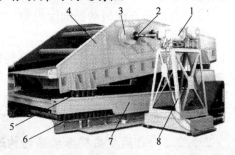

图 2 – 33　激振器偏移式自同步冷矿振动筛

1—电动机；2—弹性联轴器；3—激振器；

4—筛箱；5——次隔振弹簧；

6—二次隔振弹簧；7—二次隔振架；

8—电动机架

（2）筛机采用二次隔振系统。

（3）激振器装于筛箱两侧板中，所以筛箱的刚度与强度均有所加强。

2.5.2.3　双向半螺旋式自同步振动细筛的结构与工作原理

双向半螺旋式自同步振动细筛的结构如图 2 – 34 所示，由筛箱、隔振弹簧、振动电动机和机座等组成。当两台振动电动机等速反向回转时，水平方向的激振力相互抵消，垂直方向的激振力相互叠加，从而形成单一垂直方向的激振力，驱动筛机沿垂直方向振动。由于筛机不停地振动，筛面上的物料被抛起，物料松散

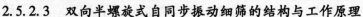

并加速分层，粗物料在上层，细物料在下层，物料落下时，小于筛孔尺寸的物料逐次透筛落到螺旋底板上，在重力和弹性力作用下，沿螺旋面向细料排料口运动，大于筛孔尺寸的物料，沿螺旋面向粗料排料口运动，最终从各自的排料口排出筛机外，实现对物料的筛分分级。

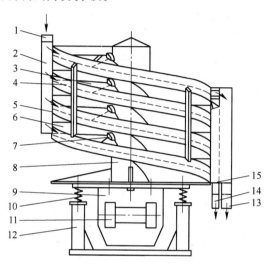

图 2-34 双向半螺旋式自同步振动细筛

1—进料口；2—进料箱；3—扇形筛面；4—筛箱；5—加强筋；6—隔板；
7—木楔；8—立柱；9—电机座；10—隔振弹簧；11—振动电机；12—机座；
13—粗料排料口；14—细料排料口；15—底盘

2.6 几种新型振动筛的结构与特点

2.6.1 概率筛的结构与特点

概率筛又称摩根森筛，是由瑞典人摩根森首先研制成功的一种新型筛机。该筛机从 20 世纪 50 年代开始研究起，就已引起如瑞典、联邦德国、日本等许多国家的重视。我国 1977 年开始研究，并获得成功，目前在许多工业部门发挥着重要作用。

我国不仅成功应用了两台振动电机激振的自同步概率筛，而且还研制成功了具有独特形式的惯性共振式概率筛。

概率筛的特点是采用多层、大倾角和大筛孔的筛面，它能动地应用了概率筛分原理，因而具有以下优点：

（1）处理量大。概率筛单位面积处理量相当于一般振动筛的 5~10 倍。

（2）筛孔不易堵塞。由于概率筛采用了大筛孔和大倾角的筛面，物料透筛能力强，筛孔不易堵塞。

（3）筛面拆卸与更换容易。一个筛面往往只用两个螺栓固定，拆卸与更换容易，用时很短。

（4）筛机安装简单容易。筛机仅用四个隔振弹簧悬吊在机架上或支承在机架上，安装非常容易。

（5）生产费用低。电动机功率小，筛面寿命较长，结构简单且紧凑，质量小，运行故障少。

2.6.1.1　自同步式概率筛的结构与特点

自同步式概率筛的工作原理如图 2-35 所示，其结构如图 2-36 所示。它由一个箱形框架和 5 层（一般为 3~6 层）坡度自上而下递增、筛孔尺寸自上而下递减的筛面所组成。安装在筛箱上的带偏心块的激振器使悬挂在弹簧上的筛箱做直线振动。物料从筛箱上部入料口给入后，迅速松散，并按不同粒度均匀地分布在各层筛面上，然后各种粒级的物料分成六路从筛面下端及下方排出。这种筛机具有处理能力大和能耗小的优点。

图 2-36 所示的自同步概率筛由筛箱、激振电动机、筛网固定装置、筛上物出口、筛下物出口、盖板、筛网、入料口、悬吊装置等组成。该筛机长 1.5m，宽 0.5m，高约 1.5m，重约 0.5t。方形孔的尺寸为 50mm、40mm、30mm、25mm 和 15mm。筛分 0~100mm 的矿石时，筛下物为 0~15mm 粒级，处理量为 330t/h。

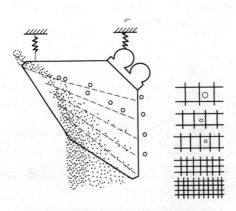

图 2-35　自同步概率筛的工作原理图

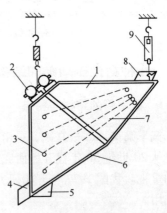

图 2-36　自同步概率筛的结构图
1—筛箱；2—激振电动机；3—筛网固定装置；
4—筛上物出口；5—筛下物出口；6—盖板；
7—筛网；8—入料口；9—悬吊装置

该筛机的筛箱由 5~6mm 的 Q235 钢板制成，为增强刚度和减轻噪声，在其侧板面焊接辐射状的槽钢，在筛框周边焊有加强角钢，筛箱下方有盖板 6，左下方有筛上物出口 4 和筛下物出口 5，右上方有入料口 8。对于筛分块状物料用的概率筛，其筛网两端先用夹板夹紧，一端安装有挂钩，挂钩钩于圆管上，另一端固定有两个或三个拉紧螺栓，螺栓穿过筛机端部的方梁，用螺母拧紧螺栓，使筛网实现纵向拉紧。概率筛筛网的筛孔尺寸由第一层往最下一层递减，而筛面倾角从上而下逐增，从而消除了由于临界颗粒而引起的筛孔堵塞现象，提高了单位面积的处理能力。该筛机采用两台激振电机同步反向回转而使筛箱产生直线振动。为使筛机实现稳态振动，并减小传给结构架的动载荷，筛箱由钢绳、隔振弹簧和可调双头螺栓等组成的 4 个悬吊装置悬吊在结构架上，由此组成的系统的固有频率选为 200~300 次/min。悬吊的双头螺栓可用来调节筛面的倾角，进而可改变筛机的工作性能。

由沈阳电力机械厂和东北大学（原东北工学院）共同研制的概率筛如图 2-37 所示，它用于发电厂原煤分级，其特点是：

（1）筛面分 3 层，采用由圆钢排列成的条缝筛面，这样的筛面可以防止混杂在原煤中的炮线钩挂在筛孔上，以保证筛分工作正常地进行。

（2）筛机用带有压缩螺旋弹簧的四个悬吊装置吊挂在楼板上。

（3）筛机由两台激振电机驱动。激振电机安装在筛箱上方。

该筛机的宽度为 1.3m，最下层筛面的筛孔为 30mm，产量可达 700t/h。

德国的特斯脱型概率筛如图 2-38 所示。它与前述两种概率筛的主要区别是两台激振电机安装在筛箱的下方。该筛机质量为 700kg，两台激振电机的功率均为 1.1kW，转速为 1450 次/min，双振幅为 2~7mm，筛面宽 1m，长 1.1m。之

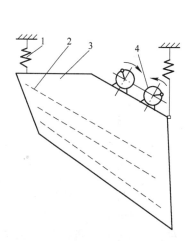

图 2-37 发电厂原煤筛分用概率筛

1—隔振弹簧；2—筛面；3—筛箱；4—激振器

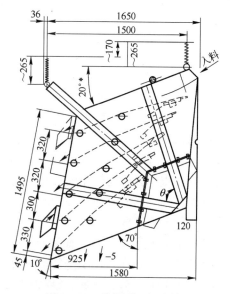

图 2-38 特斯脱型概率筛

后，德国又制造了 1054 型概率筛，其宽度系列为 500mm、1000mm、1500mm 和 2000mm。筛面有 3 层和 5 层两种。它与特斯脱型概率筛相比有以下优点：增设了防尘罩，设有垂直的给料管和排料管；采用通用部件，用螺栓组装；规格尺寸增大，处理量有所提高。

宽 2m 的 1054 型概率筛总质量约为 2000kg，电动机功率小于 6kW。

此外，我国还制造了用齿轮同步器实现强制同步的同步式概率筛。

2.6.1.2　惯性共振式概率筛的结构与特点

惯性共振式概率筛的结构如图 2 - 39 所示。该筛机用于炼铁厂焦炭和烧结矿的筛分。它与自同步概率筛的主要区别是激振器的形式及主振动系统的动力学状态不同。前者采用自同步式激振器，振动系统在远超共振的非共振状态下工作，而后者则采用单轴惯性激振器，由筛箱、平衡质体与剪切橡胶弹簧所组成的主振系统处在近共振状态下工作。

该筛机在完成筛分工作的同时，还兼作给料机使用。由图 2 - 39 可以看出，该筛机为双质体的振动系统，在两个振动质体之间装有剪切橡胶弹簧。两个质体与剪切橡胶弹簧组成了主振系统，其工作频率略低于主振系统的固有频率。筛箱用四个隔振弹簧悬吊在结构架上，而平衡质体通过剪切橡胶弹簧与筛箱相连，两个振动质体与隔振弹簧组成了防止把振动传给构架的隔振系统。

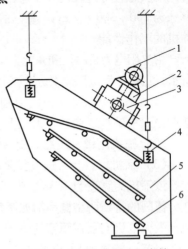

图 2 - 39　惯性共振式概率筛
1—传动部分；2—平衡质体；
3—剪切橡胶弹簧；4—隔振弹簧；
5—筛箱；6—筛面

筛机的工作频率通常为隔振系统固有频率的 3 倍以上，这样就可以获得良好的隔振效果。

筛机的振动由装于平衡质体中间的单轴惯性激振器激励。装于平衡质体上方的普通鼠笼型电动机通过三角皮带带动装有偏心块的主轴回转。由于在 y 方向的固有频率接近于工作频率，所以筛箱在橡胶弹簧剪切方向有较大的振幅，而在 x 方向振幅很小，因此筛箱的运动轨迹是接近于直线的椭圆，其长轴近似与剪切橡胶弹簧剪切变形的方向相平行。

惯性共振式概率筛具有以下特点：

（1）产量大。其单位面积产量约是普通振动筛的 5 倍以上，用于焦炭筛分，产量为 80 ~ 120t/h；用于烧结矿筛分，产量为 220 ~ 260t/h。

（2）启动、停车迅速。启动时间只需 0.4s 左右，而停车后送料滞后时间不超过 3s。对于一般振动筛，与自同步概率筛相比，其启动、停车时间大约要长 3 ~ 5 倍，甚至还需要更长的时间。

（3）该筛机除了筛分之外，还兼作给料机用，当筛机开动后，料仓中的物料即会自动地进入筛机中。

（4）筛面采用橡胶筛板，耐磨性高，而且筛孔不易发生堵塞。

（5）噪声小。由于采用了剪切橡胶弹簧为主振弹簧，工作时无刺耳的噪声，又由于采用了耐磨橡胶筛板，也相应地减小了物料冲击筛板时产生的噪声。

（6）防尘较好。由于采用了全封闭的筛箱结构，因而无须另设防尘措施。设备紧凑，结构简单。

（7）筛面拆装容易，维修工作量很小。

概率筛与等厚筛的技术特征如表2-9所示。

表2-9　概率筛与等厚筛的技术特征

技术特征		0.5m宽概率筛	1.3m宽概率筛	惯性共振式概率筛	自然分层等厚筛		概率分层等厚筛
工作面积/m²		0.57~0.82	2.08	1.25~1.40	第一段6	第二段9	3.85
筛面长度/mm		1630~1145	1600	—	4000	2000	3500
筛面宽度/mm		500	1300	—	1500		1100
筛孔尺寸/mm		4、8、16、20、24（目）	100、75、50	一层50，二层35，三层25	13		45、20
生产能力/t·h⁻¹		3	600	80~120	≈250		650
振动次数/次·min⁻¹		2900	930	750~825	800（圆运动）		930
筛箱双振幅/mm		0.8	6~7	6~8	2.5~5	12	8.5~9
振动方向角/(°)		≈90	80	80	—	45	80
电动机功率/kW		2×1.1	2×2.2	3	13	10	2×2.2
筛机外形尺寸/mm	长	—	—	2094	—		3500
	宽	—	—	1296	—		1200
	高	—	—	2110	—		1600
设备总质量/kg		600	1500	1790	4000	4600	1600

2.6.2　等厚筛的结构与工作原理

等厚筛是一种采用大厚度筛分法的筛机，采用的料层厚度一般为筛孔尺寸的6~10倍。该筛机又分为自然分层等厚筛和概率分层等厚筛两种。

2.6.2.1　自然分层等厚筛

我国已将自然分层等厚筛应用于煤炭的分级，其单位面积产量约较普通筛机提高一倍以上。

图2-40为自然分层等厚筛结构示意图。该筛具有3段倾角不同的筛面，给料端的一段筛面长3m，倾角为34°；中段筛面长0.75m，倾角为12°；排料端的筛面长4.5m，倾角为0°。筛板采用冲孔金属板，筛机宽度为2.2m，长为10.45m。用于-80mm原煤预先分级，处理量为300t/h，可将原煤分成3种产品：+30mm、6~30mm和-6mm。-6mm的颗粒约占入料的50%。

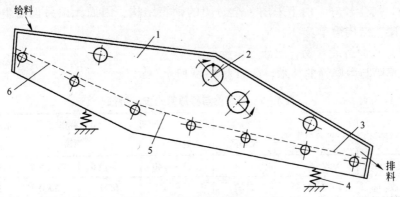

图2-40 自然分层等厚筛结构示意图

1—筛箱；2—激振器；3—排料端筛面；4—隔振弹簧；5—中段筛面；6—给料端筛面

等厚筛可以用几台倾角不同的筛机串联起来使用。串联后的每一台筛机的结构和普通振动筛相同，但是要根据等厚筛实际工作的需要来选取它们的运动学参数与动力学参数。

等厚筛虽然具有产量大、筛分效率高的优点，但其缺点是机器庞大、笨重。为了克服和减轻上述缺点，东北大学与有关单位协作研制出一种采用概率分层的等厚筛，目前已被广泛应用于生产实际中。

2.6.2.2 概率分层等厚筛

概率分层等厚筛的结构特点是：第一段基本上采用概率筛的筛分原理，第二段采用等厚筛的筛分原理。这种筛机既具有概率筛的优良性能，又具有等厚筛的优点，而且还缩短了自然分层等厚筛的长度。

概率分层等厚筛的结构如图2-41所示，由筛框、两台激振电机和带有隔振弹簧的隔振器3部分组成。筛框由钢板和型钢焊接成为箱体结构，筛框内装有筛面。第一段筛面倾角较大，层数为2~4层；第二段筛面倾角较小，层数一般为1~2层。

筛面采用纵向拉紧。两段筛面分别用弯钩钩于中间的圆梁上，并分别用螺栓拉紧在筛箱后端的方梁上。该筛机的第一段筛面长度一般为1.5m左右，第二段筛面的长度为2~5m，因而筛机的总长度较自然分层等厚筛缩短2~4m左右。

安装在筛机上方的两台激振电机做等速反向回转，因而可使筛箱作近似于直线的振动。该筛机最早用于铁道部门的道砟清理作业中。

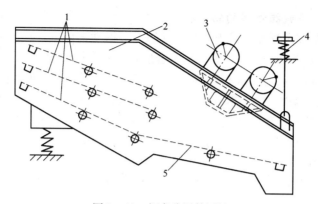

图 2 - 41 概率分层等厚筛
1—第一段筛面；2—筛框；3—激振器；4—隔振器；5—第二段筛面

自然分层等厚筛与概率分层等厚筛的技术特征见表 2 - 9。

2.6.3 节肢振动筛的结构与工作原理

2.6.3.1 节肢振动筛的组合形式

随着工业生产的迅速发展，煤的开采量和洗选处理量越来越大。在煤的洗选过程中，特别是对潮湿细粒或粉煤筛分时，常常出现堵塞筛网的问题，从而严重影响了生产。对于这一世界性的问题，世界各国都在攻克这个关键技术，以期设计开发出既能满足处理量又能克服筛孔堵塞的新型振动设备。河南威猛振动设备股份有限公司和鞍山重型矿山机器股份有限公司等单位研制出多单元组合形式的新型振动筛，又称节肢振动筛。节肢振动筛的组合形式如图 2 - 42 所示。

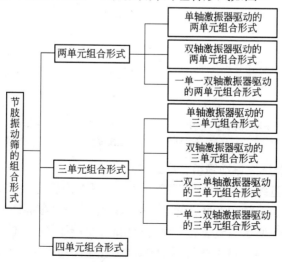

图 2 - 42 节肢振动筛的组合形式

2.6.3.2 节肢振动筛的结构特点

ZSJ 系列节肢选煤振动筛由分节振动的多节振动筛组成。它的组合形式有多种，整体按照等厚筛分原理布置。其组合形式一的结构如图 2-43 所示，由出料筛（双轴激振器驱动的直线振动筛）、中间筛（单轴激振器驱动的圆振动筛）、入料筛（单轴激振器驱动的圆振动筛）、一次隔振弹簧、二次隔振架、二次隔振弹簧、底座、激振器和电动机等组成。出料筛 5、中间筛 3 和入料筛 1 这 3 台惯性振动筛是相互独立的系统，通过各自的一次隔振弹簧 6 安放在二次隔振架 7 上，再通过二次隔振弹簧 9 坐落在支座 8、10 上，构成了多电动机驱动的多筛机串联的节肢振动筛。入料筛、中间筛和出料筛的安装倾角分别为 26°、23° 和 20°。这种由安装倾角不同的 3 台惯性振动筛组成的节肢振动筛，集等厚筛分法的优点，入料筛筛面安装倾角大，有利于物料入筛后迅速散开而易于透筛，减小了筛面的磨损，提高了单位面积的处理量；中间筛和出料筛的安装倾角逐渐减小，使物料速度相对降低，有利于提高筛分效率。

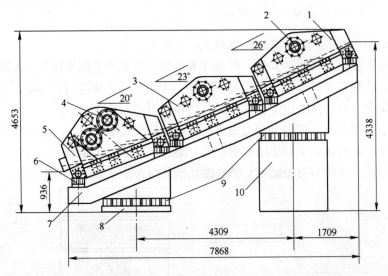

图 2-43 ZSJ 系列节肢选煤振动筛（组合形式一）

1—入料筛；2—单轴激振器；3—中间筛；4—双轴激振器；5—出料筛；6—一次隔振弹簧；
7—二次隔振架；8—低支座；9—二次隔振弹簧；10—高支座

ZSJ 系列节肢选煤振动筛组合形式二的结构如图 2-44 所示，其整体由 3 台双轴激振器驱动直线振动筛组合而成，由二次隔振弹簧、二次隔振架、入料筛、中间筛、出料筛、双轴激振器、筛面、一次隔振弹簧等零部件组成。其组合原理和优点与图 2-43 所示的节肢选煤振动筛相同，所不同的是 ZSJ 系列节肢选煤振动筛组合形式一由两台单轴激振器驱动的圆运动振动筛和一台直线振动筛组合而成。

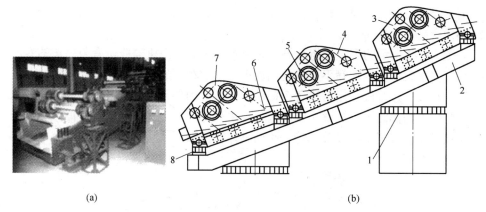

(a)

图2-44　ZSJ系列节肢选煤振动筛（组合形式二）

（a）外形图；（b）结构图

1—二次隔振弹簧；2—二次隔振架；3—入料筛；4—中间筛；5—双轴激振器；

6—筛面；7—出料筛；8——次隔振弹簧

图2-45为两单元的ZSJ系列节肢选煤振动筛，它是由两台双轴激振器驱动的直线振动筛组合而成。图2-46为四单元的ZSJ系列节肢选煤振动筛，它是由4台双轴激振器驱动的直线振动筛组合而成。这几类节肢振动筛在许多选煤厂都发挥着巨大作用。

图2-45　ZSJ系列节肢选煤振动筛　　　图2-46　ZSJ系列节肢选煤振动筛

（组合形式三）　　　　　　　　　（组合形式四）

1—入料筛；2—激振器；3—出料筛；　　　1—入料筛；2—中间筛1；3—中间筛2；4—出料筛；

4——次隔振弹簧；5—二次隔振架；　　　　　5——次隔振弹簧；6—二次隔振弹簧；

6—电动机支座；7—底座；8—二次隔振弹簧　　7—二次隔振架；8—电动机；9—激振器

ZSJ系列节肢选煤振动筛是河南威猛振动设备股份有限公司自行研制并获得国家专利的选煤筛分设备，采用等厚分级原理、单元组合、分节振动、二次隔振，普通电动机外拖动或振动电机驱动。该系列节肢选煤振动筛具有噪声低、能耗小、效率高、寿命长、结构简单、维护方便等特点，并采用了高耐磨、开孔率高、自清理、无粘堵的棒条悬臂音叉筛板——该公司另一国家专利。该筛机广泛适用于煤炭行业大规模、机械化、连续分级作业，是各类进口选煤筛分设备的理想换代产品。

图 2-47 所示的多单元组合振动筛是鞍山重型矿山机器股份有限公司的专利产品。多单元组合振动筛不是单纯的由振动参数相同的多台振动筛串联组成，而是由入料段、过渡段、出料段各个振动参数不同的单元筛串联组成。其组合的原则是由较大筛面倾角、高频小幅的入料段单元筛开始，逐渐向较小筛面倾角、低频大幅过渡，直至出料段单元筛。筛面整体呈凹弧形。

图 2-47 多单元组合振动筛

1—上单元筛箱；2—中单元筛箱；3—下单元筛箱；4—筛面；5—机座；
6—隔振支承装置；7—激振器；8—弹性联轴器；9—电动机座；10—电动机

该筛机的入料段采用较大筛面倾角、高频小幅的单元筛结构，可使筛面上的物料迅速松散，快速下滑分层，减薄料层，有利于透筛和提高筛分效率。而出料段采用较小筛面倾角、低频大幅的单元筛结构，可使物料运行速度减慢，大幅度振动能克服黏性物料黏结筛网力，同时还能增加难筛颗粒的透筛概率。

该多单元组合振动筛专利技术，有效解决了黏湿粒煤筛分堵孔的难题，明显提高了筛分效率。在选煤厂，8~13mm 粒煤被筛分出来，经过入洗，大大降低了洗煤成本，并增加了入洗量，扩大了洁净煤的产量，提高了煤炭产业的经济效益。在火力发电厂，用多单元组合振动筛对原煤进行筛分，筛出黏湿的粒煤后，再只对大块煤进行粉磨，降低粉磨成本，提高发电厂的经济效益。

多单元组合振动筛的三段筛的技术参数如表 2-10 所示。

表 2-10 多单元组合振动筛的三段筛的技术参数

参 数 名 称	筛面倾角 /(°)	振幅 /mm	振动频率 /Hz	振动强度 /g	特 征
入料段（上单元筛）	23~28	4.5~5.5	16.16	5.79	大倾角、高频率、小振幅
过渡段（中单元筛）	23	7~9	12	5.22	中倾角、中频率、中振幅
出料段（下单元筛）	18~20	8~10	12	5.8	小倾角、低频率、大振幅

2.6.4　弛张筛的结构与工作原理

2.6.4.1　弛张筛的用途及特点

弛张筛是 20 世纪 80 年代初发展起来的一种新型筛分设备，其筛框固定，筛面弹动，打破了筛分机械刚性筛网不做相对运动的传统结构模式。由于采用了可作弛张运动的挠性筛板，从而可使筛板上的物料做前进弹跳运动，抛射加速度达到重力加速度的 30 ~ 50 倍，所以筛板不易堵塞，筛分效率高，生产能力大，动负荷小，功率消耗少，噪声小。该筛特别适用于对给料粒度不大于 50mm，黏度较大，含水量为 7% ~ 14% 的难筛物料进行 1 ~ 13mm 粒度的筛分分级，尤其是对中、细粒级煤的深度筛分效果更佳。目前，弛张筛在煤炭、金属矿山、钢铁、电力、水泥等工业部门已得到了广泛的应用。

2.6.4.2　弛张筛的结构及工作原理

弛张筛是利用特殊弹性筛面的弛张运动，对细、黏、湿物料进行筛分的设备。目前，国内外主要有单驱动和双驱动两种形式的弛张筛。

A　单驱动弛张筛的结构特点与工作原理

单驱动弛张筛的结构如图 2 - 48 所示，由内筛箱、外筛箱、支板弹簧、筛板、内横梁、外横梁、连杆弹簧装置、隔振弹簧、传动装置、缓冲装置、电动机支架和支承底架等组成。其特征是内、外筛箱通过支撑弹簧板连接，挠性筛板分别固定在内、外筛箱的横梁上，内、外筛箱之间设有平衡缓冲装置。当内、外筛箱以相反的方向做往复直线运动时，筛板做时而张紧时而松弛的弛张运动，将物料垂直筛面抛起，并沿倾斜的筛面向前运动，从而实现物料的筛分。该筛机具有单位面积处理量大、筛分效率高、不易堵孔和运行平稳等特点。

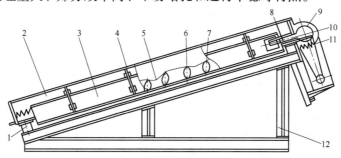

图 2 - 48　单驱动弛张筛

1—隔振弹簧；2—内筛箱；3—外筛箱；4—支板弹簧；5—筛板；6—内横梁；7—外横梁；
8—连杆弹簧装置；9—传动装置；10—缓冲装置；11—电动机支架；12—支承底架

B　双驱动弛张筛的结构特点与工作原理

双驱动弛张筛的结构如图 2 - 49 所示，由内筛箱、外筛箱、支板弹簧、筛板、连杆弹簧装置、传动装置、筛机底架、隔振弹簧和支承底架等零部件组成。

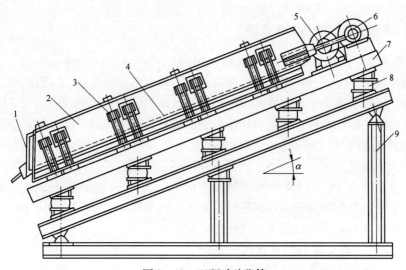

图 2 - 49　双驱动弛张筛

1—内筛箱；2—外筛箱；3—支板弹簧；4—筛板；5—连杆弹簧装置；
6—传动装置；7—筛机底架；8—隔振弹簧；9—支承底架

其特点是两筛箱由板弹簧支承在机架上，并分别通过两对相位差为 180° 的双曲柄连杆机构带动，做反向运动时，相邻两横梁时而靠近进时而离开，从而使安装在横梁上的弹性筛面作时而松弛时而张紧的弛张运动。

单驱动和双驱动两种形式的弛张筛的基本参数如表 2 - 11 所示。

表 2 - 11　单驱动和双驱动弛张筛的基本参数

形式	型号	筛面规格 （长×宽） /mm×mm	筛面面积 /m²	筛孔尺寸 /mm	筛面倾角 /(°)	相对振幅 /mm	振动频率 /Hz	最大入料粒度 /mm	电动机		处理量 /t·h⁻¹
									功率 /kW	转速 /r·min⁻¹	
单驱动	SZD - 1021	1000 × 2100	2.10	1 ~ 30	15 ~ 25	12	10 ~ 11	50	7.5	970	25 ~ 50
	2SZD - 1021	1000 × 2100	2.10	上：14 ~ 30 下：1 ~ 13	15 ~ 25	12	10 ~ 11	50	7.5	970	25 ~ 50
	SZD - 1042	1000 × 4200	4.20	1 ~ 30	15 ~ 25	12	10 ~ 11	50	11.0	970	50 ~ 100
	2SZD - 1042	1000 × 4200	4.20	上：14 ~ 30 下：1 ~ 13	15 ~ 25	12	10 ~ 11	50	11.0	970	50 ~ 100
	SZD - 1542	1500 × 4200	6.30	1 ~ 30	15 ~ 25	12	10 ~ 11	50	15.0	970	80 ~ 150
	2SZD - 1542	1500 × 4200	6.30	上：14 ~ 30 下：1 ~ 13	15 ~ 25	12	10 ~ 11	50	15.0	970	80 ~ 150
	SZD - 1550	1500 × 5040	7.56	1 ~ 30	15 ~ 25	12	10 ~ 11	50	15.0	970	95 ~ 180
	2SZD - 1550	1500 × 5040	7.56	上：14 ~ 30 下：1 ~ 13	15 ~ 25	12	10 ~ 11	50	15.0	970	95 ~ 180
	SZD - 2050	2000 × 5040	10.08	1 ~ 30	15 ~ 25	12	10 ~ 11	50	18.5	970	120 ~ 240
	2SZD - 2050	2000 × 5040	10.08	上：14 ~ 30 下：1 ~ 13	15 ~ 25	12	10 ~ 11	50	18.5	970	120 ~ 240

续表2-11

形式	型号	筛面规格（长×宽）/mm×mm	筛面面积/m²	筛孔尺寸/mm	筛面倾角/(°)	相对振幅/mm	振动频率/Hz	最大入料粒度/mm	电动机 功率/kW	电动机 转速/r·min⁻¹	处理量/t·h⁻¹
双驱动	SZS-1542	1500×4200	6.30	4~10	15~25	12	10~11	50	15.0	970	80~146
	2SZS-1542	1500×4200	6.30	上：14~30 下：1~13	15~25	12	10~11	50	30.0	970	80~146
	SZS-1555	1500×5500	8.25	4~10	15~25	12	10~11	50	18.5	970	100~195
	2SZS-1555	1500×5500	8.25	上：14~30 下：1~13	15~25	12	10~11	50	37.0	970	100~195
	SZSB-1555	1500×5500	8.25	1~13	15~25	12	10~11	80	18.5	970	100~296
	SZS-1567	1500×6700	10.05	4~10	15~25	12	10~11	50	22.0	970	120~240
	2SZS-1567	1500×6700	10.05	上：14~30 下：1~13	15~25	12	10~11	50	45.0	970	120~240
	SZS-2050	2000×5000	10.00	4~10	15~25	12	10~11	50	22.0	970	120~235
	2SZS-2050	2000×5000	10.00	上：14~30 下：1~13	15~25	12	10~11	50	45.0	970	120~235
	SZSB-2050	2000×5000	10.00	1~13	15~25	12	10~11	80	22.0	970	120~360
	SZS-2055	2000×5500	11.00	4~10	15~25	12	10~11	50	22.0	970	140~255
	2SZS-2055	2000×5500	11.00	上：14~30 下：1~13	15~25	12	10~11	50	45.0	970	140~255
	SZSB-2055	2000×5500	11.00	1~13	15~25	12	10~11	80	22.0	970	140~400
	SZS-2067	2000×6700	13.40	4~10	15~25	12	10~11	50	30.0	970	170~310
	2SZS-2067	2000×6700	13.40	上：14~30 下：1~13	15~25	12	10~11	50	45.0	970	170~310
	SZSB-2067	2000×6700	13.40	1~13	15~25	12	10~11	80	30.0	970	170~480
	SZS-2090	2000×9000	18.00	4~10	15~25	12	10~11	50	37.0	970	230~420
	2SZS-2090	2000×9000	18.00	上：14~30 下：1~13	15~25	12	10~11	50	55.0	970	230~420
	SZSB-2090	2000×9000	18.00	1~13	15~25	12	10~11	80	37.0	970	230~650
	SZS-2290	2200×9000	20.00	4~10	15~25	12	10~11	50	45.0	970	255~465
	2SZS-2290	2200×9000	20.00	上：14~30 下：1~13	15~25	12	10~11	50	55.0	970	255~465
	SZSB-2290	2200×9000	20.00	1~13	15~25	12	10~11	80	45.0	970	255~720

注：1. 保护层筛网的筛孔尺寸为40~50mm。

　　2. 表中处理量是按筛分含水7%~8%的煤，分级产品粒度为6mm，上层弹性筛孔尺寸为20mm，刚性筛孔尺寸为40mm计算的。

　　美国佰特利（天津）工业设备有限公司，秉承为清洁能源而工作的环保理念，不断加强新技术在煤炭领域的应用，制造出一种用于对细、黏、湿物料等难筛分性物料进行筛分的SF-A系列和SF-B系列新型弛张筛。SF-A系列弛张筛的结构如图2-50a所示，由浮动筛框、筛板、剪切橡胶弹簧、板簧平衡器、隔振弹簧、机座、传动装置和激振器等零部件组成。该筛机的入料端和出料端都安装有重型实心钢，可承受冲击负荷，并采用螺栓连接以便于更换。罩板材料可以是柔性或刚性的，罩板上配有除尘接口。筛板采用具有超强抗腐蚀性及抗弯曲疲劳性的高级聚氨酯制成，使用寿命较长。板簧平衡器控制筛板做连续的平衡运动，可延长剪切橡胶弹簧的寿命。可调激振器提供筛分机驱动力，带动筛板作时而拉紧时而松弛的弛张运动，充分加速物料的运动和分层，使较小的物料颗粒快速透筛，从而达到较高的筛分效率。

SF-A系列弛张筛的原理结构如图2-50b所示，浮动筛框1做椭圆形运动，是附加振动；偏心块做圆形运动，是基本振动；筛板2做时而拉紧时而松弛的弛张运动，使筛面上的物料运动加速度达$50g$。筛板大振幅运动可大大减少物料的黏连，提高筛分效率。

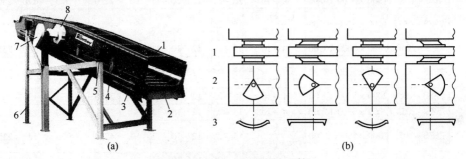

图2-50 SF-A系列弛张筛

（a）外形结构图；（b）原理结构图

1—浮动筛框；2—筛板；3—剪切橡胶弹簧；4—板簧平衡器；5—隔振弹簧；
6—机座；7—传动装置；8—激振器

SF-A系列弛张筛的规格参数见表2-12。

表2-12 SF-A系列弛张筛的规格参数

型　号	筛板尺寸/mm×mm	筛板面积/m²	功率/kW	筛机质量/kg
SF-A1560	1500×6800	10.2	15	3100
SF-A1575	1500×8200	12.3	15	3800
SF-A1882	1800×8200	14.76	18.5	4500
SF-A1896	1800×9600	17.28	18.5	5400
SF-A2182	2100×8200	17.22	18.5	5250
SF-A2196	2100×9600	20.16	22	6200
SF-A2496	2400×9600	23.04	22	7000
SF-A2410	2400×10300	24.72	22	7600
SF-A2411	2400×11050	26.52	22	8100
SF-A2796	2750×9600	26.4	22	8000
SF-A2710	2750×10300	28.33	30	8700
SF-A2711	2750×11050	30.39	37	9300

　　SF－B 系列新型弛张筛的结构如图 2－51a 所示，由偏心轴驱动系统、机座、外筛框、隔振弹簧、连杆、内筛框、筛面和护罩等零部件组成。该筛机的特点是：

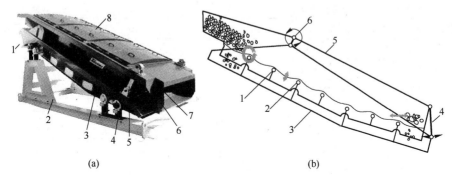

图 2－51　SF－B 系列弛张筛

（a）外形结构图

1—偏心轴驱动系统；2—机座；3—外筛框；4—隔振弹簧　5—连杆；6—内筛框；7—筛面；8—护罩

（b）原理结构图

1—横梁 1；2—横梁 2；3—系统 2；4—连杆；5—系统 1；6—偏心轴

　　（1）筛面采用双倾角，可使整个筛面的物料厚度均匀，保证从入料到排料各个区域的筛分效果。

　　（2）物料透筛能力强。弛张过程独特的设计，可实现松弛、拉紧、过度拉紧 3 个过程，传送给物料的加速度可达 $50g$ 以上，从而使得筛板具有较强的自净能力，可避免清洁筛板的高额费用及其带来的生产损失。

　　（3）护罩采用快拆式连接，更换维护方便。

　　（4）筛侧板安装有高锰不锈钢防护板，可防止物料对筛侧板的冲击，并易于更换。

　　（5）筛板采用具有超强抗腐蚀性及抗弯曲疲劳性的高级聚氨酯制成，使用寿命较长。

　　（6）筛机采用恒振幅偏心轴驱动系统，能产生恒定的振幅，在负载较大的情况下，同样能保证良好的筛分效果。

　　（7）由于采用橡胶弹簧隔振，设备噪声比同类产品低，空载时的最大噪声小于 85dB。

　　SF－B 系列弛张筛的原理结构如图 2－51b 所示，通过偏心轴使系统 1 和系统 2 的筛框产生线性交替运动，而横梁 1 和横梁 2 分别固定在系统 1 和系统 2 上，因此横梁 1 和横梁 2 之间产生相对运动，同时韧性比较好的筛板固定在横梁 1 和横梁 2 上，所以筛板就会产生时而拉紧时而松弛的弛张运动，达到完成物料筛分的目的。

　　SF－B 系列弛张筛的规格参数如表 2－13 所示。

表 2 - 13　SF - B 系列弛张筛的规格参数

型　号	筛板尺寸/mm × mm	筛板面积/m²	功率/kW	筛机质量/kg
SF - B1040	1000 × 4000	4	7.5	2650
SF - B1240	1250 × 4000	5	7.5	2910
SF - B1253	1250 × 5300	6.63	11.0	3900
SF - B1540	1500 × 4000	6	11.0	3000
SF - B1553	1500 × 5300	7.95	15.0	4620
SF - B1566	1500 × 6600	9.9	15.0	5850
SF - B1853	1800 × 5300	9.54	15.0	5540
SF - B1866	1800 × 6600	11.88	22.0	6860
SF - B1880	1800 × 8000	14.4	22.0	7400
SF - B2066	2000 × 6600	13.2	22.0	7580
SF - B2080	2000 × 8000	16	30.0	8400
SF - B2580	2500 × 8000	20	30.0	9330
SF - B3088	3000 × 8820	26.46	37.0	14450

2.6.4.3　弛张筛处理量的计算

弛张筛的处理量可通过平均修正法进行计算，即

$$Q = \frac{A q_0 K_1 K_2 K_3 K_4 K_5 K_6}{(1 - \alpha) \eta} \qquad (2 - 10)$$

式中　Q——处理量，t/h；

　　　A——筛面有效面积，m²；

　　　q_0——单位面积小时透筛量，t/(m²·h)，可查表 2 - 14 选取；

$K_1 \sim K_6$——修正系数，可查表 2 - 15 选取；

　　　α——物料中粒度大于筛孔尺寸的含量，%；

　　　η——筛分效率。

表 2 - 14　单位面积小时透筛量　　　　　　　　　　　t/(m²·h)

筛孔尺寸/mm　　　　　物　料	3	6	10	13	16	19	22	25	32	38	51	54	76	102	127
砂、卵石	7.7	11.6	15.1	18.0	21.2	23.2	25.4	27.5	31.2	34.5	40.0	43.5	46.2	50.0	52.5
碎石	6.0	9.4	12.8	15.0	17.2	19.4	21.0	22.8	25.8	28.8	33.4	36.3	38.8	41.5	43.7
煤	4.6	7.3	9.4	11.2	13.0	14.6	16.0	17.2	19.7	21.5	25.0	27.2	29.0	31.3	33.0
焦炭	2.3	3.6	4.7	5.6	6.5	7.3	8.0	8.6	9.8	10.8	12.5	13.6	14.5	15.7	16.5

注：q_0 值是在物料中粒度大于筛孔尺寸的含量为 25%，粒度小于筛孔尺寸之半的含量为 40%，筛分效率为 95% 的条件下确定的。表中给出的物料种类也是有限的。

表2-15 各修正系数值

系数	考虑因素	筛分条件及各修正系数值												
K_1	细粒影响	给料中粒度小于筛孔尺寸之半的物料含量/%	10	20	30	40	50	60	70	80	90	100		
		K_1	0.55	0.70	0.80	1.00	1.20	1.40	1.80	2.20	3.00	4.10		
K_2	粗粒影响	给料中粒度大于筛孔尺寸之半的物料含量/%	10	20	30	40	50	60	70	80	85	90	92	94	96
		K_2	1.05	1.01	0.98	0.95	0.90	0.86	0.80	0.70	0.64	0.55	0.50	0.44	0.35
K_3	筛分效率影响	筛分效率/%	60	70	75	80	85	90	92	94	95	98		
		K_3	2.10	1.70	1.55	1.40	1.25	1.10	1.05	1.00	0.95	0.90		
K_4	筛分方法影响	筛孔尺寸/mm	0.8	1.6	3.2	4.8	8.0	9.5	13.0	25.0	>25.0			
		K_4 湿式	1.25	3.00	3.50	3.50	3.00	2.60	1.76	1.25	1.00			
		K_4 干式	1.00											
K_5	物表水分影响	物料表面水分含量/%	≤4	5	6	7	8	9	10	11	12	≥13		
		K_5	2.00	1.83	1.67	1.50	1.33	1.17	1.00	0.83	0.67	0.50		
K_6	筛面位置影响	筛面位置	单层筛面			上层			下层					
		K_6	1.00			0.90			0.75					

2.6.5 振动细筛的结构与工作原理

按频率振动细筛可分为中频振动细筛和高频振动细筛。中频振动细筛的频率一般为800~1200次/min；高频振动细筛的频率一般为1400~3000次/min。按筛箱的运动轨迹振动细筛可分为双轴直线振动细筛、单轴圆振动细筛和复合运动细筛。按筛面的形状振动细筛可分为平面细筛、螺旋面细筛和锥面细筛。

和普通振动筛相比，振动细筛所处理的物料粒度较小，振频较高，同时又采用湿式筛分，所以往往采取多路给料的方式，每路都能独立完成给料、筛分和排料的整个筛分过程。这就相当于增加了筛面，或者说每一路就相当于一台筛机。振动细筛充分地利用了筛面，减少了粗粒不必要的运输路程，从而提高了单位面积的处理能力。

筛面的质量直接影响筛分效果，目前国内所用的筛面主要有：不锈钢焊接筛板、尼龙筛板、不锈钢筛网和高强度耐磨无磁不锈钢筛网。不锈钢焊接筛板用1Cr18Ni9Ti不锈钢在专用设备上焊接而成，为一种条缝筛板，条缝宽为0.2mm、0.3mm、0.4mm等，筛板质量较大，适合用于中频细筛。尼龙筛板用尼龙材料压制而成，也是一种条缝筛板，条缝宽为0.12mm、0.15mm、0.2mm、0.3mm等，筛板轻，耐腐蚀性强，使用寿命长，可达半年以上，能随机体产生二次振动，筛孔不易堵塞，适合用于高频细筛。不锈钢筛网用1Cr18Ni9Ti不锈钢丝编织而成，网孔为正方形，网孔大小为100目、80目、60目等。可用于高频细筛，但由于使用寿命较短使应用受到一定限制。高强度耐磨无磁不锈钢筛网用一种含氮不锈钢丝编织而成，耐磨、耐腐蚀、抗拉强度高，使用寿命可达半年以上，适合用于高频细筛。

2.6.5.1 ZKBX1856型直线振动细筛的结构特点

ZKBX1856型直线振动细筛的结构如图2-52a所示，由筛箱、电动机、激振器、上弹簧座、橡胶弹簧、下弹簧座、筛面和电动机支架等零部件组成。

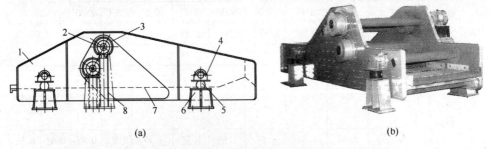

(a)   (b)

图2-52 ZKBX1856型直线振动细筛

（a）结构图；（b）外形图

1—筛箱；2—电动机；3—激振器；4—上弹簧座；5—橡胶弹簧；

6—下弹簧座；7—筛面；8—电动机支架

筛箱由侧板和横梁通过环槽铆钉连接而成，侧板上焊有用以增强侧板刚度的加强板。激振器主轴安装在侧板上的轴承室内，主轴上安装有两组偏心块，每一组对称地安装在侧板的两侧。每组偏心块通过万向联轴节与中间轴相连。激振器主轴与电动机之间用万向联轴节连接。筛面是用不锈钢焊接的条缝筛板，通过压紧装置固定在筛箱下部的横梁上，筛面与水平面成0~15°的仰角，筛板的平均寿命为2~3个月。隔振弹簧采用的是橡胶弹簧，上弹簧座可调，使筛面与水平面所成的角可连续改变。为提高筛分效率，筛面上方还设有喷水装置。

ZKBX1856型直线振动细筛具有以下特点：

（1）处理能力大。筛机最高生产能力为 120~200t/h，适合与一次球磨机配套使用。

（2）激振器所产生的激振力位于侧板中心面内，侧板受力较合理。

（3）筛面由 6 块不锈钢条缝筛板组成，强度高、耐磨、耐酸，安装与更换筛板方便。

（4）筛箱采用环槽铆钉连接的铆接结构，避免了由于焊接结构所产生的内应力及应力集中。

（5）采用独立的激振器结构，安全可靠。

ZKBX1856 型直线振动细筛的技术性能如表 2-16 所示。

2.6.5.2　KZS1632 型直线振动细筛的结构特点

KZS1632 型直线振动细筛的结构如图 2-53 所示，由筛箱、筛面、激振器、橡胶弹簧、喷水装置等零部件组成。筛箱用钢板和钢管焊接而成。安装振动电机的部位焊有加强板，筛体支承在橡胶弹簧上。筛面为几块不锈钢焊接条缝筛板组合而成，并用木压条和木楔固定在横梁上，与水平面成 7°仰角。激振器为一对振动电机，安装在筛箱两侧，振动电机轴线与筛面成 60°角。根据自同步原理，两振动电机所产生的激振力使筛箱与筛面成 30°角的方向做直线振动。在筛面上方适当的位置上还安装有喷水装置，使筛分效率明显提高。

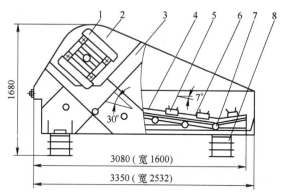

图 2-53　KZS1632 型直线振动细筛的结构
1—振动电机；2—加强板；3—筛箱；4—木压条；5—木楔；
6—筛面；7—横梁；8—橡胶弹簧

该筛机用于与一次球磨机组成闭路磨矿流程，与双螺旋分级机相比具有以下特点：

（1）分级效率高。分级效率可高达 84.7%。

（2）当分级效率提高 30% 时，可使球磨机的处理量增加 25%，能耗减少 20%。

（3）筛下产品粒度稳定。筛下产品不随操作条件和台时产量而变化，仅是筛孔尺寸的函数。

（4）有利于旋流器分级和二段磨矿效率的提高。

KZS1632 型直线振动细筛的技术特征如表 2 - 16 所示。

表 2 - 16 中、高频振动细筛的技术特征

机 型 技术参数	ZKS1632 型 振动细筛	KZBX1856 型 振动细筛	GPS - 800 × 1680 型 振动细筛	GPS - 900 - 3 型 振动细筛
工作频率/次·min^{-1}	960	970	2955	2850
振幅/mm	4.3	4 ~ 5.5	0.3 ~ 1.1	0.138 ~ 0.403
筛面倾角/(°)	-7	0 ~ -15	15 ~ 25	26
振动方向角/(°)	30	30	30	
处理能力 /t·(台·h)$^{-1}$	65	120 ~ 200	15.6 ~ 27.6	分离粒度 0.15 ~ 0.3mm 时， 4 ~ 12 分离粒度 0.15mm 时， 4 ~ 6
筛孔尺寸/mm	0.4	0.5 ~ 1.5	0.15	0.1 ~ 0.3
给料路数	1	1	2	3
有效筛分面积/m^2	5	10.08	2 × 0.6 = 1.2	1.64
筛面材质	不锈钢	不锈钢	尼龙	不锈钢
外形尺寸 （长×宽×高） /mm × mm × mm	3350 × 2532 × 1680	6200 × 3400 × 1800	2165 × 2150 × 1820	2400 × 1300 × 3000
激振器功率/kW	4	10	2 × 2.2	1.1
筛分效率/%	76 ~ 84.7	96.9	68 ~ 96	60 ~ 70

2.6.5.3 GPS - 800 × 1680 型高频直线振动细筛的结构特点

GPS - 800 × 1680 型高频直线振动细筛的结构如图 2 - 54 所示，由筛板、筛箱、电动机、激振器、电动机架、橡胶弹簧、固定底座、可调底座、弹簧上支承座等零部件组成。该筛机为两路给料，筛机排料端设有第一路和第二路筛上物排出口和筛下物排出口。

筛箱由钢板、角钢、钢管焊接而成。为了提高筛箱的刚度，在筛箱侧板上焊有加强筋。筛机采用的是尼龙筛面，筛孔尺寸为 0.15mm、0.2mm，筛板用木块和木楔固定在筛框上，安装与拆卸都很方便。筛机激振器的结构如图 2 - 55 所示，激振器主轴安装在筛箱侧板的轴承室内的轴承上，为了保证同步性能，采用迷宫式密封。主轴两端装有配重轮用以产生激振力，通过调整配重块的数目来调节激振力和振幅的大小。两台异步电动机分别安装在筛箱两侧的电动机架上，通

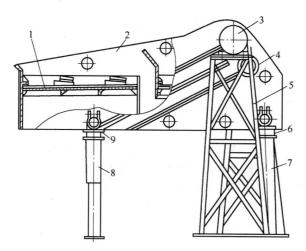

图 2 - 54　GPS - 800 × 1680 型高频直线振动细筛的结构
1—筛板；2—筛箱；3—电动机；4—激振器；5—电机架；6—橡胶弹簧；
7—固定底座；8—可调底座；9—弹簧上支承座

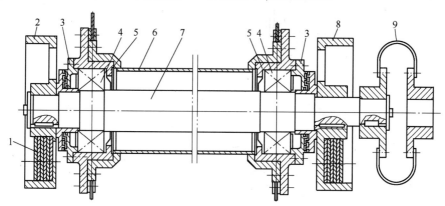

图 2 - 55　激振器的结构
1—偏心块；2，8—圆盘；3—轴承盖；4—滚动轴承；5—轴承座；
6—圆筒；7—主轴；9—弹性联轴器

过弹性联轴节与激振器主轴相连。整个筛体通过隔振橡胶弹簧支承在可调底座和固定底座上，通过可调底座的调节，可调整筛面的倾角。

GPS - 800 × 1680 型高频直线振动细筛具有如下特点：

（1）分级效率高。该筛机采用了高频小幅振动模式，物料透筛能力强，生产率高，平均处理量为 20t/（h·m²），筛分效率达 80% 以上，高于平面固定细筛和螺旋分级机。

（2）设备工作稳定。该筛机是在远离共振状态下工作的，正常运转时，物料量变化对振幅影响很小，启动后 3 ~ 4.5s 就可进入正常运转，无摇摆振动。

（3）传动机构简单。该筛机由异步电动机通过轮胎联轴器直接带动两激振器主轴做等速反向回转，实现自同步运转，其结构简单，成本低，工作可靠，零部件更换方便。

（4）采用二路并联工作和双电动机自同步原理。

（5）采用了筛面质量轻、耐磨性能好、稍有弹性、不易堵孔、噪声小的尼龙筛面。

GPS-800×1680 型高频直线振动细筛的技术特征见表 2-16。

2.6.5.4 单轴圆振动高频细筛的结构特点

单轴圆振动高频细筛的结构如图 2-56 所示，由分配器、给料胶管、给料器、喷水管、筛面、筛架、橡胶弹簧、筛框、激振器、机架、筛下产品收集斗、筛上产品收集斗等零部件组成。

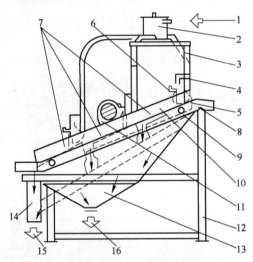

图 2-56 单轴圆振动高频细筛结构图

1—给料；2—分配器；3—给料胶管；4—给料器；5—多孔橡皮；6—喷水管；7—筛面；
8—筛架；9—橡胶弹簧；10—筛框；11—激振器；12—机架；13—筛下产品收集斗；
14—筛上产品收集斗；15—筛上产品；16—筛下产品

筛框由刚性好的槽钢制成，两侧有筛网张紧装置，中间焊有第一路和第二路的筛上物排出口。

筛面由 3 层不同孔径的筛网重叠在一起组成。最上层筛网筛孔尺寸最小，为主筛网。第二层筛网的筛孔比第一层筛网大一个筛序，为防堵筛网。第二层筛网的筛孔尺寸应尽可能大，以增加筛孔面积，但要保证足够的刚度、强度，以及不能因丝径过粗而使一、二层筛网凸凹不平，以致降低使用寿命。三层筛网可以一起张紧，也可以分别张紧，或者上、中两层一起张紧，下层单独张紧。为使筛网易于张紧，可采用拱形托架来支撑筛网，如图 2-57 所示。由于工作频率高，拱形托架应有足够的刚度和强度，但也不宜布置过密，以免降低筛面的有效面积和增加参振质量。

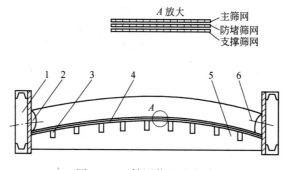

图 2 - 57　筛网装配示意图

1—筛框；2—张紧装置；3—支撑条；4—叠层筛网；5—支撑板；6—张紧螺栓

激振器为一台轻型振动电机，其长度等于筛框的宽度，用螺栓直接固定在筛框上。振动电机的外壳用密度小、散热好的铝合金铸成，外表面有许多散热片。电机轴的两外伸端各装有一对偏心块，改变两个偏心块之间的夹角，就可以改变激振力的大小，从而改变振幅的大小。

单轴圆振动高频细筛采用三路给料，每一路的给料量是否均匀，会对筛分效率产生较大的影响，因而要求给料的分配应比较均匀，以使给到每路筛面上的料量、浓度、粒度组成基本相近。料浆分配器是类似于平底无溢流管的旋流器，切线方向给料和分成三股的切线方向排料。只需要 0.25kg/cm^2 以上的给料压力，就能比较均匀地分配料浆。

给料器的作用是使给到筛面上的料浆在筛面上均匀分布，以充分利用筛面，提高筛机的处理能力和筛分效率。给料器的结构如图 2 - 58 所示，由料槽、匀分板、匀分槽、橡胶板等组成。料槽是一个比筛面稍窄的长方形槽，内装匀分板，为

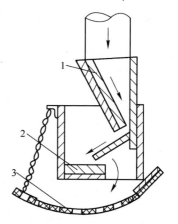

图 2 - 58　给料器的结构示意图

1—匀分板；2—匀分槽；3—橡胶板

了降低料浆对筛面的冲击力，减少筛网的磨损，提高筛网的使用寿命，在料槽的下端装有离筛面约 6mm（可调）的多孔橡胶板。从料浆分配器流下的料浆经匀分板、匀分槽、多孔橡胶板，最后比较均匀而又缓慢地给到筛面上。

单轴圆振动高频细筛具有如下特点：

（1）频率高，振幅小。GPS - 900 - 3 型单轴圆振动高频细筛的工作频率为 2850 次/min，振幅为 0.13 ~ 0.4mm。

（2）筛分效率高。由于采用高频小幅及叠层筛网等结构，筛孔不易堵塞，总筛分效率在60% ~70%之间。

（3）激振器结构简单、耗电少。每台筛机只需 1.1kW 的动力，由于激振器采用振动电动机的形式，因而装卸及更换方便。

（4）隔振性能好。整个筛箱经四个橡胶弹簧坐落在机架上，橡胶弹簧承受剪切和弯曲变形，刚度小，传给基础的动载荷也较小。安装时不需要专用基础。

（5）筛孔不易堵塞。由于采用叠层筛网结构，筛网会产生二次振动和各层筛网的相互敲打，筛孔不易堵塞。

（6）三路给料。三路给料充分利用了筛面，提高了单位面积的处理能力。

（7）噪声小。GPS－900－3 型单轴圆振动高频细筛的噪声为 82 ~84dB，在国家规定允许的噪声范围以内。

（8）工作稳定。筛机在远超共振状态下工作，频率和物料量的变化对振幅影响很小，所以工作稳定。

GPS－900－3 型单轴圆振动高频细筛的技术特征见表 2－16。

2.6.5.5 空间运动振动细筛的结构特点

空间运动的振动细筛，按筛面形状可分为锥形筛面、螺旋形筛面、圆形筛面和双向半螺旋筛面等几种。

A 锥形筛面振动细筛的结构特点

锥形筛面振动细筛的结构如图 2－59 所示，由锥形筛面、筛箱、圆盘、隔振弹簧、机架、振动电机和电动机座等零部件组成。物料从筛面的中央加入，由于筛面的旋摆运动，物料成螺旋线方向向周边运动，粗物料通过周边的排出口排出，细物料透过筛孔后，落到锥形的收集器中，再从周边的细料排出口排出。

筛箱的振动是由固定于筛箱下部的激振器带动的。激振器轴的上下两端装有偏心块，偏心块成一定角度安装。激振器可直接采用激振电机，也可由异步电动机直接或间接带动运转。整个筛机和激振器通过筛箱周边的隔振弹簧坐落在机架上。

锥形筛面振动细筛便于密封、占地面积小、制造安装方便，在许多工业部门中得到广泛使用。

B 螺旋筛面振动细筛的结构特点

螺旋筛面振动细筛的结构如图 2－60 所示，由螺旋筛面、筛箱、圆盘、隔振弹簧、机架、振动电机和电动机座等零部件组成。这种振动细筛通常采用两台振动电机在两个平行的垂直平面上交叉地安装，因而可使振动机体一方面作垂直方向的振动，另一方面作扭转振动。所以可使物料沿螺旋筛面向上运动，粗物料沿螺旋筛面上升从排料口排出，而细物料透过筛面沿螺旋槽运动，最后从细物料排出口排出。

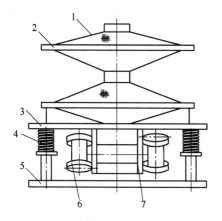

图2-59 锥形筛面振动细筛

1—锥形筛面；2—筛箱；3—圆盘；4—隔振弹簧；
5—机架；6—振动电机；7—电动机座

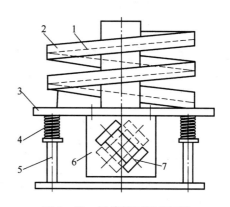

图2-60 螺旋筛面振动细筛

1—螺旋筛面；2—筛箱；3—圆盘；4—隔振弹簧；
5—机架；6—电动机座；7—振动电机

C 圆形筛面振动细筛的结构特点

圆形筛面振动细筛的结构如图2-61、图2-62所示，它们都由激振器、筛箱、筛面、隔振弹簧、机架、粗料排出口、细料排出口等零部件组成。所不同的只是筛面层数不同。

图2-61 三层圆形筛面振动细筛

1—筛箱；2—隔振弹簧；3—机架；
4—细料收集斗；5—盖

图2-62 两层圆形筛面振动细筛

1—盖；2—筛箱；3—隔振弹簧；4—机架；
5—细料收集斗；6—粗料排出口

3 振动筛分与脱水工艺过程的理论

用于筛分、脱水、脱介和选别的振动筛，其工艺过程通常是在物料沿振动工作面连续运动的情况下完成的。各种振动筛工艺过程的质量，直接与物料的运动情况有关。阐明物料在振动工作面上的运动理论，对于正确选取振动筛的运动学参数，保证各种工艺过程有效地进行，具有重要意义。

振动筛的工作面通常完成以下各种振动：简谐直线振动、非简谐直线振动、圆周振动和椭圆振动等。依赖上述各种振动，可使物料沿工作面移动。当振动筛采用不同的运动学参数（振幅、频率、振动方向角和工作面倾角等）时，便可使物料在工作面上做下列不同形式的运动：

（1）相对静止。物料随工作面一起运动而无相对运动。

（2）正向滑动。物料与工作面保持接触，同时，物料沿输送方向对工作面做相对运动。

（3）反向滑动。物料与工作面保持接触，同时，物料逆着输送方向对工作面做相对运动。

（4）抛掷运动。物料在工作面上被抛，离开工作面，沿工作面向前做抛物线运动。

上述四种运动形式中，除了"相对静止"由于物料与工作面间无相对运动而不能进行输送、筛分等工作外，其余三种运动形式都可以完成输送、筛分、脱水、脱介和选别等工作。因此，在分析运动学特性和进行运动学参数的选择与计算时，必须对以上三种形式的运动同时进行讨论与计算。在这三种运动形式中，正向滑动与反向滑动的性质是相似的，其原理基本一致，但与抛掷运动有本质的差别。下面按"滑行运动"和"抛掷运动"两种基本原理分别讨论。

此外，振动筛工作面的运动轨迹不同，计算物料运动的基本公式也不完全一样。本章首先叙述在直线振动筛中物料运动的理论，而对于圆运动振动筛、椭圆运动振动筛和非简谐振动筛的物料运动理论，将在以后各节中讨论。

3.1 直线运动振动筛工作面上物料运动的理论

3.1.1 直线运动振动筛工作面的位移、速度和加速度

直线振动筛的工作面沿振动方向线做简谐振动，由动力学分析可知，直线振

动筛工作面的位移公式为

$$S = \lambda \sin\omega t , \quad \omega t = \varphi \tag{3-1}$$

式中 λ——工作面沿振动方向的单振幅，m；

  ω——振动圆频率，s^{-1}；

  t——时间，s；

  φ——振动相角，(°)。

  将振动位移分解到 y 方向(垂直于工作面)和 x 方向(平行于工作面)，便得 y 方向和 x 方向的位移

$$S_y = \lambda \sin\delta \sin\omega t , \quad S_x = \lambda \cos\delta \sin\omega t \tag{3-2}$$

式中 δ——振动方向线与工作面的夹角，(°)。

  求式(3-2)对时间 t 的一次导数和二次导数，便得 y 方向和 x 方向的速度 v_y、v_x 和加速度 a_y、a_x：

$$v_y = \lambda\omega\sin\delta\cos\omega t , \quad v_x = \lambda\omega\cos\delta\cos\omega t \tag{3-3}$$

$$a_y = -\lambda\omega^2\sin\delta\sin\omega t , \quad a_x = -\lambda\omega^2\cos\delta\sin\omega t \tag{3-4}$$

3.1.2 物料滑行运动的理论

3.1.2.1 物料正向和反向滑动的初始条件

  首先研究薄料层物料在工作面上的运动情况。在这种条件下，物料颗粒之间的相互作用力可以忽略，当料层较厚时，可通过试验确定厚料层条件下校正系数的实际数值。这是一种比较简便而且实用的方法。

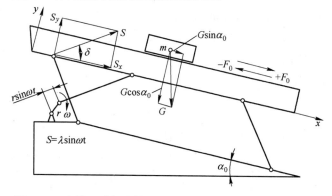

图 3-1 直线运动振动筛工作面的运动规律及物料受力分析

  图 3-1 为在薄料层情况下的物料受力图。首先假设物料对工作面做相对运动，在 y 方向和 x 方向的相对位移为 Δy、Δx；相对速度为 $\Delta\dot{y}$、$\Delta\dot{x}$；相对加速度为 $\Delta\ddot{y}$、$\Delta\ddot{x}$。这时，物料颗粒沿 x 方向的惯性力和重力分力之和 F 为

$$F = -m(a_x + \Delta\ddot{x}) + G\sin\alpha_0 \tag{3-5}$$

而沿 y 方向物料颗粒作用于工作面上的正压力大小为

$$F_n = m(a_y + \Delta\ddot{y}) + G\cos\alpha_0 \tag{3-6}$$

式中 m，G——物料颗粒的质量与重力，kg，N；

$\Delta\ddot{y}$，$\Delta\ddot{x}$——物料颗粒相对于工作面在 y 方向与 x 方向之相对加速度，m/s^2；

α_0——工作面倾角，(°)。

当物料对工做面做滑行运动时，物料对工作面始终保持接触，正压力 $F_n \geqslant 0$，相对加速度 $\Delta\ddot{y} = 0$。当物料颗粒出现抛掷运动时，正压力 $F_n = 0$，相对加速度 $\Delta\ddot{y} \neq 0$。

在物料对工作面保持接触的情况下，工作面对物料的极限摩擦力为

$$F_0 = \mp f_s F_n \tag{3-7}$$

式中 f_s——物料对工作面的静摩擦因数。

式中 "–" 号对应于正向滑动，"+" 号对应于反向滑动。因为当有正向滑动趋势时，摩擦力是与 x 坐标方向相反的，反向滑动的摩擦力与 x 坐标方向一致。

滑动开始的瞬时，物料对工作面的相对加速度 $\Delta\ddot{x} = 0$，因为未出现抛掷运动，$\Delta\ddot{y}$ 也为零。所以式（3–5）的 F 与极限摩擦力 F_0 之和等于零，即

$$F + F_0 = 0 \tag{3-8}$$

将式（3–5）及式（3–7）代入式（3–8），并将式（3–6）及式（3–4）代入，便得

$$m\omega^2\lambda\cos\delta\sin\omega t + G\sin\alpha_0 \mp f_s(-m\omega^2\lambda\sin\delta\sin\omega t + G\cos\alpha_0) = 0 \tag{3-9}$$

因为 $f_s = \tan\mu_s$（μ_s 为静摩擦角），$G = mg$，代入式（3–9），并化简，则得开始正向滑动的相位角 φ_{k0}（简称正向滑始角）及开始反向滑动的相位角 φ_{q0}（简称反向滑始角）为

$$\varphi_{k0} = \arcsin\frac{1}{D_k}, \quad \varphi_{q0} = \arcsin\frac{1}{D_q} \tag{3-10}$$

正向滑行指数 D_k 及反向滑行指数 D_q 分别为

$$D_k = K\frac{\cos(\mu_s - \delta)}{\sin(\mu_s - \alpha_0)}, \quad D_q = K\frac{\cos(\mu_s + \delta)}{\sin(\mu_s + \alpha_0)} \tag{3-11}$$

其中

$$K = \frac{\omega^2\lambda}{g} \tag{3-12}$$

式中 K——振动强度（或称机械指数）；

μ_s——静摩擦角，(°)；

g——重力加速度，$g = 9.81\text{m/s}^2$。

对于绝大多数振动机械，$\mu_s \mp \alpha_0 = 0° \sim 180°$，$\mu_s \mp \delta = -90° \sim 90°$，所以 sin

$(\mu_s \mp \alpha_0)$ 及 $\cos(\mu_s \mp \delta)$ 均为正值，这时，由式（3-10）及式（3-11），可以算出正向滑始角 φ_{k0} 在 $0° \sim 180°$ 范围内，而反向滑始角 φ_{q0} 在 $180° \sim 360°$ 范围内。也就是说，在根据式（3-3）作出的速度 v_x 曲线上，φ_{k0} 只可能存在于振动周期的前半周期内，φ_{q0} 只可能存在于振动周期的后半周期内。当 φ 处在 $\varphi_{k0} \sim （180° - \varphi_{k0}）$ 范围内时，物料均可开始正向滑动；当 φ 处在 $\varphi_{q0} \sim （540° - \varphi_{q0}）$ 范围内时，物料均可开始反向滑动（参看图3-2）。

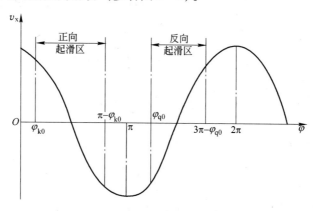

图3-2　工作面 x 方向的速度曲线及正向滑始角 φ_{k0} 和反向滑始角 φ_{q0}

当正向滑行指数 $D_k < 1$ 时，由式（3-10）看出，φ_{k0} 无解，这时物料不能出现正向滑动，所以出现正向滑行的条件是 $D_k > 1$。

当反向滑行指数 $D_q < 1$ 时，φ_{q0} 无解，这时物料不能出现反向滑动，所以出现反向滑行的条件是 $D_q > 1$。

由于反向滑动对大多数振动机械来说没有实际意义，通常只希望出现较大的正向滑动，所以往往首先选定正向滑行指数 D_k 及反向滑行指数 D_q 的值。大多数按滑行原理工作的振动机械，通常取 $D_k = 2 \sim 3$，$D_q \approx 1$。当预先选定好 D_k 及 D_q 值之后，则必须采用的振动方向角 δ 可由式（3-11）推导出：

$$\frac{D_k}{D_q} = \frac{\sin(\mu_s + \alpha_0)\cos(\mu_s - \delta)}{\sin(\mu_s - \alpha_0)\cos(\mu_s + \delta)}$$

化简后得

$$\delta = \arctan \frac{1-c}{(1+c)f_s} \qquad (3-13a)$$

其中

$$c = \frac{D_q}{D_k} \cdot \frac{\sin(\mu_s + \alpha_0)}{\sin(\mu_s - \alpha_0)} \qquad (3-13b)$$

当选定正向滑行指数 D_k 与反向滑行指数 D_q 以后，根据所求得的振动方向角 δ，可按式（3-14）求出所需的振动强度（或称机械指数）：

$$K = D_k \frac{\sin(\mu_s - \alpha_0)}{\cos(\mu_s - \delta)} \qquad (3-14a)$$

或

$$K = D_q \frac{\sin(\mu_0 + \alpha_0)}{\cos(\mu_0 + \delta)} \qquad (3-14b)$$

因为 $K = \dfrac{\omega^2 \lambda}{g}$，$\omega = \dfrac{2\pi n}{60}$（$n$ 为每分钟振动次数），所以在选定振幅 λ 后，便可按式(3-15)计算所需的振动次数：

$$n = 30 \sqrt{\frac{D_k g \sin(\mu_s - \alpha_0)}{\pi^2 \lambda \cos(\mu_s - \delta)}} \qquad (3-15a)$$

或

$$n = 30 \sqrt{\frac{D_q g \sin(\mu_s + \alpha_0)}{\pi^2 \lambda \cos(\mu_s + \delta)}} \qquad (3-15b)$$

若先选定振动次数 n，则所需的单振幅为

$$\lambda = 900 \frac{D_k g \sin(\mu_s - \alpha_0)}{\pi^2 n^2 \cos(\mu_s - \delta)} \qquad (3-16a)$$

或

$$\lambda = 900 \frac{D_q g \sin(\mu_s + \alpha_0)}{\pi^2 n^2 \cos(\mu_s + \delta)} \qquad (3-16b)$$

3.1.2.2　物料正向和反向滑动的终止条件

物料正向滑动开始至正向滑动终了，所经历的时间称为正向滑动时间，以 t'_{mk} 表示，$t'_{mk} = t'_m - t'_k$（其中 t'_m 与 t'_k 分别为正向滑动终了与正向滑动开始的时间）。在 t'_{mk} 时间内，工作面振动所越过的相位角称为正向滑动角，以 θ_k 表示，$\theta_k = \varphi'_m - \varphi'_k = \omega(t'_m - t'_k)$。而正向滑动时间 t'_{mk} 与振动周期 $\dfrac{2\pi}{\omega}$ 之比，称为正向滑动系数，以 i_k 表示：

$$i_k = \frac{t'_{mk}}{\dfrac{2\pi}{\omega}} = \frac{\varphi'_m - \varphi'_k}{2\pi} = \frac{\theta_k}{2\pi} \qquad (3-17)$$

式中　φ'_m——实际正向滑止角；

　　　φ'_k——实际正向滑始角。

当物料开始正向滑动以后，其运动方程为

$$m(a_x + \Delta \ddot{x}) = G \sin \alpha_0 - f F_n \qquad (3-18)$$

式中　f——物料对工作面的动摩擦因数。

将式(3-6)的正压力 F_n 代入式(3-18)，动摩擦因数 f 用动摩擦角 μ 来表示，即 $f = \tan \mu$，则得

$$m\Delta \ddot{x} = -ma_x + G \sin \alpha_0 - \tan \mu (ma_y + G \cos \alpha_0)$$

将式(3-4)的 a_y、a_x 代入上式，便可按下式计算出相对速度：

$$\Delta \dot{x} = \int_{t'_k}^{t} \Delta \ddot{x} dt = g(\sin\alpha_0 - \tan\mu\cos\alpha_0)\frac{\varphi - \varphi'_k}{\omega} - \omega\lambda\sin\delta\tan\mu$$
$$\times (\cos\varphi - \cos\varphi'_k) - \omega\lambda\cos\delta(\cos\varphi - \cos\varphi'_k)$$

化简后得

$$\Delta \dot{x} = \frac{\omega\lambda\cos(\mu-\delta)}{\cos\mu}[\cos\varphi'_k - \cos\varphi - \sin\varphi_k(\varphi - \varphi'_k)] \qquad (3-19)$$

其中

$$\sin\varphi_k = \frac{\sin(\mu-\alpha_0)}{K\cos(\mu-\delta)} \qquad (3-20)$$

式中　φ_k——假想正向滑始角。

当静摩擦因数等于动摩擦因数时，$\mu_s = \mu$，$\varphi_k = \varphi_{k0}$。因为通常情况下 $\mu < \mu_s$，所以 φ_k 较 φ_{k0} 为小。

对于绝大多数振动机械，工作面倾角 $\alpha_0 < \mu$，所以经过一定时间，到 $\varphi = \varphi'_m$ 时，相对速度 $\Delta \dot{x} = 0$，正向滑动宣告终结。因此，根据式(3-19)，正向滑动的终结条件为

$$\cos\varphi'_k - \cos\varphi'_m - \sin\varphi_k(\varphi'_m - \varphi'_k) = 0 \qquad (3-21)$$

因为 $\varphi'_m = \varphi'_k + \theta_k$，代入式(3-21)并化简，则可求得实际正向滑始角 φ'_k 与正向滑动角 θ_k 的关系：

$$\tan\varphi'_k = \frac{1-\cos\theta_k}{\dfrac{\sin\varphi_k}{\sin\varphi'_k}\theta_k - \sin\theta_k} = \frac{1-\cos 2\pi i_k}{\dfrac{\sin\varphi_k}{\sin\varphi'_k}2\pi i_k - \sin 2\pi i_k} \qquad (3-22)$$

图 3-3 表示了实际滑始角 $\varphi'_k(\varphi'_q)$ 与实际滑止角 $\varphi'_m(\varphi'_e)$ 及速度系数 P_{km} (P_{qe})的关系曲线。假想正向滑始角 φ_k 可按式(3-20)求出，实际正向滑始角 φ'_k 可根据物料运动状态定出，它等于最小正向滑始角 φ_{k0}，或在 $\varphi_{k0} \sim (180° - \varphi_{k0})$ 的范围内。当 φ_k 及 φ'_k 确定后，便可在图 3-3 上直接查出正向滑止角 φ'_m。因为正向滑止角 $\varphi'_m \leq 360°$，所以正向滑动角也一定有 $\theta_k < 360°$。

例如：已知 $\varphi'_k = 23°30'$，$\varphi_k = 15°30'$，由图 3-3 直接查得 $\varphi'_m = 258°30'$，$P_{km} = 3$。在图 3-3 中，P 即为 P_{km} 或 P_{qe}。用同样的方法，可以求出反向滑动角 θ_q 和反向滑止角 φ'_e。

物料做反向滑动的运动方程式为

$$m(a_x + \Delta \ddot{x}) = G\sin\alpha_0 + fF_n \qquad (3-23)$$

将式(3-4)及式(3-6)代入式(3-23)，可求得反向滑动的相对速度为

$$\Delta \dot{x} = \frac{\omega\lambda\cos(\mu+\delta)}{\cos\mu}[\cos\varphi'_q - \cos\varphi - \sin\varphi_q(\varphi - \varphi'_q)] \qquad (3-24)$$

其中
$$\sin\varphi_q = -\frac{\sin(\mu + \alpha_0)}{K\cos(\mu + \delta)} \qquad (3-25)$$

式中　φ_q'——实际反向滑始角；

　　　φ_q——假想反向滑始角。

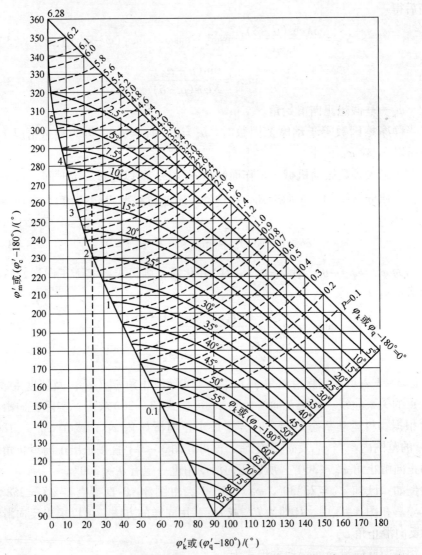

图 3 - 3　正（反）向实际滑始角 $\varphi_k'(\varphi_q')$ 与正（反）向滑止角 $\varphi_m'(\varphi_e')$ 及
速度系数 P_{km}（P_{qe}）的关系曲线

当 φ 等于反向滑止角 φ_e' 时，反向滑动相对速度 $\Delta\dot{x}$ 等于零，反向滑动才告
终结。由此可以求得实际反向滑始角 φ_q' 与反向滑动角 θ_q 的关系为

$$\tan\varphi'_q = \frac{1 - \cos\theta_q}{\dfrac{\sin\varphi_q}{\sin\varphi'_q}\theta_q - \sin\theta_q} = \frac{1 - \cos2\pi i_q}{\dfrac{\sin\varphi_q}{\sin\varphi'_q}2\pi i_q - \sin2\pi i_q} \tag{3-26}$$

其中　　　　　　　　　　$\varphi'_e = \varphi'_q + \theta_q$,　$i_q = \dfrac{\theta_q}{2\pi}$

式中　φ'_e——实际反向滑止角；

　　　θ_q——反向滑动角；

　　　i_q——反向滑动系数。

假想反向滑始角 φ_q，可按式(3-25)求出，实际反向滑始角 φ'_q 与物料滑行运动状态有关，它可能等于最小反向滑始角 φ_{q0}，或处在 $\varphi_{q0} \sim (540° - \varphi_{q0})$ 的范围内。当 φ_q 和 φ'_q 确定后，便可在图 3-3 中查出反向滑止角 φ'_e。不过在查曲线图时，须用 $\varphi_q - 180°$ 代替 φ_k，用 $\varphi'_q - 180°$ 代替 φ'_k，查得的 φ'_m 加 $180°$ 即为实际的 φ'_e。

3.1.2.3　物料滑行运动的理论平均速度

正向滑行的相对速度对时间 t 积分，即得相对位移 Δx_k。在从正向滑行开始的时间 t'_k 至滑行终了的时间 t'_m 内，物料对工作面的相对位移 Δx_{km} 除以振动周期 $2\pi/\omega$，即得物料正向滑行的平均速度：

$$\begin{aligned}
v_k &= \frac{\omega}{2\pi}\int_{t'_k}^{t'_m}\Delta\dot{x}_k\mathrm{d}t \\
&= \frac{\omega\lambda}{2\pi}\times\frac{\cos(\mu-\delta)}{\cos\mu}\int_{\varphi'_k}^{\varphi'_m}\left[-\cos\varphi + \cos\varphi'_k - \sin\varphi_k(\varphi - \varphi'_k)\right]\mathrm{d}\varphi \\
&= \frac{\omega\lambda}{2\pi}\times\frac{\cos(\mu-\delta)}{\cos\mu}\left[-(\sin\varphi'_m - \sin\varphi'_k) + \cos\varphi'_k(\varphi'_m - \varphi'_k) - \right. \\
&\qquad\left. \sin\varphi_k\frac{(\varphi'_m - \varphi'_k)^2}{2}\right]
\end{aligned}$$

根据式（3-21）的条件，上式中的

$$\cos\varphi'_k(\varphi'_m - \varphi'_k) - \sin\varphi_k\frac{(\varphi'_m - \varphi'_k)^2}{2} = \frac{\sin^2\varphi'_m - \sin^2\varphi'_k}{2\sin\varphi_k}$$

令　　　　　　　　$\sin\varphi'_k = b'_k$,　$\sin\varphi'_m = b'_m$,　$\sin\varphi_k = b_k$

则可求得平均速度

$$\begin{aligned}
v_k &= \omega\lambda\frac{\cos(\mu-\delta)}{2\pi\cos\mu}\left[\frac{b'^2_m - b'^2_k}{2b_k} - (b'_m - b'_k)\right] \\
&= \omega\lambda\cos\delta(1 + \tan\mu\tan\delta)\frac{P_{km}}{2\pi} \tag{3-27}
\end{aligned}$$

式中　　　　　　　　$P_{km} = \dfrac{b'^2_m - b'^2_k}{2b_k} - (b'_m - b'_k)$

根据 φ_k 及 φ'_k 可由图 3-3 直接查出系数 P_{km}，当 $\varphi'_k = \varphi_k$ 时，则速度系数

$$P_{km} = \frac{(b_m - b_k)^2}{2b_k}$$

用同样的方法可以求出反向滑动的平均速度

$$v_q = \frac{\omega}{2\pi} \int_{t'_q}^{t'_e} \Delta \dot{x}_q dt$$

$$= \frac{\omega \lambda}{2\pi} \times \frac{\cos(\mu + \delta)}{\cos\mu} \left[\frac{b'^2_e - b'^2_q}{2b_q} - (b'_e - b'_q) \right]$$

$$= - \omega \lambda \cos\delta (1 - \tan\mu \tan\delta) \frac{P_{qe}}{2\pi} \tag{3-28}$$

式中　　$\dfrac{b'^2_e - b'^2_q}{2b_q} - (b'_e - b'_q) = - P_{qe}, b'_e = \sin\varphi'_e, b'_q = \sin\varphi'_q, b_q = \sin\varphi_q$　(3-29)

当 $\varphi'_q = \varphi_{q0} = \varphi_q$ 时，速度系数 P_{qe}，可按下式计算：

$$- P_{qe} = \frac{(b_e - b_q)^2}{2b_q} \tag{3-30}$$

根据 φ'_q 和 φ_q 的数值，可由图 3-3 直接查出速度系数 P_{qe}。

3.1.2.4　物料滑行运动状态及其与运动学参数的关系

在物料做滑行运动的各种直线振动机上，由于运动学参数 α_0、δ、λ 和 ω 不同，会出现如图 3-4 所示的四种运动状态。

这些滑行运动状态的差别是三种基本运动形式（即相对静止、正向滑动和反向滑动）的组合方式不同。这几种运动状态在不同的振动机上均有采用。

（1）单有正向滑动的运动状态（图 3-4a）。某些槽式振动冷却机和振动离心脱水机均在这种状态下工作。其特点是：由相对静止和正向滑动两种基本运动形式所组成，此时 $D_k > 1$，$D_q < 1$，$D < 1$（D 为抛掷指数）；实际正向滑始角 φ'_k 等于最小正向滑始角 φ_{k0}，其理论平均速度按式（3-27）计算。

（2）正向滑动与反向滑动之间有两次间断的运动状态（图 3-4b）。这种运动状态在槽式振动冷却机、低速振动筛和少数振动输送机上采用。虽然对于某些振动机来说，反向滑动是没有意义的，甚至是有害的，但由于运动学参数受某些条件的限制，所以反向滑动仍然会出现。这种状态的特点是：$D_k > 1$，$D_q > 1$，$D < 1$；其基本运动形式的组合方式为相对静止—正向滑动—相对静止—反向滑动；最小反向滑始角 φ_{q0} 大于正向滑止角 φ'_m，最小正向滑始角 φ_{k0} 大于反向滑止角 φ'_e 减去 360°，即 $\varphi_{q0} > \varphi'_m$，$\varphi_{k0} > \varphi'_e - 360°$。所以 $\varphi'_k = \varphi_{k0}$，$\varphi'_q = \varphi_{q0}$，其理论平均

速度等于正向滑动平均速度（式3－27）与反向滑动平均速度（式3－28）的和。

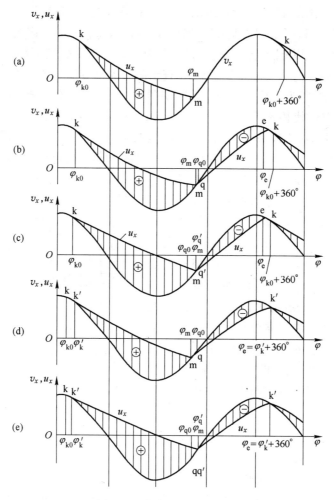

图3－4　物料滑行运行状态

（a）单有正向滑动的运动状态；（b）正向滑动与反向滑动之间有两次间断的运动状态；

（c），（d）正向滑动与反向滑动之间有一次间断的运动状态；

（e）正向滑动与反向滑动无间断的运动状态

（3）正向滑动与反向滑动只有一次间断的运动状态（图3－4c、d）。出现这种状态的必要条件是：$D_k > 1$，$D_q > 1$，$D < 1$。运动形式的第一种组合方式为：相对静止—正向滑动—反向滑动—相对静止，即实际正向滑止角 φ_m' 等于实际反向滑始角 φ_q'；而反向滑止角 $\varphi_e' < \varphi_{k0} + 360°$，所以 $\varphi_k' = \varphi_{k0}$，而 $\varphi_q' > \varphi_{q0}$。第二种组合方式为：正向滑动—相对静止—反向滑动—正向滑动，即 $\varphi_m' < \varphi_{q0}$，所以

$\varphi_q' = \varphi_{q0}$；而 $\varphi_e' > \varphi_{k0} + 360°$，所以 $\varphi_k' = \varphi_e' - 360°$。其理论平均速度等于正向滑动平均速度（式3－27）与反向滑动平均速度（式3－28）的和。

(4) 正向滑动与反向滑动无间断的运动状态（图3－4e）出现这种状态的必要条件是：$D_k > 1$，$D_q > 1$，$D < 1$，同时 $\varphi_k' > \varphi_{k0}$，$\varphi_q' > \varphi_{q0}$，因为 $\varphi_m' > \varphi_{q0}$，$\varphi_e' > \varphi_{k0} + 360°$，所以 $\varphi_q' = \varphi_m'$，$\varphi_k' = \varphi_e' - 360°$。为了求出稳定运动状态下的 φ_k' 和 φ_q'，必须首先按 φ_k 及 φ_{k0}，由图3－3查出第一循环的正向滑止角 φ_m'，然后以 φ_m' 的值作为 φ_q' 的值（因为 $\varphi_m' > \varphi_{q0}$），并算出 φ_q；再按图3－3查出第一循环的 φ_e'，以 $\varphi_e' - 360°$ 代替 φ_k'（因为 $\varphi_e' - 360° > \varphi_{k0}$），并利用 φ_k 由图3－3查出第二循环的 φ_m'；再以 φ_m' 代替 φ_q'，并利用 φ_q' 查出第二循环的 φ_e'。依此顺序经过若干循环，即可得出稳定运动后的 φ_k'、φ_m'、φ_q' 和 φ_e'。再以稳定后的 φ_k'、φ_m'、φ_q' 和 φ_e' 按式（3－27）及式（3－28）计算理论平均速度。为了区分物料做滑行运动的振动机的各种运动状态，首先必须求出 φ_{k0}、φ_k、φ_{q0} 和 φ_q，按图3－3的曲线查出滑止角 φ_m' 和 φ_e'，再根据 φ_m'、φ_e'、φ_{k0} 及 φ_{q0} 的数值，便可划分物料做滑行运动的各种状态。

当动摩擦因数与静摩擦因数相等时，前述四种运动状态可直接根据 D_k 和 D_q（或 φ_{k0} 和 φ_{q0}）的大小按图3－5所示的各个区域确定物料滑行运动的各种状态。

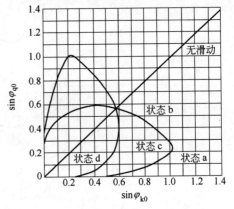

图3－5　各种滑行运动状态区域图
$(f = f_s,\ \varphi_{k0} = \varphi_k,\ \varphi_{q0} = \varphi_q)$

3.1.3　物料抛掷运动的理论

3.1.3.1　物料抛掷运动的初始条件

当物料开始出现抛掷运动的瞬时，沿 y 方向的相对加速度 $\Delta\ddot{y} = 0$，正压力 $F_n = 0$，由式(3－6)及式(3－4)得：

$$F_n = -m\omega^2\lambda\sin\delta\sin\varphi_d + G\cos\alpha_0 = 0$$

式中　φ_d——物料开始被抛起时的振动相角。

由上式可以求出抛掷开始瞬时的相位角（简称抛始角）φ_d 为

$$\varphi_d = \arcsin\frac{1}{D} \tag{3－31}$$

其中

$$D = K\frac{\sin\delta}{\cos\alpha_0}$$

式中　D——抛掷指数。

当抛掷指数 $D > 1$，式 $(3 - 31)$ 的 φ_d 有解，物料可以出现抛掷运动，并可求得抛始角 φ_d 在 $0° \sim 180°$ 范围内。

当 $D < 1$，φ_d 无解，物料不能出现抛掷运动。为了使物料出现抛掷运动，抛掷指数 D 不得小于 1。

因为振动强度 $K = \dfrac{\omega^2 \lambda}{g}$，而 $\omega = \dfrac{2\pi n}{60}$，所以在选定振幅 λ 之后，便可按式 $(3 - 32)$ 计算所需的振动次数 n：

$$n = 30 \sqrt{\frac{Dg\cos\alpha_0}{\pi^2 \lambda \sin\delta}} \tag{3 - 32}$$

若预先选定振动次数 n，则振幅可按下式计算：

$$\lambda = \frac{900Dg\cos\alpha_0}{\pi^2 n^2 \sin\delta} \tag{3 - 33}$$

3.1.3.2 物料抛掷运动的终止条件

物料离开工作面以后，对工作面的正压力 F_n 必为零，将式 $(3 - 4)$ 代入式 $(3 - 6)$，便可求得物料沿垂直于工作面方向的相对运动方程：

$$m\Delta\ddot{y} = -G\cos\alpha_0 + m\omega^2 \lambda \sin\delta\sin\varphi \tag{3 - 34}$$

相对加速度 $\Delta\ddot{y}$ 对时间 t 积分二次，即可求得物料对工作面的相对位移：

$$\Delta y = \lambda\sin\delta(\sin\varphi_d - \sin\varphi) + \lambda\sin\delta\cos\varphi_d \times$$
$$(\varphi - \varphi_d) - \frac{1}{2}g\cos\alpha_0 \frac{(\varphi - \varphi_d)^2}{\omega^2} \tag{3 - 35}$$

当物料在 y 方向对工作面的相对位移 Δy 重新等于零时，抛掷运动才告终止。此时，振动相位角 $\varphi = \varphi_z$，φ_z 称为抛止角。抛止角 φ_z 与抛始角 φ_d 之差称为抛离角 θ_d，$\theta_d = \varphi_z - \varphi_d$，而 $\varphi_z = \varphi_d + \theta_d$。

物料抛掷运动的终止条件 $(\varphi \to \varphi_z, \ \Delta y = 0)$ 可由式 $(3 - 35)$ 求出：

$$\sin(\varphi_d + \theta_d) = \sin\varphi_d + \theta_d\cos\varphi_d - \frac{\theta_d^2 \sin\varphi_d}{2}$$

或

$$\cot\varphi_d = \frac{\frac{1}{2}\theta_d^2 - (1 - \cos\theta_d)}{\theta_d - \sin\theta_d} \tag{3 - 36}$$

式 $(3 - 36)$ 表示了抛始角 φ_d 与抛离角 θ_d 之间的关系。

如果 φ_d 已按式 $(3 - 31)$ 求出，则可按图 $3 - 6$ 查出抛离角 θ_d。

因为抛掷指数 D 与抛始角 φ_d 有以下关系：

$$\cot\varphi_d = \frac{\cos\varphi_d}{\sin\varphi_d} = \sqrt{\frac{1}{\sin^2\varphi_d} - 1} = \sqrt{D^2 - 1}$$

或

$$D = \sqrt{\cot^2\varphi_d + 1} \tag{3 - 37}$$

又因抛离系数 i_D（即抛掷一次时间与一个振动周期之比）与抛离角 θ_d 有以下关系：

$$i_D = \frac{\theta_d}{2\pi} \qquad (3-38)$$

将式（3-37）及式（3-38）代入式（3-36）中，便可求得抛掷指数 D 与抛离系数 i_D 的关系式

$$D = \sqrt{\left[\dfrac{\dfrac{1}{2}\theta_d^2 - (1 - \cos\theta_d)}{\theta_d - \sin\theta_d}\right]^2 + 1}$$

$$= \sqrt{\left(\dfrac{2\pi^2 i_D^2 + \cos 2\pi i_D - 1}{2\pi i_D - \sin 2\pi i_D}\right)^2 + 1} \qquad (3-39)$$

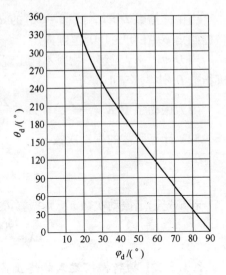

图 3-6 抛始角 φ_d 与抛离角 θ_d 的关系

按照式（3-39）可作出图 3-7 所示的 D 与 i_D 关系曲线。根据 D 值，可以算出 i_D，或由 i_D 算出 D 值。当 $i_D = 0$，得 $D = 1$；当 $i_D = 1$，得 $D = 3.3$；当 $i_D = 2$ 或 3，得 $D = 6.36$ 或 9.48。对大多数按抛掷原理工作的振动机，通常选取 $D < 3.3$，这时工作面每振动一次，物料将出现一次抛掷运动。这种运动状态，对于减小不必要的能量消耗和提高振动机的工作效率都是有益的。这就是目前大多数振动机所选取的抛掷指数 D 一般不大于 3.3 的主要理由。

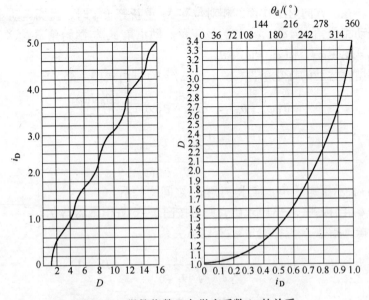

图 3-7 抛掷指数 D 与抛离系数 i_D 的关系

3.1.3.3 物料抛掷运动的理论平均速度

物料被抛起(离开工作面)后,沿工作面方向(即 x 方向)的运动方程为

$$m(a_x + \Delta\ddot{x}) = mg\sin\alpha_0$$

即
$$\Delta\ddot{x} = g\sin\alpha_0 + \omega^2\lambda\cos\delta\sin\varphi \tag{3-40}$$

对 $\Delta\ddot{x}$ 积分二次,并以 φ_z 代替 φ,便可求得每次抛掷运动的相对位移

$$\Delta x_z = \lambda\cos\delta\left(-\sin\varphi_z + \sin\varphi_d + \theta_d\cos\varphi_d + \frac{g\sin\alpha_0}{2\omega^2\lambda\cos\delta}\theta_d^2\right)$$

根据式(3-36)可得以下关系

$$-\sin\varphi_z + \sin\varphi_d + \theta_d\cos\varphi_d = \frac{1}{2}\theta_d^2\sin\varphi_d$$

所以,每次抛掷运动的相对位移为

$$\Delta x_z = \frac{1}{2}\lambda\theta_d^2\cos\delta\sin\varphi_d(1 + \tan\alpha_0\tan\delta)$$

$$= 2\pi^2 i_D^2\lambda\cos\delta\frac{1}{D}(1 + \tan\alpha_0\tan\delta) \tag{3-41}$$

物料抛掷运动的理论平均速度,等于每次抛掷运动的相对位移除以振动周期 $\frac{2\pi}{\omega}$,即

$$v_d = \frac{\Delta x_z}{\dfrac{2\pi}{\omega}} = \omega\lambda\cos\delta\frac{\pi i_D^2}{D}(1 + \tan\alpha_0\tan\delta) \tag{3-42}$$

当工作面倾角 $\alpha_0 = 0$ 时,物料抛掷运动的理论平均速度为

$$v_d = \omega\lambda\cos\delta\frac{\pi i_D^2}{D} \tag{3-43}$$

对式(3-43)中的量纲为 1 的系数 $\dfrac{\pi i_D^2}{D}$ 进行计算,可以求得当 $D \leqslant 3.3$,即 $i_D \leqslant 1$ 时,其最大值为

$$\frac{\pi i_D^2}{D} = \frac{\pi \times 1^2}{3.3} = 0.95$$

由此可知,当 $D < 3.3$ 时,水平振动输送机物料抛掷运动的最大理论平均速度,不能超过工作面在 x 方向的最大速度 $\omega\lambda\cos\delta$ 的 0.95 倍。称 $\omega\lambda\cos\delta$ 为抛掷运动的极限速度,即

$$v_1 = \omega\lambda\cos\delta \tag{3-44}$$

理论平均速度可以用量纲为 1 的系数 $f(D)$ 与极限速度 $\omega\lambda\cos\delta$ 的乘积表示,即

$$v_d = f(D)\omega\lambda\cos\delta \tag{3-45}$$

其中
$$f(D) = \frac{\pi i_{\mathrm{D}}^2}{D}$$

根据 D 值的大小，可以作出图 3－8 所示的 $f(D)$ 曲线。由曲线看出，当 $D = 2 \sim 3.3$ 时，系数 $f(D)$ 在 $0.86 \sim 0.95$ 的范围内变化，所以在计算抛掷指数 $D = 2 \sim 3.3$ 的水平振动机的物料平均速度时，可以利用以下近似公式：

$$v_{\mathrm{d}} = 0.9\omega\lambda\cos\delta \qquad (3-46)$$

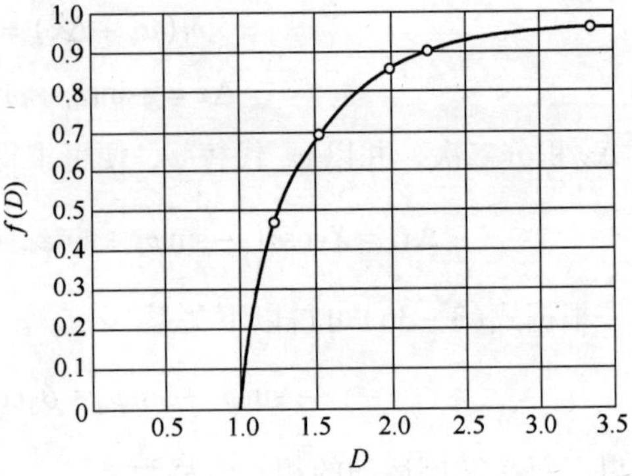

在利用式（3－46）的近似公式时，其计算误差一般不会超过 5%。这样的误差，对于一般振动

图 3－8　量纲为 1 的系数 $f(D)$ 与 D 的关系

机来说是许可的。如此，在计算各种振动机的物料平均速度与机器的生产能力时，利用式（3－46）可以很方便地求出其近似结果。当要求精确计算理论平均速度时，则可按式（3－45）计算。

3.1.3.4　物料抛掷运动的分类

A　按抛掷指数 D 分类

根据抛掷指数 D 的大小分，物料的抛掷运动可分为轻微抛掷运动、中速抛掷运动和急剧抛掷运动，见图 3－9。

当抛掷指数 $D = 1 \sim 1.75$ 时，工作面上的物料做轻微抛掷运动。物料做轻微抛掷运动时，往往伴随着较大的滑行运动，如图 3－9a 所示。

当抛掷指数 $D = 1.75 \sim 3.3$ 时，工作面上的物料做中速抛掷运动，出现的轻微滑行运动甚至可以忽略不计，如图 3－9b 所示，抛离角 $\theta_{\mathrm{d}} = 220° \sim 360°$，抛离系数 $i_{\mathrm{D}} = 0.67 \sim 1$，其理论平均速度可按式（3－42）计算。大多数振动筛都处于这种工作状态。

当抛掷指数 $D > 3.3$ 时，工作面上的物料做高速抛掷运动，如图 3－9c 所示，此种状态下的抛离系数 $i_{\mathrm{D}} > 1$。对于含泥物料与难以处理的物料，常采用这种运动状态，其理论平均速度可按式（3－42）计算。但当 $i_{\mathrm{D}} = 1 \sim 2$ 及 $i_{\mathrm{D}} = 2 \sim 3$ 时，理论平均速度应分别除以 2 及 3；当 i_{D} 值更高时，则依此类推。

图 3－10 是按式（3－35）作出的。图中表示了在抛掷运动情况下，工作面与物料在 y 方向的位移曲线和 x 方向的速度曲线。因为在抛掷运动之前与抛掷运动之后，均可能出现一定的滑行运动。由图 3－10 可以看出，物料滑行运动对输送速度有一定的影响。此外，物料落下时对工作面将发生碰撞，并存在着瞬时摩擦，所以抛掷终了时，滑行速度较碰撞前的速度要小。

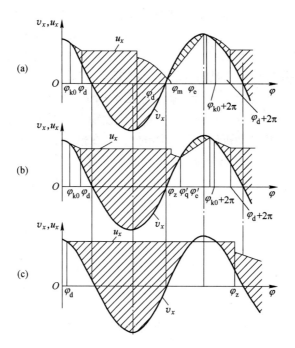

图 3-9 物料抛掷运动状态图

（a）轻微抛掷运动；（b）中速抛掷运动；（c）高速抛掷运动

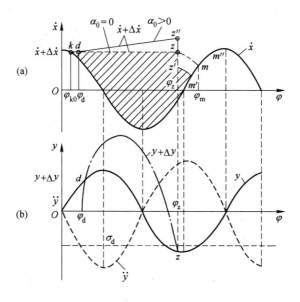

图 3-10 物料与工作面在 y 方向的位移曲线和 x 方向的速度曲线

（a）x 方向的速度曲线；（b）y 方向的位移曲线

B　周期性抛掷运动与非周期性抛掷运动

当 $D = 1 \sim 3.3$，$4.6 \sim 6.36$ 和 $7.78 \sim 9.48$ 时，出现周期性抛掷运动；当 $D = 3.3 \sim 4.6$，$6.36 \sim 7.78$ 和 $9.48 \sim 10.94$ 时，则出现非周期性抛掷运动。

所谓周期性抛掷运动，是指物料每次抛掷运动都有相同的时间与距离。当物料落下时刻正处在非起抛区（$(\pi - \varphi_d) \sim (2\pi + \varphi_d)$）内，即此时工作面的加速度 $-a_y < g\cos\alpha_0$，即 $\omega^2\lambda\sin\delta\sin\varphi < g\cos\alpha_0$。假设物料落下时，与工作面的碰撞属非弹性碰撞（大多数振动机械都是这样的），则在落下后便与工作面贴合，并滑行一小段距离。当 φ 达到 $2\pi + \varphi_d$ 时，又开始抛起。这样，第二次抛掷运动与第一次抛掷运动的时间和距离，在理论上应该是相同的，所以称为周期性抛掷运动。

所谓非周期性抛掷运动，是指物料每次抛掷运动的时间与距离是不相同的。当物料落下时刻，正处在起抛区（$\varphi_d \sim (\pi - \varphi_d)$）内，因为此时 $-a_y > g\cos\alpha_0$，即 $\omega^2\lambda\sin\delta\sin\varphi > g\cos\alpha_0$，所以物料落下后，马上又开始第二次抛掷运动，但其抛掷运动的初速度与前一次抛掷运动的初速度是不相同的，所以后一次抛掷运动的周期与前一次的周期不同，依此，每次抛掷运动的时间和周期均不相同，因此称为非周期性抛掷运动。

目前工业用的振动筛，大多数选用周期性抛掷运动的状态。

3.2　椭圆运动振动筛工作面上物料运动的理论

3.2.1　工作面的位移、速度和加速度

目前在各工业部门中，除了广泛采用直线振动筛和圆运动振动筛之外，还应用椭圆运动的振动筛。当直线振动筛和圆运动振动筛的工作机体对其质心做摇摆振动时，也将出现椭圆运动轨迹的椭圆振动筛。

椭圆运动振动筛工作面的运动轨迹方程式，由图 3 - 11 可写为：

$$\left.\begin{array}{l} S_y = a\sin\omega t + b\cos\omega t = \lambda_y\sin(\omega t + \beta_y) \\ S_x = c\sin\omega t + d\cos\omega t = \lambda_x\sin(\omega t + \beta_x) \end{array}\right\} \qquad (3-47)$$

其中
$$\lambda_y = \sqrt{a^2 + b^2}, \ \lambda_x = \sqrt{c^2 + d^2}$$

$$\beta_y = \arctan\frac{b}{a}, \ \beta_x = \arctan\frac{d}{c}$$

式中　a，b，c，d——常数；

$\quad\quad\lambda_y$，λ_x——y 方向与 x 方向的振幅；

$\quad\quad\beta_y$，β_x——y 方向与 x 方向的初相角；

$\quad\quad\omega$——角速度；

$\quad\quad t$——时间。

工作面的速度和加速度可由式(3-47)导出

$$\left.\begin{array}{l} v_y = \omega a\cos \omega t - \omega b\sin \omega t = \omega\lambda_y\cos\ (\omega t + \beta_y) \\ v_x = \omega c\cos \omega t - \omega d\sin \omega t = \omega\lambda_x\cos\ (\omega t + \beta_x) \\ a_y = -\omega^2 a\sin \omega t - \omega^2 b\cos \omega t = -\omega^2\lambda_y\sin\ (\omega t + \beta_y) \\ a_x = -\omega^2 c\sin \omega t - \omega^2 d\cos \omega t = -\omega^2\lambda_x\sin\ (\omega t + \beta_x) \end{array}\right\} \qquad (3-48)$$

图 3-11 示出了椭圆振动筛工作面的位移曲线。

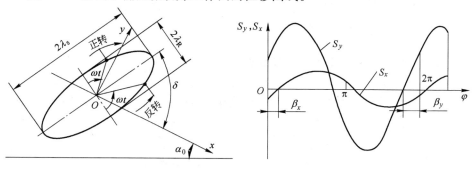

(a)　　　　　　　　　　　　　　　　　　　(b)

图 3-11　椭圆振动筛工作面的位移曲线
（a）工作面运动轨迹；（b）y 方向与 x 方向的位移曲线

从式（3-47）和式（3-48）可看出，圆运动振动机和直线振动机是椭圆运动振动机的一种特殊情况。

对于圆运动振动机，当式（3-47）中的 $\beta_x = \beta_y - \dfrac{\pi}{2}$，即 $\dfrac{b}{a} = -\dfrac{c}{d}$，而且满足以下条件：$\sqrt{a^2 + b^2} = \sqrt{c^2 + d^2} = \lambda$。这时方程（3-47）便转化为以下圆运动方程：

$$\left.\begin{array}{l} S_y = \lambda\sin\ (\omega t + \beta_y) = \lambda\sin \omega t' \\ S_x = -\lambda\cos\ (\omega t + \beta_y) = -\lambda\cos \omega t' \end{array}\right\} \qquad (3-49)$$

其中
$$\omega t' = \omega t + \beta_y$$

对于直线振动机，当 $\beta_y = \beta_x$，即 $\dfrac{b}{a} = \dfrac{d}{c}$ 时，式（3-47）可化为以下振动方程：

$$\left.\begin{array}{l} S_y = \lambda\sin \delta\sin\ (\omega t + \beta_y) = \lambda\sin \delta\sin \omega t' \\ S_x = \lambda\cos \delta\sin\ (\omega t + \beta_x) = \lambda\cos \delta\sin \omega t' \end{array}\right\} \qquad (3-50)$$

其中
$$\omega t' = \omega t + \beta_y = \omega t + \beta_x$$
$$\lambda = \sqrt{\lambda_y^2 + \lambda_x^2} = \sqrt{a^2 + b^2 + c^2 + d^2}$$
$$\delta = \arctan \frac{\lambda_y}{\lambda_x} = \arctan \sqrt{\frac{a^2 + b^2}{c^2 + d^2}}$$

因此，只需对椭圆运动振动筛物料的运动过程进行分析研究，所得结果也适用于圆运动和直线运动的振动筛。

在椭圆运动的振动筛中，根据运动学参数的大小，物料可以出现以下与直线振动筛相同的四种基本运动形式：相对静止、正向滑动、反向滑动和抛掷运动。并且由上述各种运动形式组成了物料运动的各种状态。这些运动状态可分为两类：滑行运动与抛掷运动。

3.2.2 物料滑行运动的理论

3.2.2.1 物料滑行运动的初始条件

在椭圆运动振动筛中，由于工作面的加速度公式与直线振动机不同，正向滑行指数 D_k 和反向滑行指数 D_q 也不一致。但是物料沿 x 方向的惯性力和重力分力之和的公式，与式(3-5)相同，物料作用于工作面上的正压力公式，也和式(3-6)一样，极限摩擦力也可以表示为式(3-7)的形式。

将式(3-48)中加速度 a_y、a_x 代入式(3-5)和式(3-6)，取 $\Delta\ddot{y}$ 和 $\Delta\ddot{x}$ 等于零，并令式(3-5)所示的惯性力和重力分力的合力 F 与式(3-7)的极限摩擦力 F_0 相等，便得

$$m\omega^2(c\sin\omega t + d\cos\omega t) + G\sin\alpha_0 \mp f_s[-m\omega^2(a\sin\omega t + b\cos\omega t) + G\cos\alpha_0] = 0$$

$$(3-51)$$

A 物料正向滑动的初始条件

由式(3-51)知，物料颗粒沿工作面开始正向滑动时的临界条件为：

$$m\omega^2(c\sin\omega t + d\cos\omega t) + G\sin\alpha_0 - f_s[-m\omega^2(a\sin\omega t + b\cos\omega t) + G\cos\alpha_0] = 0$$

$$(3-52)$$

将式(3-52)化简，便可求出椭圆振动筛的名义正向滑始角 φ_{k0} 为：

$$\varphi_{k0} = \arcsin\frac{1}{D_{k0}} \qquad (3-53)$$

其中

$$\left.\begin{array}{l} D_{k0} = \dfrac{\omega^2\lambda_{k0}}{g\sin(\mu_s - \alpha_0)} \\[3mm] \lambda_{k0} = \dfrac{a\sin\mu_s + c\cos\mu_s}{\cos\rho_{k0}} \\[3mm] \rho_{k0} = \arctan\dfrac{b\sin\mu_s + d\cos\mu_s}{a\sin\mu_s + c\cos\mu_s} \end{array}\right\} \qquad (3-54)$$

式中 D_{k0}——正向滑行指数；

λ_{k0}——正向滑行的计算振幅；

ρ_{k0}——正向滑行的计算相角。

正向滑始角 ωt_{k0} 可按下式计算：

$$\omega t_{k0} = \varphi_{k0} - \rho_{k0} \tag{3-55}$$

式中　t_{k0}——正向滑始时间。

若正向滑行指数 $D_{k0} \leqslant 1$ 时，物料不能出现正向滑动。当 $D_{k0} > 1$ 时，则 φ_{k0} 有解，物料可以出现正向滑动，物料可能出现正向滑动的区间为 $\varphi_{k0} \sim (180° - \varphi_{k0})$。

B　物料反向滑动的初始条件

由式(3-51)知，物料颗粒沿工作面开始反向滑动时的临界条件为：

$$m\omega^2 (c\sin \omega t + d\cos \omega t) + G\sin \alpha_0 + f_s [-m\omega^2 (a\sin \omega t + b\cos \omega t) + G\cos \alpha_0] = 0 \tag{3-56}$$

将式(3-56)化简，便可求出椭圆振动筛的名义反向滑始角 φ_{q0} 为：

$$\varphi_{q0} = \arcsin \frac{1}{D_{q0}} \tag{3-57}$$

其中

$$\left. \begin{array}{l} D_{q0} = \dfrac{\omega^2 \lambda_{q0}}{g\sin (\mu_s + \alpha_0)} \\[4mm] \lambda_{q0} = \dfrac{-a\sin \mu_s + c\cos \mu_s}{\cos \rho_{q0}} \\[4mm] \rho_{q0} = \arctan \dfrac{-b\sin \mu_s + d\cos \mu_s}{-a\sin \mu_s + c\cos \mu_s} \end{array} \right\} \tag{3-58}$$

式中　D_{q0}——反向滑行指数；

　　　λ_{q0}——反向滑行的计算振幅；

　　　ρ_{q0}——反向滑行的计算相角。

反向滑始角 ωt_{q0} 可按下式计算：

$$\omega t_{q0} = \varphi_{q0} - \rho_{q0} \tag{3-59}$$

式中　t_{q0}——反向滑始时间。

当反向滑行指数 $D_{q0} \leqslant 1$ 时，物料不能出现反向滑动；当 $D_{q0} > 1$ 时，物料可以出现反向滑动，出现反向滑动的区间为 $\varphi_{q0} \sim (540° - \varphi_{q0})$。

前面得出的椭圆运动振动筛的正向滑行指数 D_{k0} 与反向滑行指数 D_{q0}，也适应于圆周运动和直线运动的振动筛。

对于圆运动振动机，当 $b = c = 0$，$a = -d = \lambda$ 时，则式(3-54)中的 $\rho_{k0} = \mu_s - \dfrac{\pi}{2}$，$\lambda_{k0} = \lambda$，式(3-58)中的 $\rho_{q0} = -\left(\mu_s + \dfrac{\pi}{2}\right)$，$\lambda_{q0} = \lambda$，所以正向滑行指数与反向滑行指数分别为

$$D_{k0} = -\frac{\omega^2 \lambda}{g\sin(\mu_s - \alpha_0)}, \; D_{q0} = -\frac{\omega^2 \lambda}{g\sin(\mu_s + \alpha_0)} \tag{3-60}$$

对于直线振动机，当 $b = d = 0$，$\sqrt{a^2 + c^2} = \lambda$，$\frac{a}{c} = \tan\delta$ 时，则式(3-54)的 $\rho_{k0} = 0$，$\lambda_{k0} = \lambda\cos(\mu_s - \delta)$，式(3-58)的 $\rho_{q0} = 0$，$\lambda_{q0} = \lambda\cos(\mu_s + \delta)$，正向滑行指数与反向滑行指数分别为：

$$D_{k0} = \frac{\omega^2 \lambda \cos(\mu_s - \delta)}{g\sin(\mu_s - \alpha_0)}, \; D_{q0} = \frac{\omega^2 \lambda \cos(\mu_s + \delta)}{g\sin(\mu_s + \alpha_0)} \tag{3-61}$$

式(3-61)与式(3-11)的结果相同。

对于在滑行运动状态下工作的椭圆振动机，正向滑行指数 D_{k0} 可在 2~3 范围内选取，反向滑行指数可取 $D_{q0} \approx 1$。

根据所选取的 D_{k0} 与 D_{q0}，再按下式计算所需的振动次数 n（r/min）：

$$\left. \begin{aligned} n &= 30\sqrt{\frac{gD_{k0}\sin(\mu_s - \alpha_0)}{\pi^2 \lambda_{k0}}} \\ n &= 30\sqrt{\frac{gD_{q0}\sin(\mu_s + \alpha_0)}{\pi^2 \lambda_{q0}}} \end{aligned} \right\} \tag{3-62}$$

若事先选定振动次数 n，则所需的名义振幅可按下式计算：

$$\left. \begin{aligned} \lambda_{k0} &= \frac{900gD_{k0}\sin(\mu_s - \alpha_0)}{n^2 \pi^2} \\ \lambda_{q0} &= \frac{900gD_{q0}\sin(\mu_s + \alpha_0)}{n^2 \pi^2} \end{aligned} \right\} \tag{3-63}$$

3.2.2.2 物料滑行运动的终止条件

A 正向滑动的终止条件

将椭圆运动振动机的加速度 a_y、a_x 代入式(3-18)中，进而可求出物料正向滑动的相对速度如下：

$$\Delta\dot{x}_k = g(\sin\alpha_0 - f\cos\alpha_0)\frac{\varphi - \varphi_k}{\omega} + f\lambda_y\omega[\cos(\omega t + \beta_y) - \cos(\omega t_k + \beta_y)] +$$

$$\lambda_x\omega\cos(\omega t_k + \beta_x) - \lambda_x\omega\cos(\omega t + \beta_x) \tag{3-64}$$

其中

$$\omega t_k = \varphi_k - \rho_k, \; \varphi_k = \arcsin\frac{1}{D_k} \right\}$$

$$\left. \begin{aligned} D_k &= \frac{\omega^2 \lambda_k}{g\sin(\mu - \alpha_0)}, \; \lambda_k = \frac{a\sin\mu + c\cos\mu}{\cos\rho_k} \\ \rho_k &= \arctan\frac{b\sin\mu + d\cos\mu}{a\sin\mu + c\cos\mu} \end{aligned} \right\} \tag{3-65}$$

式中　ωt_k——假想正向滑始角；

　　　φ_k——假想名义正向滑始角；

　　　D_k——假想正向滑行指数；

　　　λ_k——按动摩擦角计算的正向滑行振幅；

　　　ρ_k——按动摩擦角计算的正向滑行相角。

式(3 – 64)化简后得：

$$\Delta \dot{x}_k = \frac{\omega \lambda_k}{\cos \mu} [\cos \varphi_k' - \cos \varphi - \sin \varphi_k (\varphi - \varphi_k')] \tag{3 – 66}$$

当正向滑动的相对速度 $\Delta \dot{x}_k$ 达到零值时，正向滑动才告终止。与直线振动机相同，椭圆振动筛工作面上物料滑动的终止条件为：

$$\tan \varphi_k' = \frac{1 - \cos \theta_k}{\dfrac{\sin \varphi_k}{\sin \varphi_k'} \theta_k - \sin \theta_k} = \frac{1 - \cos 2\pi i_k}{\dfrac{\sin \varphi_k}{\sin \varphi_k'} 2\pi i_k - \sin 2\pi i_k} \tag{3 – 67}$$

其中

$$\theta_k = \varphi_m' - \varphi_k', \quad i_k = \frac{\theta_k}{2\pi}$$

式中所有符号与式(3 – 22)相同。

当 φ_k'、φ_k 已知时，可以利用图 3 – 3 查出正向滑动角 θ_k 以及正向滑止角 φ_m'，进而可计算出正向滑行系数 i_k。

B　反向滑动的终止条件

将椭圆运动振动机的加速度 a_y、a_x 代入式(3 – 18)中，进而可求出物料反向滑动的相对速度如下：

$$\Delta \dot{x}_q = g(\sin \alpha_0 + f\cos \alpha_0) \frac{\varphi - \varphi_q}{\omega} + f\lambda_y \omega [\cos (\omega t + \beta_y) - \cos (\omega t_q + \beta_y)] +$$

$$\lambda_x \omega \cos (\omega t_q + \beta_x) - \lambda_x \omega \cos (\omega t + \beta_x) \tag{3 – 68}$$

$$\omega t_q = \varphi_q - \rho_q, \quad \varphi_q = \arcsin \frac{-1}{D_q}$$

其中

$$D_q = \frac{\omega^2 \lambda_q}{g\sin (\mu + \alpha_0)}, \lambda_q = \frac{-a\sin \mu + c\cos \mu}{\cos \rho_q} \tag{3 – 69}$$

$$\rho_q = \arctan \frac{-b\sin \mu + d\cos \mu}{-a\sin \mu + c\cos \mu}$$

式中　ωt_q——假想反向滑始角；

　　　φ_q——假想名义反向滑始角；

　　　D_q——假想反向滑行指数；

　　　λ_q——按动摩擦角计算的反向滑行振幅；

　　　ρ_q——按动摩擦角计算的反向滑行相角。

式(3-68)化简后，则得：

$$\Delta \dot{x}_q = \frac{\omega \lambda_q}{\cos \mu} [\cos \varphi'_q - \cos \varphi - \sin \varphi_q (\varphi - \varphi'_q)] \tag{3-70}$$

当反向滑动的相对速度 $\Delta \dot{x}_q$ 达到零值时，反向滑动才告终止。与直线振动机相同，椭圆振动筛工作面上物料滑动的终止条件为：

$$\tan \varphi'_q = \frac{1 - \cos \theta_q}{\dfrac{\sin \varphi_q}{\sin \varphi'_q} \theta_q - \sin \theta_q} = \frac{1 - \cos 2\pi i_q}{\dfrac{\sin \varphi_q}{\sin \varphi'_q} 2\pi i_q - \sin 2\pi i_q} \tag{3-71}$$

其中

$$\theta_q = \varphi'_e - \varphi'_q, \quad i_q = \frac{\theta_q}{2\pi}$$

式中所有符号意义与式 (3-26) 相同。

当 φ'_q、φ_q 已知时，可以利用图3-3查出反向滑动角 θ_q 以及反向滑止角 φ'_e，进而可计算出反向滑行系数 i_q。

3.2.2.3 正向滑动与反向滑动的平均速度

相对速度 $\Delta \dot{x}_k$、$\Delta \dot{x}_q$ 积分后，可求得每次正向滑动及反向滑动物料对工作面的相对位移为：

$$\begin{aligned}
\Delta x_k &= \frac{\lambda_k}{\cos \mu} \int_{\varphi'_k}^{\varphi'_m} [-\cos \varphi + \cos \varphi'_k - \sin \varphi_k (\varphi - \varphi'_k)] d\varphi \\
&= \frac{\lambda_k}{\cos \mu} \left[-(\sin \varphi'_m - \sin \varphi'_k) + \cos \varphi'_k (\varphi'_m - \varphi'_k) + \sin \varphi_k \frac{(\varphi'_m - \varphi'_k)^2}{2} \right] \\
&= \frac{\lambda_k}{\cos \mu} \left[\frac{b'^2_m - b'^2_k}{2b_k} - (b'_m - b'_k) \right]
\end{aligned} \tag{3-72}$$

其中

$$b'_k = \sin \varphi'_k, \quad b_k = \sin \varphi_k$$
$$b'_m = \sin \varphi'_m, \quad \varphi'_m = \varphi'_k + \theta_k$$

$$\begin{aligned}
\Delta x_q &= \frac{\lambda_q}{\cos \mu} \int_{\varphi'_q}^{\varphi'_e} [-\cos \varphi + \cos \varphi'_q - \sin \varphi_q (\varphi - \varphi'_q)] d\varphi \\
&= \frac{\lambda_q}{\cos \mu} \left[\frac{b'^2_e - b'^2_q}{2b_q} - (b'_e - b'_q) \right]
\end{aligned} \tag{3-73}$$

其中

$$b'_q = \sin \varphi'_q, \quad b_q = \sin \varphi_q$$
$$b'_e = \sin \varphi'_e, \quad \varphi'_e = \varphi'_q + \theta_q$$

物料正向滑动的理论平均速度为：

$$v_k = \frac{\Delta x_k}{\dfrac{2\pi}{\omega}} = \omega \lambda_k \frac{P_{km}}{2\pi \cos \mu} \tag{3-74}$$

其中

$$P_{km} = \frac{b'^2_m - b'^2_k}{2b_k} - (b'_m - b'_k)$$

物料反向滑动的理论平均速度为:

$$v_q = \frac{\Delta x_q}{\dfrac{2\pi}{\omega}} = \omega \lambda_q \frac{P_{qe}}{2\pi \cos \mu} \qquad (3-75)$$

其中

$$-P_{qe} = \frac{b'^2_e - b'^2_q}{2b_q} - (b'_e - b'_q)$$

正向滑动及反向滑动的速度系数 P_{km} 和 P_{qe} 按照 φ'_k、φ_k、φ'_q、φ_q 由图 3-3 直接查出。

物料滑行的理论平均速度为:

$$v_{kq} = v_k + v_q \qquad (3-76)$$

3.2.3 物料抛掷运动的理论

3.2.3.1 物料抛掷运动的初始条件

当物料开始出现抛掷运动的瞬时,沿 y 方向的相对加速度 $\Delta \ddot{y} = 0$,正压力 $F_n = 0$,将式(3-48)的 a_y 代入式(3-6)中,得

$$F_n = -\frac{G}{g} \omega^2 \lambda_y \sin \varphi_{dy} + G \cos \alpha_0 = 0$$

$$\varphi_{dy} = \omega t_{dy} + \beta_y \qquad (3-77)$$

式中 φ_{dy}——名义抛始角;

ωt_{dy}——抛始角。

根据式(3-77),可求出名义抛始角为:

$$\varphi_{dy} = \arcsin \frac{1}{D} \qquad (3-78)$$

而抛掷指数 D 为:

$$D = \frac{\omega^2 \lambda_y}{g \cos \alpha_0} \qquad (3-79)$$

抛始角 ωt_{dy} 可由下式求出:

$$\omega t_{dy} = \varphi_{dy} - \beta_y \qquad (3-80)$$

当抛掷指数 $D < 1$, φ_{dy} 无解,物料不能出现抛掷运动;当 $D > 1$ 时,物料可以出现抛掷运动。选定抛掷指数 D 以后,椭圆振动筛的振动次数 n 或垂直方向振幅 λ_y 可按下式计算:

$$n = 30 \sqrt{\frac{gD \cos \alpha_0}{\pi^2 \lambda_y}}$$

或

$$\lambda_y = \frac{900 g D \cos \alpha_0}{\pi^2 n^2} \qquad (3-81)$$

椭圆振动筛的抛掷指数 D 的计算公式(3-79)，对圆运动振动筛和直线振动筛也是适应的。对于圆运动振动机，当 $b = c = 0$，$\beta_y = 0$，$\lambda_y = \lambda$，则可由式(3-78)得抛掷指数：

$$D_{圆} = \frac{\omega^2 \lambda}{g \cos \alpha_0} \qquad (3-82)$$

对于直线振动机，当 $b = d = 0$，$\beta_y = 0$，$\lambda_y = \lambda \sin \delta$，由式(3-78)得抛掷指数：

$$D_{直} = \frac{\omega^2 \lambda \sin \delta}{g \cos \alpha_0} \qquad (3-83)$$

当振动筛的运动学参数确定以后，即可按式(3-78)、式(3-82)和式(3-83)计算出抛掷指数，进而按式(3-78)计算出名义抛始角 φ_{dy}，此值通常在 $0° \sim 180°$ 的范围内。

3.2.3.2 物料抛掷运动的终止条件

由于物料出现抛掷运动，正压力 $F_n = 0$，物料沿 y 方向相对运动方程式可写为：

$$m\Delta\ddot{y} = -G\cos\alpha_0 - ma_y = -G\cos\alpha_0 + m\omega^2\lambda_y\sin\varphi_y$$

$$\varphi_y = \omega t + \beta_y \qquad (3-84)$$

相对加速度 $\Delta\ddot{y}$ 对时间 t 积分二次，即得相对位移为：

$$\Delta y = \lambda_y\left[\sin\varphi_{dy} - \sin\varphi_y + \cos\varphi_{dy}(\varphi_y - \varphi_{dy}) - \frac{1}{2}\sin\varphi_{dy}(\varphi_y - \varphi_{dy})^2\right]$$

$$(3-85)$$

当 $\varphi_y = \varphi_{zy}$（φ_{zy} 为物料的抛止角）时，$\Delta y = 0$，抛掷运动即告终止，由式(3-85)化简得：

$$\cot\varphi_{dy} = \frac{\dfrac{\theta_d^2}{2} - (1 - \cos\theta_d)}{\theta_d - \sin\theta_d}$$

$$\theta_d = \varphi_{zy} - \varphi_{dy} \qquad (3-86)$$

式中　θ_d——抛离角。

和直线振动机相同，可以将式(3-86)化为抛掷指数 D 与抛离系数 $i_D = \dfrac{\theta_d}{2\pi}$ 的关系式，即

$$D = \sqrt{\left(\frac{2\pi^2 i_D^2 + \cos 2\pi i_D - 1}{2\pi i_D - \sin 2\pi i_D}\right)^2 + 1} \qquad (3-87)$$

按照式(3-86)和式(3-87)，可以作出 φ_{dy} 与 θ_d 及 D 与 i_D 的关系曲线（见图3-7）。当名义抛始角 φ_{dy} 已知时，可由图3-6查出抛离角 θ_d；或当抛掷指数

D 已知时，可由图 3 - 7 查出抛离系数 i_D。

当物料每次跳动的时间等于振动筛的一个振动周期，即 $i_D = 1$，$\theta_d = 360°$，$D = 3.3$ 时，则可求出物料抛掷运动的第一临界振动次数为：

$$n_{01} = 54 \sqrt{\frac{g\cos \alpha_0}{\pi^2 \lambda_y}} \qquad (3-88)$$

当物料每次跳动的时间等于振动筛的两个或三个振动周期，即 $i_D = 2$、3，$\theta_d = 720°$，$1080°$ 时，可由图 3 - 7 查出 $D = 6.36$、9.48，进而可相应地求出第二和第三临界振动次数为：

$$n_{02} = 75 \sqrt{\frac{g\cos \alpha_0}{\pi^2 \lambda_y}} , n_{03} = 95 \sqrt{\frac{g\cos \alpha_0}{\pi^2 \lambda_y}} \qquad (3-89)$$

目前大多数振动筛的振动次数 n 稍小于第一临界振动次数 n_{01}，或抛掷指数 D 稍小于 3.3。

3.2.3.3　物料抛掷运动的理论平均速度

椭圆振动筛工作面上物料沿 x 方向的相对加速度可由式(3 - 90)表示：

$$\Delta \ddot{x} = g\sin \alpha_0 - a_x = g\sin \alpha_0 + \omega^2 \lambda_x \sin\varphi_x$$
$$\varphi_x = \omega t + \beta_x \qquad (3-90)$$

对 $\Delta \ddot{x}$ 积分两次，并以 φ_{dx} 代替 φ，便可求得每次抛掷运动的相对位移为：

$$\Delta x_d = \lambda_x(-\sin \varphi_{zx} + \sin \varphi_{dx} + \theta_d \cos \varphi_{dx}) + \frac{g\sin \alpha_0}{2\omega^2}\theta_d^2$$

或　$\Delta x_d = \lambda_x[\sin \varphi_{dx}(1 - \cos \theta_d) + \cos \varphi_{dx}(\theta_d - \sin \theta_d)] + \frac{\theta_d^2}{2}\lambda_y \tan \alpha_0 \sin \varphi_{dy}$

$$\varphi_{dx} = \omega t_d + \beta_x, \varphi_{zx} = \omega t_z + \beta_x = \varphi_{dx} + \theta_d$$
$$\theta_d = \varphi_{zx} - \varphi_{dx} = \varphi_{zy} - \varphi_{dy} = 2\pi i_D \qquad (3-91)$$

上式中 θ_d 用 $2\pi i_D$ 来代替，便得：

$$\Delta x_d = \lambda_x[-\sin (\varphi_{dx} + 2\pi i_D) + \sin \varphi_{dx} + 2\pi i_D\cos \varphi_{dx}] + \frac{2\pi^2 i_D^2}{D}\lambda_y \tan \alpha_0$$
$$(3-92)$$

或　$\Delta x_d = \lambda_x[\sin \varphi_{dx}(1 - \cos 2\pi i_D) + \cos \varphi_{dx}(2\pi i_D - \sin 2\pi i_D)] + \frac{2\pi^2 i_D^2}{D}\lambda_y \tan \alpha_0$

$$\varphi_{dx} = \omega t_d + \beta_x - \beta_y + \beta_y = \varphi_{dy} + \beta_x - \beta_y = \arcsin \frac{1}{D} + \beta_x - \beta_y$$

物料抛掷运动的理论平均速度

$$v_d = \frac{\Delta x_d}{\frac{2\pi}{\omega}} = \frac{\omega\lambda_x}{2\pi}[-\sin (\varphi_{dx} + \theta_d) + \sin \varphi_{dx} + \theta_d\cos \varphi_{dx}] + \frac{\theta_d^2}{4\pi D}\omega\lambda_y \tan \alpha_0$$

$$= \frac{\omega\lambda_x}{2\pi}[-\sin (\varphi_{dx} + 2\pi i_D) + \sin \varphi_{dx} + 2\pi i_D\cos \varphi_{dx}] + \frac{\pi i_D^2}{D}\omega\lambda_y \tan \alpha_0 \qquad (3-93)$$

或　　$v_d = \dfrac{\omega\lambda_x}{\dfrac{2\pi}{\omega}}\big[\sin\varphi_{dx}(1-\cos\theta_d)+\cos\varphi_{dx}(\theta_d-\sin\theta_d)\big]+\dfrac{\theta_d}{4\pi D}\omega\lambda_y\tan\alpha_0$

$$=\frac{\omega\lambda_x}{2\pi}\big[\sin\varphi_{dx}(1-\cos 2\pi i_D)+\cos\varphi_{dx}(2\pi i_D-\sin 2\pi i_D)\big]+\frac{\pi i_D^2}{D}\omega\lambda_y\tan\alpha_0$$

还可以将上式化为以下形式：

$$v_d = \frac{\omega\lambda_x\cos(\beta_x-\beta_y)}{2\pi D}\Big\{(\theta_d-\sin\theta_d)\big[\sqrt{D^2-1}-\tan(\beta_x-\beta_y)\big]+$$

$$(1-\cos\theta_d)\big[1+\sqrt{D^2-1}\tan(\beta_x-\beta_y)\big]\Big\}+\frac{\theta_d^2}{4\pi D}\omega\lambda_y\tan\alpha_0 \quad (3-94)$$

椭圆振动机物料理论平均速度的公式，也适用于圆运动振动机和直线振动机。

在椭圆振动筛中，物料做抛掷运动的各种运动状态与直线振动筛相似，这里不再重复。

3.2.3.4　抛掷运动下落时的相对冲击速度

物料下落时对工作面的相对冲击速度可按下式计算：

$$\Delta\dot{y} = \lambda_y\omega\Big(\cos\varphi_{dy}-\cos\varphi_{zy}-g\cos\alpha_0\frac{\theta_d}{\omega^2\lambda_y}\Big)$$

将上式化简，可得

$$\Delta\dot{y} = \frac{g\cos\alpha_0}{\omega}\big[\sqrt{D^2-1}(1-\cos\theta_d)-(\theta_d-\sin\theta_d)\big]$$

$$=\frac{g\cos\alpha_0}{\omega}\big[\sqrt{D^2-1}(1-\cos 2\pi i_D)-(2\pi i_D-\sin 2\pi i_D)\big]$$

$$(3-95)$$

由式(3-95)可知相对冲击速度与抛掷指数的关系。对于不要求破碎的易碎物料，应选取相对冲击速度较小情况下的抛掷指数 D，这样可以减少物料在筛分与运送过程中的破碎。

3.3　振动离心脱水机物料运动的理论

煤炭工业中应用的振动离心脱水机用于细粒煤和煤泥的脱水。振动离心脱水机有立式和卧式两种。它们的主轴分别为立式和卧式安装，工作面为带有筛孔的截锥筛篮。截锥筛篮内部需要脱水的物料在离心力的作用下，其中水分从截锥筛篮的筛孔中甩出。由于截锥筛篮的轴向振动，物料将从截锥筛篮的小端逐渐向大端移动，并从大端排出。

物料在截锥筛篮内的受力情况如图 3-12 所示。

分析振动离心脱水机中物料的运动，通常先从部分物料的颗粒着手，然后通过试验，对理论分析的结果加以修正。

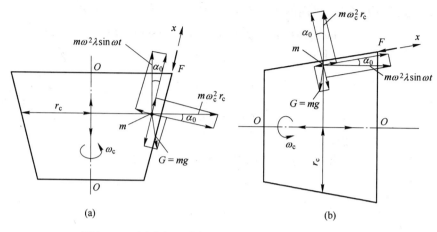

图 3 - 12　振动离心脱水机截锥筛篮内的物料受力分析

(a) 立式振动离心脱水机；(b) 卧式振动离心脱水机

3.3.1　立式振动离心脱水机物料运动的理论

当振动离心机脱水中的物料与筛篮一起运动而无相对运动时，作用于物料上的力有：物料随筛篮一起转动而产生的惯性力 $F_g = m\omega_c^2 r_c$（m 为物料质量，ω_c 为筛篮回转的角速度，r_c 为物料所在位置的半径）；物料本身的重力 $G = mg$（因与离心力相比很小，可忽略）；物料随筛篮纵向振动的惯性力 $F_{zg} = m\omega^2\lambda\sin\omega t$（$\omega$ 为振动圆频率，λ 为振幅）和筛篮对物料的摩擦力。

当物料沿截锥筛篮母线滑动时，假设半径 r_c 变化很小，则物料作用于截锥筛篮面上的正压力为：

$$F_n = m\omega_c^2 r_c \cos\alpha_0 + m(g - \omega^2\lambda\sin\omega t)\sin\alpha_0 \qquad (3-96)$$

而沿筛篮母线方向的惯性力分力与重力分力之和为

$$P = m\omega_c^2 r_c \sin\alpha_0 + m[(\omega^2\lambda\sin\omega t - g)\cos\alpha_0 - \Delta\ddot{x}] \qquad (3-97)$$

式中　α_0——筛篮锥面与轴线的夹角；

　　　　$\Delta\ddot{x}$——物料沿母线方向对筛篮的相对加速度。

筛篮对物料的摩擦力为：

$$F \leqslant f_s[m\omega_c^2 r_c \cos\alpha_0 + m(g - \omega^2\lambda\sin\omega t)\sin\alpha_0] \qquad 当 \Delta\ddot{x} = 0$$

$$F = f[m\omega_c^2 r_c \cos\alpha_0 + m(g - \omega^2\lambda\sin\omega t)\sin\alpha_0] \qquad 当 \Delta\ddot{x} \neq 0$$

式中　f_s——物料对筛篮的静摩擦因数；

　　　　f——物料对筛篮的动摩擦因数。

3.3.1.1　正向滑行指数 D_k、反向滑行指数 D_q 与抛掷指数 D

为了使振动离心脱水机正常有效地工作，物料与筛篮面必须保持经常的接触，也就是物料对筛篮锥面的正压力 F_n 应大于零，即由式（3-96）得：

$$m\omega_c^2 r_c \cos\alpha_0 + m(g - \omega^2\lambda\sin\omega t)\sin\alpha_0 > 0$$

当 $\sin\omega t = 1$ 时，上式左边的值最小，化简后得：

$$m\sin\alpha_0(\omega_c^2 r_c\cot\alpha_0 + g)(1 - D) > 0$$

$$D = \frac{\omega^2\lambda}{\omega_c^2 r_c\cot\alpha_0 + g} \tag{3-98}$$

式中　D——抛掷指数。

由式（3-98）看出，为了使物料与筛篮锥面保持经常接触，抛掷指数 D 应小于1，即

$$D < 1$$

当物料沿 x 方向（图3-12）的惯性力分力和重力分力之和与摩擦力 $f_s F_n$ 相等时，物料便会开始正向滑动与反向滑动，即

$$m\omega_c^2 r_c\sin\alpha_0 + m[(\omega^2\lambda\sin\omega t - g)\cos\alpha_0 - \Delta\ddot{x}] \mp f_s F_n = 0 \tag{3-99}$$

式中，等号左边最后一项的"$-$"号表示正向滑动，"$+$"号表示反向滑动。

将式（3-96）中的 F_n 代入式（3-99），取 $\Delta\ddot{x} = 0$，经化简，可以求得物料开始正向滑动和反向滑动的滑始角 φ_{k0} 和 φ_{q0}，即

$$\left.\begin{array}{l} \varphi_{k0} = \arcsin\dfrac{1}{D_{k0}} \\[3mm] \varphi_{q0} = \arcsin\dfrac{1}{D_{q0}} \\[3mm] D_{k0} = \dfrac{\omega^2\lambda}{\omega_c^2 r_c\tan(\mu_s - \alpha_0) + g} \\[3mm] D_{q0} = \dfrac{\omega^2\lambda}{\omega_c^2 r_c\tan(\mu_s + \alpha_0) - g} \end{array}\right\} \tag{3-100}$$

式中　D_{k0}——正向滑行指数；

　　　 D_{q0}——反向滑行指数。

由式（3-100）看出，正向滑始角 φ_{k0} 在 $0° \sim 180°$ 范围内，而反向滑始角 φ_{q0} 在 $180° \sim 360°$ 范围内。

为了保证振动离心脱水机正常工作，必须取正向滑行指数 $D_{k0} > 1$；由于反向滑行对离心机来说没有实际意义，所以通常取反向滑行指数 $D_{q0} < 1$ 或 $D_{q0} \approx 1$。

3.3.1.2　正向与反向滑行理论平均速度的近似计算

在近似计算正向滑行与反向滑行理论平均速度时，以下面两个假定条件为基础：

（1）物料沿圆周方向相对速度甚小，因而可以忽略；

（2）在每次滑动过程中 r_c 的值变化不大，因而 r_c 可视为常数。

在上述假定的条件下，参照式（3-97），可写出物料颗粒沿筛篮锥面母线方向的运动方程式为：

$$\Delta \ddot{x} = \omega_c^2 r_c \sin \alpha_0 + (\omega^2 \lambda \sin \omega t - g) \cos \alpha_0 \mp$$
$$f[\omega_c^2 r_c \cos \alpha_0 + (-\omega^2 \lambda \sin \omega t + g) \sin \alpha_0] \qquad (3-101)$$

式中　f——物料对工作面的动摩擦因数；

　　　μ——动摩擦角。

根据式（3-101）可求出物料正向滑动和反向滑动的相对速度为：

$$\Delta \dot{x}_k = \frac{\omega \lambda \cos (\mu - \alpha_0)}{\cos \mu} [\cos \varphi_{k0} - \cos \varphi - \sin \varphi_k (\varphi - \varphi_{k0})] \qquad (3-102)$$

其中
$$\sin \varphi_k = \frac{1}{D_k}, \quad D_k = \frac{\omega^2 \lambda}{\omega_c^2 r_c \tan(\mu - \alpha_0) + g}$$

$$\Delta \dot{x}_q = \frac{\omega \lambda \cos (\mu + \alpha_0)}{\cos \mu} [\cos \varphi_{q0} - \cos \varphi - \sin \varphi_q (\varphi - \varphi_{q0})] \qquad (3-103)$$

其中
$$\sin \varphi_q = \frac{1}{D_q}, \quad D_q = \frac{\omega^2 \lambda}{\omega_c^2 r_c \tan (\mu - \alpha_0) - g}$$

式中　φ_k，φ_q——假想正向滑始角与假想反向滑始角；

　　　D_k，D_q——假想正向滑行指数与假想反向滑行指数。

参照上式，当 $\varphi = \varphi_{m0}$ 及 $\varphi = \varphi_{e0}$ 时，可得正向滑行与反向滑行的终结条件为：

$$\left. \begin{array}{l} \cos \varphi_{k0} - \cos \varphi_{m0} - \sin \varphi_k (\varphi_{m0} - \varphi_{k0}) = 0 \\ \cos \varphi_{q0} - \cos \varphi_{e0} - \sin \varphi_q (\varphi_{e0} - \varphi_{q0}) = 0 \end{array} \right\} \qquad (3-104)$$

式中　φ_{m0}——正向滑止角；

　　　φ_{e0}——反向滑止角。

当按式（3-100）和式（3-102）求得正向滑始角 φ_{k0} 及假想正向滑始角 φ_k 后，便可按图 3-3 查出正向滑止角 φ_{m0}，用类似方法可查出反向滑止角 φ_{e0}。

与直线振动筛完全相同，物料每次滑动的相对位移为：

$$\Delta x_k = \int_{\varphi_{k0}}^{\varphi_{m0}} \Delta \dot{x}_k dt = \int_{\varphi_{k0}}^{\varphi_{m0}} \frac{\omega \lambda \cos (\mu - \alpha_0)}{\cos \mu} [\cos \varphi_{k0} - \cos \varphi - \sin \varphi_k (\varphi - \varphi_{k0})] d\varphi$$

$$= \frac{\lambda \cos (\mu - \alpha_0)}{\cos \mu} P_{km} \qquad (3-105)$$

$$\Delta x_q = \int_{\varphi_{q0}}^{\varphi_{e0}} \Delta \dot{x}_q dt = \int_{\varphi_{q0}}^{\varphi_{e0}} \frac{\omega \lambda \cos (\mu + \alpha_0)}{\cos \mu} [\cos \varphi_{q0} - \cos \varphi - \sin \varphi_q (\varphi - \varphi_{q0})] d\varphi$$

$$= -\frac{\lambda \cos (\mu + \alpha_0)}{\cos \mu} P_{qe} \qquad (3-106)$$

式中
$$P_{km} = \frac{\sin^2 \varphi_{m0} - \sin^2 \varphi_{k0}}{2 \sin \varphi_k} - (\sin \varphi_{m0} - \sin \varphi_{k0})$$

$$-P_{qe} = \frac{\sin^2 \varphi_{e0} - \sin^2 \varphi_{q0}}{2 \sin \varphi_q} - (\sin \varphi_{e0} - \sin \varphi_{q0})$$

速度系数 P_{km} 和 P_{qe} 可分别按图 3 - 3 查出。

物料正向滑动与反向滑动的平均速度为:

$$v_k = \omega \lambda \cos \alpha_0 \frac{1}{2\pi}(1 + f\tan\alpha_0)P_{km} \quad (\text{m/s}) \tag{3-107}$$

$$v_q = -\omega \lambda \cos \alpha_0 \frac{1}{2\pi}(1 - f\tan\alpha_0)P_{qe} \quad (\text{m/s}) \tag{3-108}$$

式中 λ——振幅, m;

ω——振动圆频率, rad/s。

用于细粒煤及煤泥脱水的振动离心脱水机, 静摩擦因数 f_s 通常为 $0.4 \sim 0.6$, 动摩擦因数 f 为 $0.15 \sim 0.4$。

3.3.1.3 正向与反向滑行理论平均速度的精确计算

正向滑行与反向滑行理论平均速度的精确计算方法, 考虑了滑行运动过程中半径 r_c 的变化, 即

$$r_c = r_0 + \Delta x \sin \alpha_0 \tag{3-109}$$

式中 r_0——物料开始滑动点的半径;

α_0——筛篮锥面与垂直线的夹角;

Δx——物料滑动后所在位置与初始位置的距离。

将式(3 - 109)的 r_c 代入式(3 - 101)中, 即得物料颗粒沿筛篮锥面母线方向运动的精确方程式:

$$\Delta \ddot{x} = \omega_c^2(r_0 + \Delta x \sin \alpha_0)\sin \alpha_0 + (\omega^2 \lambda \sin \omega t - g)\cos \alpha_0 \mp$$
$$f[\omega_c^2(r_0 + \Delta x \sin \alpha_0)\cos \alpha_0 + (-\omega^2 \lambda \sin \omega t + g)\sin \alpha_0] \tag{3-110}$$

式(3 - 110)中 " - " 号表示正向滑动, " + " 号表示反向滑动。

将式(3 - 110)化简, 可得正向滑动的方程式为:

$$\Delta \ddot{x} + \omega_c^2 \frac{\sin (\mu - \alpha_0)\sin \alpha_0}{\cos \mu} \Delta x$$

$$= -\frac{1}{\cos \mu}[\omega_c^2 r_0 \sin (\mu - \alpha_0) + g\cos (\mu - \alpha_0)] + \frac{\omega^2 \lambda \cos (\mu - \alpha_0)}{\cos \mu}\sin \omega t \tag{3-111}$$

令
$$\omega_0^2 = \omega_c^2 \frac{\sin (\mu - \alpha_0)\sin \alpha_0}{\cos \mu}$$

$$q_0 = -\frac{\cos (\mu - \alpha_0)}{\cos \mu}[\omega_c^2 r_0 \tan(\mu - \alpha_0) + g]$$

$$q = \omega^2 \lambda \, \frac{\cos(\mu - \alpha_0)}{\cos \mu}$$

代入式(3 – 111),得

$$\Delta \ddot{x} + \omega_0^2 \Delta x = q_0 + q \sin \omega t \qquad (3 – 112)$$

式(3 – 112)为二阶线性非齐次微分方程式。由式(3 – 111)看出,对于振动离心脱水机,μ 通常较 α_0 大,所以 ω_0^2 为正值。这时,方程(3 – 112)有以下形式的解,也就是相对位移 Δx 具有以下的表示式:

$$\Delta x = C_1 \sin \omega_0 t + C_2 \cos \omega_0 t + \frac{q_0}{\omega_0^2} + \frac{q}{\omega_0^2 - \omega^2} \sin \omega t \qquad (3 – 113)$$

式中 C_1,C_2——积分常数。

C_1 和 C_2 是由初始条件决定的。当 $\omega t_0 = \varphi_{k0}$ 时,$\Delta x = 0$,$\Delta \dot{x} = 0$,也就是物料开始正向滑动的瞬时,相对位移和相对速度均等于零。将 $t_0 = \dfrac{\varphi_{k0}}{\omega}$ 代入式(3 – 113)中,可得

$$C_1 \sin \omega_0 t_0 + C_2 \cos \omega_0 t_0 + \frac{q_0}{\omega_0^2} + \frac{q}{\omega_0^2 - \omega^2} \sin \omega t_0 = 0 \qquad (3 – 114a)$$

及

$$C_1 \omega_0 \cos \omega_0 t_0 - C_2 \omega_0 \sin \omega_0 t_0 + \frac{q}{\omega_0^2 - \omega^2} \omega \cos \omega t_0 = 0 \qquad (3 – 114b)$$

由上式可联立解出:

$$C_1 = -\frac{1}{\omega_0} \left[\left(\frac{q_0}{\omega_0^2} + \frac{q}{\omega_0^2 - \omega^2} \sin \omega t_0 \right) \omega_0 \sin \omega_0 t_0 + \frac{q\omega}{\omega_0^2 - \omega^2} \cos \omega_0 t_0 \cos \omega t_0 \right]$$

$$(3 – 115a)$$

$$C_2 = -\frac{1}{\omega_0} \left[\left(\frac{q_0}{\omega_0^2} + \frac{q}{\omega_0^2 - \omega^2} \sin \omega t_0 \right) \omega_0 \cos \omega_0 t_0 - \frac{q\omega}{\omega_0^2 - \omega^2} \sin \omega_0 t_0 \cos \omega t_0 \right]$$

$$(3 – 115b)$$

将 C_1 和 C_2 代入式(3 – 113)并化简,得:

$$\Delta x = \frac{q_0}{\omega_0^2} [1 - \cos \omega_0(t - t_0)] - \frac{q}{\omega_0^2 - \omega^2} \times$$

$$\left[\sin \omega t_0 \cos \omega_0(t - t_0) + \frac{\omega}{\omega_0} \cos \omega t_0 \sin \omega_0(t - t_0) - \sin \omega t \right]$$

$$(3 – 116)$$

而相对滑动速度为:

$$\Delta \dot{x} = \frac{q_0}{\omega_0} \sin \omega_0(t - t_0) + \frac{q}{\omega_0^2 - \omega^2} \big\{ \omega_0 \sin \omega t_0 \sin \omega_0(t - t_0) +$$

$$\omega[\cos \omega t - \cos \omega t_0 \cos \omega_0(t - t_0)] \big\}$$

$$(3 – 117)$$

当 $t = t_m = \dfrac{\varphi_m}{\omega}$ 时，正向滑动才告终止，将 t_m 代替式(3-117)中的 t，取 $\Delta \dot{x} = 0$，得正向滑动的终止条件为：

$$\cos \varphi_m - \cos \varphi_{k0} \cos \frac{\omega_0}{\omega}(\varphi_m - \varphi_{k0}) + \frac{\omega_0}{\omega} \sin \varphi_{k0} \sin \frac{\omega_0}{\omega}(\varphi_m - \varphi_{k0}) +$$

$$\frac{q_0}{q} \frac{\omega_0^2 - \omega^2}{\omega_0^2} \frac{\omega_0}{\omega} \sin \frac{\omega_0}{\omega}(\varphi_m - \varphi_{k0}) = 0$$

或　　$\cos (\varphi_{k0} + \theta_k) = \cos \varphi_{k0} \cos \dfrac{\omega_0}{\omega} \theta_k - \dfrac{\omega_0}{\omega} \left(\sin \varphi_{k0} + \dfrac{q_0}{q} \dfrac{\omega_0^2 - \omega^2}{\omega_0^2} \right) \sin \dfrac{\omega_0}{\omega} \theta_k$

$$(3-118)$$

其中　　　　　　　　　　　　$\theta_k = \varphi_m - \varphi_{k0}$

式中　φ_m——正向滑止角；

　　　θ_k——正向滑动角。

正向滑始角 φ_{k0} 可由式(3-100)求出：

$$\varphi_{k0} = \arcsin \frac{1}{D_{k0}}, \quad D_{k0} = \frac{\omega^2 \lambda}{\omega_c^2 r_0 \tan (\mu_s - \alpha_0) + g} = -\frac{q}{q_0}$$

当 $\dfrac{\omega_0}{\omega}$ 很小时，则式(3-118)可化简为：

$$\cos (\varphi_{k0} + \theta_k) = \cos \varphi_{k0} - \theta_k \sin \varphi_k \qquad (3-119)$$

其中　　$\varphi_k = \arcsin \dfrac{1}{D_k}, D_k = \dfrac{\omega^2 \lambda}{\omega_c^2 r_0 \tan(\mu - \alpha_0) + g} = -\dfrac{q}{q_0} \qquad (3-120)$

当 φ_{k0} 与 φ_k 按式(3-100)和式(3-120)求出后，滑动角 θ_k 和滑止角 φ_m 可按图 3-3 查出。

正向滑动的相对位移由式(3-116)得：

$$\Delta x_k = \frac{\lambda \omega^2 \cos (\mu - \alpha_0)}{(\omega^2 - \omega_0^2) \cos \mu} \left[\frac{\omega}{\omega_0} \cos \varphi_{k0} \sin \frac{\omega_0}{\omega} \theta_k + \left(\sin \varphi_{k0} + \frac{\omega^2 - \omega_0^2}{\omega_0^2 D_k} \right) \times \right.$$

$$\left. \cos \frac{\omega_0}{\omega} \theta_k - \sin (\varphi_{k0} + \theta_k) - \frac{\omega^2 - \omega_0^2}{\omega_0^2 D_k} \right] \qquad (3-121)$$

当 $\omega^2 \gg \omega_0^2$ 时，则上式可简化为：

$$\Delta x_k = \frac{\lambda \cos (\mu - \alpha_0)}{\cos \mu} \left[\theta_k \cos \varphi_{k0} + \sin \varphi_{k0} - \sin (\varphi_{k0} + \theta_k) - \frac{\theta_k^2}{2} \sin \varphi_k \right]$$

$$= \frac{\lambda \cos (\mu - \alpha_0)}{\cos \mu} P_{km} \qquad (3-122)$$

这一结果与重力场中直线振动机正向滑动平均速度的计算公式是相似的。因此，只要计算出 φ_{k0} 和 φ_k，便可求出正向滑动的相对位移 Δx_k。

当精确计算时，正向滑动的物料平均速度为：

$$v_k = \frac{\Delta x_k}{\frac{2\pi}{\omega}} = \frac{\lambda\omega^3\cos(\mu-\alpha_0)}{2\pi(\omega^2-\omega_0^2)\cos\mu} \times \left[\frac{\omega}{\omega_0}\cos\varphi_{k0}\sin\frac{\omega_0}{\omega}\theta_k + \left(\sin\varphi_{k0} + \frac{\omega^2-\omega_0^2}{\omega_0^2 D_k}\right) \times\right.$$

$$\left.\cos\frac{\omega_0}{\omega}\theta_k - \sin(\varphi_{k0}+\theta_k) - \frac{\omega^2-\omega_0^2}{\omega_0^2 D_k}\right] \tag{3-123}$$

若用 f 来代替 $\tan\mu$，则式（3-123）可化为：

$$v_k = \lambda\omega\cos\alpha_0\frac{\omega^2}{\omega^2-\omega_0^2}\frac{1+f\tan\alpha_0}{2\pi} \times \left[\frac{\omega}{\omega_0}\cos\varphi_{k0}\sin\frac{\omega_0}{\omega}\theta_k + \left(\sin\varphi_{k0} + \frac{\omega^2-\omega_0^2}{\omega_0^2}\frac{1}{D_k}\right) \times\right.$$

$$\left.\cos\frac{\omega_0}{\omega}\theta_k - \sin(\varphi_{k0}+\theta_k) - \frac{\omega^2-\omega_0^2}{\omega_0^2}\frac{1}{D_k}\right] \tag{3-124}$$

当 $\frac{\omega_0}{\omega}$ 的值已知，且当 $D_k = D_{k0}$，即 $\varphi_k = \varphi_{k0}$ （当 $\mu = \mu_0$ 时），则 θ_k 可由图 3-13（按式（3-118）作出的曲线）查出。

当物料做反向滑动时，其平均速度公式可用相似的方法导出

$$v_q = \lambda\omega\cos\alpha_0\frac{\omega^2}{\omega^2-\omega_0'^2}\frac{1-f\tan\alpha_0}{2\pi}\left[\frac{\omega}{\omega_0'}\cos\varphi_{q0}\sin\frac{\omega_0'}{\omega}\theta_q +\right.$$

$$\left(\sin\varphi_{q0} + \frac{\omega^2-\omega_0'^2}{\omega_0'^2}\frac{1}{D_q}\right)\cos\frac{\omega_0'}{\omega}\theta_q -$$

$$\left.\sin(\varphi_{q0}-\theta_q) - \frac{\omega^2-\omega_0'^2}{\omega_0'^2}\frac{1}{D_q}\right] \tag{3-125}$$

其中

$$\omega_0' = \omega_c^2\frac{\sin(\mu+\alpha_0)\sin\alpha_0}{\cos\mu}$$

$$D_{q0} = \frac{\lambda\omega^2}{\omega_c^2 r_c\tan(\mu_s+\alpha_0) + g}$$

$$\varphi_{q0} = \arcsin\left(-\frac{1}{D_{q0}}\right)$$

$$D_q = \frac{\lambda\omega^2}{\omega_c^2 r_c\tan(\mu+\alpha_0) + g}$$

$$\varphi_q = \arcsin\left(-\frac{1}{D_q}\right)$$

物料运动的实际平均速度为

$$v_m = C_h(v_k + v_q) \tag{3-126}$$

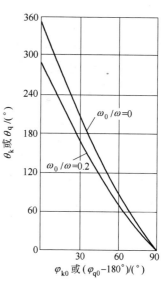

图 3-13 当 $\frac{\omega}{\omega_0} = 0$ 及 0.2 时 φ_{k0} （或 $\varphi_q - 180°$）与 θ_k （或 θ_q）的关系

式中 C_h——物料层的厚度影响系数。

3.3.2 卧式振动离心脱水机物料运动的理论

卧式振动离心脱水机与立式振动离心脱水机物料所受作用力的区别是：在卧式振动离心机中，离心力与重力在同一垂直平面内，因此，式（3-100）的正向滑行指数 D_{k0}、D_k 及反向滑行指数 D_{q0}、D_q 应改写成以下形式

$$\left.\begin{array}{l} D_{k0} = \dfrac{\omega^2 \lambda}{\omega_c^2 r_c + g\sin \omega_c t}\cot(\mu_s - \alpha_0) \\[3mm] D_k = \dfrac{\omega^2 \lambda}{\omega_c^2 r_c + g\sin \omega_c t}\cot(\mu - \alpha_0) \\[3mm] D_{q0} = \dfrac{\omega^2 \lambda}{\omega_c^2 r_c + g\sin \omega_c t}\cot(\mu_s + \alpha_0) \\[3mm] D_q = \dfrac{\omega^2 \lambda}{\omega_c^2 r_c + g\sin \omega_c t}\cot(\mu + \alpha_0) \end{array}\right\} \tag{3-127}$$

式中 $\omega_c t$——筛篮经时间 t 后转过的角度。

由于在卧式振动离心机中，$\omega_c^2 r_c$ 和 g 在同一垂直平面内，同时，$\omega_c^2 r_c \gg g$，所以略去式（3-127）分母中的后一项，不会引起显著的计算误差，这时，式（3-127）可写为：

$$\left.\begin{array}{l} D_{k0} = \dfrac{\omega^2 \lambda}{\omega_c^2 r_c}\cot(\mu_s - \alpha_0), D_k = \dfrac{\omega^2 \lambda}{\omega_c^2 r_c}\cot(\mu - \alpha_0) \\[3mm] D_{q0} = \dfrac{\omega^2 \lambda}{\omega_c^2 r_c}\cot(\mu_s + \alpha_0), D_q = \dfrac{\omega^2 \lambda}{\omega_c^2 r_c}\cot(\mu + \alpha_0) \end{array}\right\} \tag{3-128}$$

因而正向滑行与反向滑行的最小滑始角 φ_{k0}、φ_{q0} 及假想滑始角 φ_k、φ_q 可分别按下式求出：

$$\left.\begin{array}{l} \varphi_{k0} = \arcsin \dfrac{1}{D_{k0}}, \varphi_k = \arcsin \dfrac{1}{D_k} \\[3mm] \varphi_{q0} = \arcsin\left(-\dfrac{1}{D_{q0}}\right), \varphi_q = \arcsin\left(-\dfrac{1}{D_q}\right) \end{array}\right\} \tag{3-129}$$

根据求得的 φ_{k0}、φ_k、φ_{q0}、φ_q，按图 3-3 查出 θ_k 或 θ_q，然后按式（3-123）及式（3-125）计算出物料运动的理论平均速度，并进而按式（3-126）计算出物料运动的实际平均速度。

3.4 工程实例计算

例 3-1 已知某振动筛用于筛分不要求破碎的易碎性物料，要求物料做滑

行运动,物料对筛面的动摩擦因数和静摩擦因数分别为 0.6 和 0.9,试选择并计算该筛机的运动学参数。

解 (1)滑行指数的选择

选取正向滑行指数 $D_k = 3 \sim 4$,反向滑行指数 $D_q \approx 1$,抛掷指数 $D < 1$。

(2)选取筛机安装倾角 α_0 及振动方向角 δ

选取筛机安装倾角 $\alpha_0 = 0°$,振动方向角 δ 为:

$$\delta = \arctan \frac{1-c}{f_s(1+c)} = \arctan \frac{1-0.33}{0.9 \times (1+0.33)} = 29°14'$$

取 $\delta = 30°$

其中

$$c = \frac{D_q \sin(\mu_s + \alpha_0)}{D_k \sin(\mu_s - \alpha_0)} = \frac{1}{3} \times \frac{\sin(42° + 0°)}{\sin(42° - 0°)} = 0.33$$

$$\mu_s = \arctan 0.9 = 42°$$

(3)振幅 λ 与振动次数 n 的计算

根据筛机结构,选取振幅 $\lambda = 5\text{mm}$。振动次数 n 为:

$$n = 30\sqrt{\frac{D_k g \sin(\mu_s - \alpha_0)}{\pi^2 \lambda \cos(\mu_s - \delta)}} = 30\sqrt{\frac{3.0 \times 9.8 \sin(42° - 0°)}{\pi^2 \times 0.005 \cos(42° - 30°)}} = 606 \text{ 次/min}$$

(4)计算正向滑行指数、反向滑行指数和抛掷指数

正向滑行指数为:

$$D_{k0} = \frac{\omega^2 \lambda \cos(\mu_s - \delta)}{g \sin(\mu_s - \alpha_0)} = \frac{606^2 \pi^2 \times 0.005 \cos(42° - 30°)}{30^2 \times 9.8 \sin(42° - 0°)} = 3.0$$

反向滑行指数为:

$$D_{q0} = \frac{\omega^2 \lambda \cos(\mu_s + \delta)}{g \sin(\mu_s + \alpha_0)} = \frac{606^2 \pi^2 \times 0.005 \cos(42° + 30°)}{30^2 \times 9.8 \sin(42° + 0°)} = 0.949 < 1$$

因为 $D_q < 1$,所以不出现反向滑动。

抛掷指数为:

$$D = \frac{\omega^2 \lambda \sin \delta}{g \cos \alpha_0} = \frac{606^2 \pi^2 \times 0.005 \sin 30°}{30^2 \times 9.8 \cos 0°} = 1.0$$

因 $D = 1$,所以不出现抛掷运动。

验算振动强度 K

$$K = \frac{\omega^2 \lambda}{g} = \frac{\pi^2 n^2 \lambda}{900g} = \frac{3.1416^2 \times 606^2 \times 0.005}{900 \times 9.8} = 2.05 < 7 \sim 10$$

(5)物料滑行的理论平均速度

要求物料滑行运动的理论平均速度,首先计算出实际正向滑始角 φ'_k 和假想正向滑始角 φ_k。

实际正向滑始角 φ'_k 为:

$$\varphi'_k = \varphi_{k0} = \arcsin \frac{1}{D_{k0}} = \arcsin 0.333 = 19°28'$$

假想正向滑始角 φ_k 为：

$$\varphi_k = \arcsin \frac{1}{D_k} = \frac{g\sin (\mu - \alpha_0)}{\omega^2 \lambda \cos (\mu - \delta)}$$

$$= \arcsin \frac{900 \times 9.8\sin (30°58' - 0°)}{3.1416^2 \times 606^2 \times 0.005\cos (30°58' - 30°)}$$

$$= \arcsin 0.25 = 14°30'$$

其中 $\mu = \arctan 0.6 = 30°58'$

根据 φ'_k 和 φ_k，按图 3 - 3 直接查出 $\varphi_m = 269°30'$，进而可得：

$$b'_k = \sin \varphi'_k = 0.333, b_k = \sin \varphi_k = 0.25, b_m = -1$$

计算正向滑行的速度系数 P_{km} 值

$$P_{km} = \frac{b_m^2 - b'_k}{2b_k} - (b_m - b'_k) = \frac{(-1)^2 - 0.333^2}{2 \times 0.25} - (-1 - 0.333) = 3.11$$

或直接从图 3 - 3 查得 $P_{km} = 3.11$

物料正向滑行的理论平均速度 v_k 为：

$$v_k = \omega \lambda \cos \delta(1 + \tan \mu \tan \delta)\frac{P_{km}}{2\pi}$$

$$= 63.46^2 \times 0.005\cos 30°(1 + 0.6\tan 30°)\frac{3.11}{2\pi}$$

$$= 0.275 \times (1 + 0.346) \times 0.5 = 0.19 \text{m/s}$$

例 3 - 2   已知某单层振动筛，工作面倾角 $\alpha_0 = 0$，若选用抛掷运动状态，试确定该振动筛的运动学参数。

解：（1）选取抛掷指数 D 与振动强度 K

对于一般振动筛，抛掷指数为 $D = 1.5 \sim 2.5$，现取 $D = 2$；振动强度为 $K = 3 \sim 5$，现取 $K = 4$。

（2）振动方向角 δ 的选取

对于抛掷运动状态，当振动强度 $K = 4$ 时，最佳振动方向角 $\delta \approx 30°$。

（3）振幅 λ 与振动次数 n 的计算

若选取单振幅 $\lambda = 7 \sim 8$mm，则按式（3 - 32）计算出振动次数 n 为：

$$n = 30 \sqrt{\frac{Dg\cos \alpha_0}{\pi^2 \lambda \sin \delta}} = 30 \sqrt{\frac{2 \times 9.8\cos 0°}{\pi^2 \times (0.007 \sim 0.008) \sin 30°}} = 715 \sim 668 \text{ 次/min}$$

现取 $n = 680$ 次/min。

根据选定的振动次数 n，按式（3 - 12）和式（3 - 31）计算振动强度 K 与抛掷指数 D：

$$K = \frac{\omega^2 \lambda}{g} = \frac{\pi^2 n^2 \lambda}{900g} = \frac{3.14^2 \times 680^2 \times 0.008}{900 \times 9.8} = 4.14$$

$$D = K\sin \delta = 4.14\sin 30° = 2.07$$

（4）物料运行的理论平均速

$$v_{\mathrm{d}} = \omega\lambda\cos\delta\frac{\pi i_{\mathrm{D}}^2}{D}(1 + \tan\alpha_0\tan\delta)$$

$$= \frac{680\pi}{30}\times 0.008\cos 30°\frac{3.14\times 0.77^2}{2.07}(1 + \tan 0°\tan 30°)$$

$$= 0.444\mathrm{m/s}$$

当 $D = 2.07$ 时，查图 3-7，得 $i_{\mathrm{D}} = 0.77$。

例 3-3 已知用于筛分物料的某双质体惯性式近共振振动筛，筛体安装倾角 $\alpha_0 = 0$，筛机做椭圆运动，椭圆长轴与筛面夹角 $\delta = 30°$，椭圆两个方向的振幅分别为 4mm 和 0.8mm，振动频率为 98.4rad/s。求轴正、反向回转时物料的平均速度。

解　（1）计算垂直方向和水平方向振幅 λ_y、λ_x，相位角 β_y、β_x

$$\lambda_y = \sqrt{a^2 + b^2} = \sqrt{(4\sin 30°)^2 + (0.8\cos 30°)^2} = 2.12\mathrm{mm}$$

$$\lambda_x = \sqrt{c^2 + d^2} = \sqrt{(4\cos 30°)^2 + (0.8\sin 30°)^2} = 3.49\mathrm{mm}$$

当轴正向回转时，β_y 和 β_x 按下式计算：

$$\beta_y = \arctan\frac{b}{a} = \arctan\frac{0.8\cos 30°}{4\sin 30°} = 19°6'$$

$$\beta_x = \arctan\frac{d}{c} = \arctan\frac{-0.8\cos 30°}{4\sin 30°} = -6°35'$$

当轴反向回转时，β_y 和 β_x 按下式计算：

$$\beta_y = \arctan\left(\frac{-b}{a}\right) = \arctan\frac{-0.8\cos 30°}{4\sin 30°} = -19°6'$$

$$\beta_x = \arctan\left(\frac{-d}{c}\right) = \arctan\frac{0.8\cos 30°}{4\sin 30°} = 6°35'$$

（2）计算抛掷指数 D

$$D = \frac{\omega^2\lambda_y}{g\cos\alpha_0} = \frac{98.4^2\times 2.12}{9800\times\cos 0°} = 2.09$$

（3）计算名义抛始角 φ_{dy} 与抛始角 ωt_{dy}

$$\varphi_{\mathrm{dy}} = \arcsin\frac{1}{D} = \arcsin\frac{1}{2.09} = 28°35'$$

当轴正向回转时，ωt_{dy} 按下式计算：

$$\omega t_{\mathrm{dy}} = \varphi_{\mathrm{dy}} - \beta_y = 28°35' - 19°6' = 9°29'$$

当轴反向回转时，ωt_{dy} 按下式计算：

$$\omega t_{\mathrm{dy}} = \varphi_{\mathrm{dy}} + \beta_y = 28°35' + 19°6' = 47°41'$$

（4）抛离系数 i_{D}

根据抛掷指数 D 的大小，由图 3-7 可查得抛离系数 $i_{\mathrm{D}} = 0.78$。

(5) 物料运动的理论平均速度

当轴正向回转时，φ_{dx}值为：

$$\varphi_{dx} = \varphi_{dy} + \beta_x - \beta_y = 28°35' - 6°35' - 19°6' = 2°54'$$

则物料运动的理论平均速度为：

$$v_d = \frac{\omega\lambda_x}{2\pi}[-\sin(\varphi_{dx} + 2\pi i_D) + \sin\varphi_{dx} + 2\pi i_D\cos\varphi_{dx}] + \frac{\pi i_D^2}{D}\omega\lambda_y\tan\alpha_0$$

$$= \frac{98.4 \times 3.49}{2\pi}[-\sin(2°54' + 360° \times 0.78) + \sin 2°54' + 2\pi \times 0.78\cos 2°54']$$

$$= 317.7 \text{mm/s} = 0.318 \text{m/s}$$

当反向回转时，φ_{dx}值为：

$$\varphi_{dx} = \varphi_{dy} + \beta_x - \beta_y = 28°35' + 6°35' + 19°6' = 54°16'$$

则物料运动的理论平均速度为：

$$v_d = \frac{98.4 \times 3.49}{2\pi}[-\sin(54°16' + 360° \times 0.78) + \sin 54°16' + 2\pi \times 0.78\cos 54°16']$$

$$= 225.9 \text{mm/s} = 0.226 \text{m/s}$$

4 振动筛、振动脱水机运动学参数的选择与工艺参数的计算

物料在振动筛工作面上的运动状态确定后，正确选择振动筛的运动学参数与工艺参数，才能保证各种工艺过程有效地实现。本章主要介绍物料运动状态指数，振动筛的振幅、振次、振动方向角、安装倾角，物料运行的实际平均速度等运动学参数，以及工作面几何参数、筛分效率、生产率等工艺参数的确定及计算方法。

4.1 物料运动状态的选择

在不同的运动学参数下，振动筛可使物料在工作面上出现相对静止、正向滑动、反向滑动和抛掷运动四种不同形式的运动，这四种形式的运动实质上可归为滑行运动和抛掷运动形式。在了解物料不同运动的特点后，可根据物料性质和工艺要求来选择物料的运动状态。

4.1.1 物料运动的特点

物料做滑行运动的状态时，由于物料与工作面始终保持接触，不产生相互冲击，所以它的优点是噪声低，筛分、输送过程中物料不易破碎，适用于筛分、输送容易产生噪声的物料和要求不被破碎的易碎性物料。另外，物料由于在滑行过程中，与工作面之间始终保持接触，没有空隙大小的变化，也就没有像抛掷运动那样，当物料层的通气性不好时，在物料层与工作面之间，容易形成空气垫而影响物料运动的问题，所以这种筛分、输送方式，对于粉状物也有较好的适应性。它的缺点是物料得不到翻动，使细粒物料透筛的机会少，筛分效率低，工作面较易磨损。

另外，在采用物料作滑行运动的状态时，应尽量避免或减少反向滑动，应尽量增大正向滑动。因为只有正向滑动，才能有效地完成筛分输送任务，而反向滑动不仅不能完成筛分输送任务，反而会降低输送效率和无益地增加工作面的磨损。

物料做抛掷运动状态，由于物料与工作面接触时间很短，大部分时间离开工作面，所以这种筛分输送方式的优点是工作面磨损较小，并能获得较高的输送速度。选用抛掷运动状态进行筛分时，可使上下各层物料得到翻动，使细粒物料透筛的机会增多，从而提高筛机的工作效率。但由于这种状态须采用较大的振动强

度（振动加速度），使振动筛上各零部件的动应力增大，因而提高了对机件强度的要求。不采取相应的措施，机器的一些零部件（如筛箱等）较易损坏。

4.1.2　物料运动状态的选择

物料运动状态的选择，主要应根据物料的性质（如易碎性、黏性、含水量、含泥量、粒度、密度和摩擦因数等）、筛机的用途和工作面的特性等，同时必须考虑机器能耐久地工作，并有较高的产量与工作质量（如筛分效率与给料精确度等）。例如，振动离心脱水机常采用只有正向滑动的运动状态；某些振动筛有时采用滑动状态或轻微抛掷运动状态；而大多数振动筛均采用中速抛掷运动状态（$D = 1.75 \sim 3.3$），在这种状态下，振动筛有较高的产量与工作质量，能耗也较低，对筛机零部件的强度和刚度要求也不很高。

对于不希望破碎的易碎性物料，可采用滑行运动状态或轻微抛掷运动状态。对于含泥物料或难以处理的物料，以及特殊用途的振动筛，可采用高速抛掷运动状态，即采用 $D = 3.3 \sim 5$。

4.2　物料运动状态指数的选择

物料运动状态指数主要包括：正向滑行指数 D_k、反向滑行指数 D_q 和抛掷指数 D，他们与振动强度 K、振动方向角 δ 和安装倾角 α_0 等有关。根据物料不同运动状态的选择原则，可以确定物料运动状态指数的取值：

（1）当采用滑行运动状态时，为了使物料出现比较良好的滑行运动和较大的输送速度，所选取的滑行指数 D_k 应远大于 1，通常正向滑行指数取 $D_k = 2 \sim 3$。

（2）当采用抛掷运动状态时，为了使物料出现比较良好的抛掷运动并获得较高的筛分效率，所选取的抛掷指数 D 通常为 $D = 1.4 \sim 5$。

对于各种振动筛，其抛掷指数依据所处理物料的性质而定。对于单轴振动筛取 $D = 3 \sim 3.5$；对于双轴振动筛取 $D = 2.2 \sim 3$；对于共振筛取 $D = 2 \sim 3.3$。对于易于筛分的物料，通常取 $D = 2 \sim 2.8$；对于一般物料，通常取 $D = 2.5 \sim 3.3$；对于难筛物料，通常取 $D = 3 \sim 5$。

4.3　振动筛运动学参数的选择计算

运动学参数主要包括振幅 λ、振次 n、振动方向角 δ、工作面安装倾角 α_0 及物料的运行实际平均速度 v_m 等。

4.3.1　振动强度 K 的选择计算

振动强度（机械指数）K 的选择主要受材料强度及构件刚度等的限制。对大多数振动筛，为了获得较高的筛分效率和较高的生产率，而又不过分地加强筛机零部件的结构强度和刚度，并能使筛机较耐久地工作，通常取振动强度 $K =$ $4 \sim 6$。

在选用振动次数 n 与振幅 λ 时，应满足许用振动强度 $[K]$ 的要求，$[K]$ 一般为 $5 \sim 10$，所以，通常按下式验算振动机的振动强度：

$$K = \frac{\omega^2 \lambda}{g} = \frac{\pi^2 n^2 \lambda}{900g} < [K] \qquad (4-1)$$

当选用正向滑行运动状态时，若已选定正向滑行指数 $D_k (D_{k0})$ 和预选定振次 n，则振幅按下式计算：

对于直线振动筛，振幅按式 $(4-2)$ 计算：

$$\lambda = \frac{900 D_k g \sin(\mu_s - \alpha_0)}{n^2 \pi^2 \cos(\mu_s - \delta)} \qquad (4-2)$$

对于圆运动振动筛，振幅按式 $(4-3)$ 计算：

$$\lambda = \frac{900 D_k g \sin(\mu_s - \alpha_0)}{n^2 \pi^2} \qquad (4-3)$$

对于椭圆运动振动筛，名义振幅按式 $(4-4)$ 计算：

$$\lambda_{k0} = \frac{900 D_{k0} g \sin(\mu_s - \alpha_0)}{n^2 \pi^2} \qquad (4-4)$$

式中　D_k，D_{k0}——正向滑行指数；

　　　　μ_s——静摩擦角；

　　　　α_0——筛机安装倾角；

　　　　δ——振动方向角；

　　　　g——重力加速度。

当选用反向滑行运动状态时，若已选定反向滑行指数 $D_q (D_{q0})$ 和预选定振次，则振幅按下式计算：

对于直线振动筛，振幅按式 $(4-5)$ 计算：

$$\lambda = \frac{900 D_q g \sin(\mu_s + \alpha_0)}{n^2 \pi^2 \cos(\mu_s + \delta)} \qquad (4-5)$$

对于圆运动振动筛，振幅按式 $(4-6)$ 计算：

$$\lambda = \frac{900 D_q g \sin(\mu_s + \alpha_0)}{n^2 \pi^2} \qquad (4-6)$$

对于椭圆运动振动筛，名义振幅按式 $(4-7)$ 计算：

$$\lambda_{q0} = \frac{900 D_{q0} g \sin(\mu_s + \alpha_0)}{n^2 \pi^2} \qquad (4-7)$$

式中　D_q，D_{q0}——反向滑行指数。

当选用抛掷运动状态时，若已选定抛掷指数 D 和预选定振次，则振幅按下式计算：

对于直线振动筛，振幅按式(4-8)计算：

$$\lambda = \frac{900Dg\cos\alpha_0}{n^2\pi^2\sin\delta} \tag{4-8}$$

对于圆运动振动筛，振幅按式(4-9)计算：

$$\lambda = \frac{900Dg\cos\alpha_0}{n^2\pi^2} \tag{4-9}$$

对于椭圆运动振动筛，振幅按式(4-10)计算：

$$\lambda_y = \frac{900Dg\cos\alpha_0}{n^2\pi^2} \tag{4-10}$$

式中　D——抛掷指数。

各种振动筛和共振筛的工作频率（振动次数）n 与振幅 λ 在很大范围内变动，它不仅与振动筛的结构形式有关，还与具体的工艺要求有关，应根据具体情况进行选择。通常，当用于细筛时，宜采用小振幅；粗筛时宜采用较大的振幅。

对于电磁式振动筛，相对振幅的大小主要受电磁铁工作气隙的限制。因为增大气隙会带来很多不良后果（如增大激磁电流等），所以一般采用高频率小振幅。如 $n = 3000\mathrm{r/min}$，单振幅 λ 一般为 $0.5\sim1\mathrm{mm}$；如 $n = 1500\mathrm{r/min}$，单振幅 λ 一般为 $1.5\sim3\mathrm{mm}$。也有少数电磁式振动筛的振动次数 $n = 6000\mathrm{r/min}$ 或低于 $1500\mathrm{r/min}$。

对于惯性式振动筛，一般采用中频率中振幅，少数的采用高频率小振幅。振动次数 n 通常为 $700\sim1800\mathrm{r/min}$，单振幅 λ 为 $1\sim10\mathrm{mm}$。因为过大的振幅要加大偏心块的质量，过高的频率会增大轴承的压力及筛机零部件的动应力。

对于弹性连杆式振动筛，通常采用低频率大振幅，少数的采用中频中幅。振动次数通常为 $400\sim1000\mathrm{r/min}$，振幅 $\lambda = 3\sim30\mathrm{mm}$。

4.3.2　振动次数的选择计算

当选用正向滑行运动状态时，若已选定正向滑行指数 $D_k(D_{k0})$，则振动次数按下式计算：

对于直线振动筛，振动次数按式(4-11)计算：

$$n = 30\sqrt{\frac{D_k g\sin(\mu_s - \alpha_0)}{\pi^2\lambda\cos(\mu_s - \delta)}} \tag{4-11}$$

对于圆运动振动筛，振动次数按式(4-12)计算：

$$n = 30\sqrt{\frac{D_k g\sin(\mu_s - \alpha_0)}{\pi^2\lambda}} \tag{4-12}$$

对于椭圆运动振动筛，振动次数按式(4-13)计算：

$$n = 30\sqrt{\frac{D_{k0} g\sin(\mu_s - \alpha_0)}{\pi^2\lambda_{k0}}} \tag{4-13}$$

当选用反向滑行运动状态时，若已选定反向滑行指数 $D_q(D_{q0})$，则振动次数按下式计算：

对于直线振动筛，振动次数按式(4-14)计算：

$$n = 30 \sqrt{\frac{D_q g \sin(\mu_s + \alpha_0)}{\pi^2 \lambda \cos(\mu_s + \delta)}} \qquad (4-14)$$

对于圆运动振动筛，振动次数按式(4-15)计算：

$$n = 30 \sqrt{\frac{D_q g \sin(\mu_s + \alpha_0)}{\pi^2 \lambda}} \qquad (4-15)$$

对于椭圆运动振动筛，振动次数按式(4-16)计算：

$$n = 30 \sqrt{\frac{D_{q0} g \sin(\mu_s + \alpha_0)}{\pi^2 \lambda_{q0}}} \qquad (4-16)$$

当选用抛掷运动状态时，若已选定抛掷指数 D，则振动次数按下式计算：

对于直线振动筛，振动次数按式(4-17)计算：

$$n = 30 \sqrt{\frac{D g \cos \alpha_0}{\pi^2 \lambda \sin \delta}} \qquad (4-17)$$

对于圆运动振动筛，振动次数按式(4-18)计算：

$$n = 30 \sqrt{\frac{D g \cos \alpha_0}{\pi^2 \lambda}} \qquad (4-18)$$

对于椭圆运动振动筛，振动次数按式(4-19)计算：

$$n = 30 \sqrt{\frac{D g \cos \alpha_0}{\pi^2 \lambda_y}} \qquad (4-19)$$

式(4-11)~式(4-19)中符号意义同前。

4.3.3　振动方向角的选择

4.3.3.1　振动方向角 δ 的选择依据

振动方向角 δ 主要根据机器的用途选择。如作输送机或给料机使用时，应保证有较高的移动速度；如作筛分使用时，应保证有较高的筛分效率和较高的产量。其次，应考虑所处理物料的性质与要求，如物料的密度、粒度、水分、黏性、易碎性和磨琢性等。如对密度较大或粒度较细的粉料，宜选用较小的振动方向角 δ；对水分较高或黏性较强的物料，宜选用较大的振动方向角 δ；对易于粉碎的物料，为了防止物料在筛分输送过程中遭受粉碎，宜选用较小的振动方向角 δ；对磨琢性较强的物料，为了减小工作面的磨损，宜选用较大的振动方向角。经验表明，处理难筛分的物料时，振动方向角选用60°；处理易筛分的物料时，振动方向角选用 $\delta = 30° \sim 40°$。我国生产的直线振动筛和共振筛多采用 $\delta = 45°$。

当选用滑行运动工作状态时，为了保证尽量减小反向滑动和得到较高的输送速度，在选定正向滑行指数 D_k 和反向滑行指数 D_q 之后，可按式（4 - 20）计算振动方向角 δ。

　　当选用抛掷运动工作状态时，从提高输送速度的角度出发，在不同的安装倾角时，对应于每一个振动强度 K，有一个最佳的振动方向角 δ。图 4 - 1 是根据理论分析结果作出的在不同的安装倾角 α_0 时，最佳振动方向角 δ 与振动强度 K 的关系曲线。

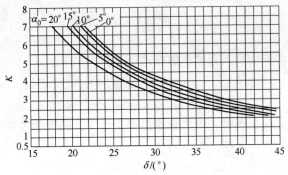

图 4 - 1　最佳振动方向角 δ 与振动强度 K 的关系

　　在其他条件确定的情况下，振动方向角与振动强度之间存在一个最佳关系。振动强度 K（或称机械指数）主要受材料强度和构件刚度的限制。对于大多数振动机，通常在 $K = 4 \sim 6$ 范围内取值，也有少数振动机振动强度达到 $K = 10$ 的情况。振动强度满足 $K = (\omega^2 \lambda / g) < [K]$ 的关系式。

　　在一定的振动强度下，可以选择较有利的振动方向角。表 4 - 1 列出了安装倾角 $\alpha_0 = 0°$ 时，振动强度 K 与较有利的振动方向角的关系，设计振动筛时可参照选取。

　　对于振动筛和共振筛，应当在保证一定的筛分质量的前提下，适当地考虑输送速度和产量。

表 4 - 1　振动强度与较有利振动方向角的关系

振动强度 K	2	3	4	5	6	7
较有利的振动方向角 $\delta/(°)$	40 ~ 50	30 ~ 40	26 ~ 36	22 ~ 32	20 ~ 30	18 ~ 28

4.3.3.2　振动方向角 δ 的选择计算

　　对于滑行运动，在选择确定了正向滑行指数 D_k 和反向滑行指数 D_q 之后，振动方向角 δ 可按下式计算：

$$\delta = \arctan \frac{1 - c}{f_s (1 + c)} \tag{4 - 20}$$

其中

$$c = \frac{D_q \sin (\mu_s + \alpha_0)}{D_k \sin (\mu_s - \alpha_0)}$$

对于抛掷运动，在不同的安装倾角 α_0 下，对应于每一个振动强度 K，都有一个最佳的振动方向角 δ。振动方向角 δ 可以参照图 4-1 查取。在确定振动方向角时，不一定受最佳振动方向角 δ 值的限制，可以在邻近 ±5° 的范围内选取而不会有太大影响。

4.3.4 振动筛安装倾角的选择

筛面安装倾角 α_0 的大小决定于所要求的筛分效率和生产率。当其他参数确定后，筛面倾角大，则生产率高而筛分效率下降；反之，若筛面倾角小，则生产率降低而筛分效率提高。所以当产品质量要求一定时，就应选择一个合理的安装倾角。根据实践经验，筛面安装倾角推荐采用下述数据：

惯性圆运动振动筛用于预先筛分，在 $\alpha_0 = 15° \sim 30°$ 范围内选用；

惯性圆运动振动筛用于最终筛分，在 $\alpha_0 = 12° \sim 20°$ 范围内选用；

分级用惯性直线振动筛和共振筛，在 $\alpha_0 = 0° \sim 10°$ 范围内选用；

脱介脱水直线振动筛和共振筛，在 $\alpha_0 = -7° \sim 3°$ 范围内选用；

分级用惯性螺旋振动细筛，在 $\alpha_0 = -3° \sim -7°$ 范围内选用；

对于洗煤用的大型惯性直线振动筛，无特殊要求时，一般都水平安装，即 $\alpha_0 = 0°$。

当要求倾斜向上输送时，根据所输送物料的性质（如形状、粒度等）的不同，最大提升角度不超过 $\alpha_0 = 15° \sim 17°$。对于粒度较大，或成球形易于向下滚动的物料，最大提升角度一般不超过 12°。当要求倾斜向下输送时，为了避免筛面或底板受到过于严重的磨损，一般要求下倾角度不超过 15° ~ 20°。

对于利用摩擦因数差异进行选分的振动分选机，为了实现向上输送物料的要求，向上的倾角通常为 $\alpha_0 = 4° \sim 10°$。

4.3.5 物料运动实际平均速度的计算

4.3.5.1 影响物料运动速度的因素

对于采用滑行运动状态 $(D < 1)$ 的振动筛机，由于物料在整个运动周期中不会出现抛掷运动，其理论输送速度仅是正向滑动与反向滑动的平均输送速度之和。对于采用抛掷运动状态 $(D > 1)$ 的振动筛机，由于物料在整个运动周期中还会出现或多或少的滑行运动，其理论输送速度应该是正向滑动、反向滑动和抛掷运动三项平均输送速度之和。目前国内外有些文献在计算振动输送速度时，略去了物料滑行运动对输送速度的影响，使在轻微抛掷运动状态下计算得出的物料平均速度与实际输送速度相差较远，特别是当抛掷指数 D 接近于 1 时，按某些文献计算所得的理论输送速度接近于零。实际上，由于滑动的存在，这些振动筛机的物料运动的平均速度，仍可达到 0.05 ~ 0.2m/s，甚至更大，振动筛机仍能较理想地工作。因此，在计算 $D = 1 \sim 2$ 的振动筛机物料运动的平均速度时，不能简单地只采用滑动状态下平均速度的理论公式，或简单地只采用抛掷运动状态下平均速度的理论公式。当采用滑行运动速度公式计算时，必须考虑抛掷运动的影响。当采用抛掷运动速度公式进行计算时，必须考虑滑行运动的影响。

根据实际计算的需要，表 4-2 列出了抛掷指数 D 与影响系数 C_D 和 C_W 关系的约略数值。从表 4-2 中可见，当 $D = 1 \sim 1.75$ 时，滑行运动起主导作用，利用滑行运动公式可以得到与实际相近的结果，但必须乘以抛掷运动对输送速度的影响系数 C_D。当 $D = 1.75 \sim 2.5$ 时，利用抛掷运动的速度公式可以得到与实际相近的结果，但必须乘以滑行运动对输送速度的影响系数 C_W。当 $D > 2.5$ 时，可以不必考虑滑行运动的影响，只采用抛掷运动的平均速度公式进行计算即可。

表 4-2　影响系数 C_D 与 C_W

抛掷指数 D	1	1.25	1.5	1.75	2	2.5	3
抛掷运动影响系数 C_D	1	$1.1 \sim 1.3$	$1.2 \sim 1.4$	$1.3 \sim 1.5$	—	—	—
滑行运动影响系数 C_W	—	—	—	$1.1 \sim 1.15$	$1.05 \sim 1.1$	$1 \sim 1.05$	1

A　安装倾角（工作面倾角）对物料运动速度的影响

在采用式(3-27)和式(3-28)计算滑行运动状态下的物料运动速度时，在该理论公式中，已考虑了安装倾角对物料运动速度的影响，因此，不需要再重复考虑。但必须注意，在计算抛掷运动状态下的物料运动速度时，式(3-42)用于计算倾角较大的振动筛的物料运动速度，与实际物料运动速度相比有较大误差。图 4-2 是对铁矿石、石英砂和水泥三种物料实际测得的物料运动速度与安装倾角的关系曲线。

从图 4-2 中可见，水泥在安装倾角为 15°时比水平安装时的输送速度提高 70%。在相同条件下，石英砂约提高 62%，铁矿石约提高 115%。实际输送速度提高的数值，比按理论计算的数值大得多。这是因为当倾角较大时，由于抛掷运动末速度的加大，下一次抛掷运动之初速度较工作面的速度为大，所以物料运动的平均速度也将增大。这一实际情况在理论分析过程中并未考虑。根据实测结果，表 4-3 列出了倾角 α_0 对式(3-42)计算所得的平均速度的修正系数 γ_α 和倾角 α_0 对式(3-45)计算所得平均速度的影响系数 C_α。

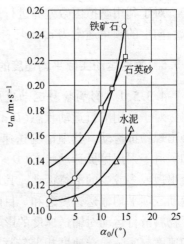

图 4-2　工作面倾角 α_0 与实际
平均速度 v_m 的关系

表 4-3 倾角修正系数 γ_α 与倾角影响系数 C_α

倾角 $\alpha_0/(°)$	$-15 \sim +5$				10		15
倾角对平均速度的修正系数 γ_α	1				$1.2 \sim 1.3$		$1.25 \sim 1.6$
倾角 $\alpha_0/(°)$	-15	-10	-5	0	5	10	15
倾角对平均速度的影响系数 C_α	$0.6 \sim 0.8$	$0.8 \sim 0.9$	$0.9 \sim 0.95$	1	$1.05 \sim 1.1$	$1.3 \sim 1.4$	$1.5 \sim 2.0$

B 物料性质对物料运动速度的影响

对于在滑行运动状态下工作的振动筛，物料性质对物料运行速度的影响已在理论公式中有所考虑。但在抛掷运动状态下工作时，理论公式中则没有考虑物料性质对物料运行速度的影响。实践证明：由于摩擦力和其他阻力的存在，使物料在做抛掷运动时的实际抛始角通常滞后于理论抛始角某一不大的角度，所以实际平均速度通常小于理论平均速度。滞后角度的大小及物料运行速度降低的多少，与物料性质（粒度、密度、水分、摩擦因数）及其他各种阻力的大小有关。图 4-3 是理论输送速度与实际输送速度的比较。因为各种不同物料的性质对输送速度的影响系数 C_m 的数值目前尚缺乏充足的实验资料，所以只能给出约略的数值。对块状物料，取 $C_m = 0.8 \sim 0.9$；对颗粒状物料，取 $C_m = 0.9 \sim 1$；对粉末状物料，取 $C_m = 0.6 \sim 0.7$。

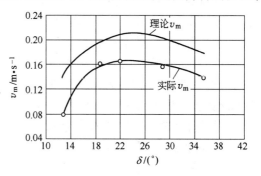

图 4-3 理论输送速度与实际输送速度

C 料层厚度对物料运动速度的影响

对于在滑行运动状态下和在抛掷运动状态下工作的振动筛，在推导物料运动速度时，均未考虑物料层厚度对输送速度的影响。实验证明，物料层厚度对物料运行实际平均速度有明显的影响。当料层较厚时，在物料层不同厚度的位置上，物料的运动速度是不相同的，离工作面距离越远，则实际抛始角滞后于理论抛始角的角度也越大。图 4-4 表示了料层厚度对绝对位移和相对位移的影响。由图可见，物料的平均速度随料层的厚度大小在很大的范围内变化，料层越厚，物料实际平均速度较理论平均速度下降也越多。图 4-5 为实测在抛掷运动状态下，三种不同物料运动的实际速度与料层厚度的关系曲线。从图中可见，对块状和颗粒状物料（如卵石和石英砂），物料运行速度随料层厚度的变化比较缓慢。而粉状物料（如滑石粉和水泥）随料层厚度的变化，物料运行速度变化很大。这主要是由于当粉状物料料层厚度增大时，物料层的透气性变坏，在物料与工作面之间形成空气垫，进而影响物料正常的抛掷运动的缘故。但对某些粉状物料，当料层厚度增大到一定程度之后，物料运行速度不仅不继续下降，反而又很快上升。根据观察物料运动的实际情况分析，这种现象可能是由于料层厚度加大到一定程度之后，由于振动的作用，使物料层松散起来，并在各层物料之间形成流动现象的缘故。

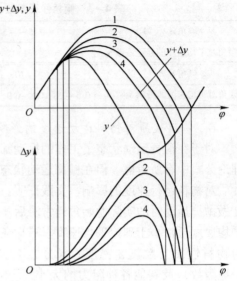

图 4-4　物料厚度对绝对位移和相对位移的影响
1—极薄料层；2—薄料层；3—中厚料层；4—厚料层

为了计算的需要，在表 4-4 中给出料层厚度对输送速度的影响系数 C_h 的数值。表中的数值仅适用于块状和颗粒状物料及在滑行运动状态下的粉状物料。对于粉状物料，一般应取下限值。对于在抛掷运动状态下的粉状物料，由于料层厚度变化对输送速度影响很大，并且变化比较复杂，因此，最好通过实验进行测定。在实验条件不具备的情况下，可参照现有其他粉状物料的实验资料进行估计。在找不到其他参考资料时，料层厚度影响系数可大致取 $C_h = 0.5 \sim 0.6$。

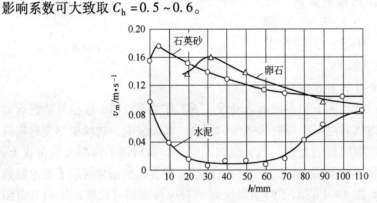

图 4-5　平均速度与物料层厚度的关系

表 4-4　料层厚度影响系数的值

物料层厚度	薄料层	中厚料层	厚料层
料层厚度影响系数 C_h	$0.9 \sim 1$	$0.8 \sim 0.9$	$0.7 \sim 0.8$

4.3.5.2　物料运动的实际平均速度的计算

物料在振动筛工作面上的运动状态主要包括滑行运动和抛掷运动。在实际工况中，物料的运动是上述运动的组合，在计算物料运动速度时要综合考虑各种运动的影响。另外，还要考虑安装倾角 α_0、物料性质、料层厚度等因素对物料运动速度的影响。下面介绍几种典型运动状态时物料的实际运动速度的计算方法。

A　滑行运动状态下实际平均速度的计算

对于在滑行运动状态下工作的振动筛，安装倾角和物料性质对平均输送速度的影响均已在理论公式中加以考虑，因此，在计算物料运动的实际平均速度时，只考虑料层厚度对物料运动速度的影响系数即可。其物料运行的实际平均速度为：

$$v_m = C_h(v_k + v_q) \qquad (4-21)$$

式中　v_k——物料正向滑动的理论平均速度，按式(3-27)计算；

　　　v_q——物料反向滑动的理论平均速度，按式(3-28)计算；

　　　C_h——料层厚度影响系数，C_h 的取值见表4-4。

B　轻微抛掷运动状态下实际平均速度的计算

对于在轻微抛掷运动状态下($D \le 1.75$)工作的振动筛，可以按滑行运动速度计算，然后再乘以抛掷运动影响系数加以修正。其物料运行的实际平均速度为：

$$v_m = C_h C_D(v_k + v_q) \qquad (4-22)$$

式中　C_D——抛掷运动影响系数，C_D 的取值见表4-2。

C　中速抛掷运动状态下实际平均速度的计算

当抛掷指数 $1.75 < D \le 3.3$ 时，这时可以按抛掷运动状态计算，然后再乘以 C_W、C_α、C_h 和 C_m 等影响系数加以修正。其物料运行的实际平均速度为：

$$v_m = C_\alpha C_h C_m C_W v_d \qquad (4-23)$$

式中　v_d——物料抛掷运动的理论平均速度，按式(3-45)计算；

　　　C_α——安装倾角影响系数，查表4-3；

　　　C_h——料层厚度影响系数，查表4-4；

　　　C_m——物料形状影响系数，对于粉状物料，$C_m = 0.6 \sim 0.7$，对于块状物料，$C_m = 0.8 \sim 0.9$，对于颗粒状物料，$C_m = 0.9 \sim 1.0$；

　　　C_W——滑行运动影响系数，查表4-2。

物料运行的实际平均速度可以按下式计算：

$$v_m = \gamma_\alpha C_h C_m C_W v_d \qquad (4-24)$$

式中　v_d——物料抛掷运动的理论平均速度，按式(3-42)计算；

　　　γ_α——倾角修正系数，查表4-3；

其他符号意义同前。

D　急剧抛掷运动状态下实际平均速度的计算

当抛掷指数 $D > 3.3$ 时，视为急剧抛掷，这时物料运行的实际平均速度可以按下式计算：

$$v_m = C_\alpha C_h C_m v_d \tag{4-25}$$

式中符号同前。

按式(4-21)及式(4-22)计算物料滑行运动状态下的实际平均速度时,各种不同物料的摩擦因数 f_s、f 及摩擦角 μ_s、μ 可按表4-5查出。

表 4-5　各种不同物料的摩擦因数 f_s、f 及摩擦角 μ_s、μ

物料名称	松散密度 /t·m⁻³	自然堆角/(°)		物料摩擦因数					
				钢		木材		水泥	
		运动	静止	f	f_s	f	f_s	f	f_s
无烟煤	0.8~0.95	27	45	0.29	0.84	0.47	0.84	0.51	0.90
焦炭	0.36~0.53	35	50	0.47	1.00	0.80	1.00	0.84	1.00
泥土、砂土	1.4~1.9	30	45	0.58	1.00	—	—	—	—
矿石	1.3~3	30	50	0.59	1.19	—	—	—	—
砂糖	—	50	70	1.00	2.14	—	—	—	—
水泥	0.9~1.7	35	40~50	0.50~0.60	1.00	—	—	—	—
石灰石	1.2~1.5	30~35	40~50	0.50~0.60	1.00	—	—	—	—

4.4　振动筛工艺参数的计算

振动筛工艺参数包括:筛面的宽度和长度,筛机的筛分效率和生产率。

4.4.1　筛面宽度和长度的确定

一般来说,当给料端物料层的厚度给定之后,筛面的宽度直接影响筛机的生产率,而筛面长度直接影响筛机的筛分效率,并且它们之间也相互影响,互相制约。筛面愈长,物料在筛上被筛分的时间愈久,筛分效率也愈高。在筛分最初,稍微增加筛分时间,就有许多易筛颗粒大量透过筛孔,筛分效率就很快增加。到筛分过程的后期,易筛颗粒大都透过筛孔被筛去了,剩下些难筛颗粒在筛面上的时间虽增长,但被筛下的并不多,筛分效率增加也不大。因此,通过采用较长的筛面增加筛分时间来提高筛分效率也是不合理的,所以筛面长度必须选取适当。筛面的长度与宽度应保持一定的比例关系,一般为 2.5:1~3:1。筛面的长度与宽度通常是根据使用现场要求的生产率和筛分效率综合指标来确定。

对于筛分金属矿用的振动筛,其长度一般小于4m,长宽比近似等于2,即 $L/B = 2$。

对于筛分煤用的振动筛,其长度根据用途确定,长宽比一般为 1.5~2.5,

宽度系列一般为 1.25m，1.5m，1.75m，2.25m，2.5m 等。用于粗粒级筛分时，长度 $L = 3.5 \sim 4.0m$；用于中细粒级筛分时，长度 $L = 5.5 \sim 7.2m$；用于脱水脱介时，长度 $L = 6.0 \sim 7.2m$。

根据给定的生产率、要求的筛分效率和物料的筛分特性，计算出所需要的筛面面积，对于双层振动筛，应按单层筛逐层进行计算，计算出每层相应的生产能力所需的筛面面积，然后取其中最大值。

4.4.2 生产率的计算

振动筛的生产率一般均按入筛原料量来计算。生产率的计算方法通常有流量法和平均法两种。

4.4.2.1 用流量法计算振动筛的生产率

生产率是振动筛的一个重要工艺指标，筛机的生产率 $Q(t/h)$ 可按式（4-26）计算：

$$Q = 3600hBv_{\mathrm{m}}\rho \quad (t/h) \tag{4-26}$$

式中　v_{m}——物料运动的实际平均速度，m/s；

　　B——筛面宽度，m；

　　ρ——物料松散密度，t/m^3；

　　h——料层厚度，m。

4.4.2.2 用平均法计算振动筛的生产率

煤用振动筛的生产率可按式（4-27）计算：

$$Q = Aq \quad (t/h) \tag{4-27}$$

式中　A——筛面工作面面积，m^2；

　　q——单位筛面面积生产率，$t/(m^2 \cdot h)$，其值见表 4-6。

表 4-6　单位筛面面积生产率

作业名称	分　　级					脱水		脱介	
筛孔尺寸/mm	100	80	50	25	13	末煤	煤泥	块煤	末煤
$q/t \cdot (m^2 \cdot h)^{-1}$	110	90	60	30	12 ~ 17	7	2	7~9	3.5~4.5

矿用振动筛的生产率可按式（4-28）计算：

$$Q = Aq\rho KLMNOP \quad (t/h) \tag{4-28}$$

式中　　　　A——筛面工作面面积，m^2；

　　　　　　q——单位筛面面积生产率，$t/(m^2 \cdot h)$，其值见表 4-7；

　　　　　　ρ——物料松散密度，t/m^3；

K,L,M,N,O,P——校正系数，查表 4-8。

表 4-7　单位筛面面积生产率 q 值

筛孔尺寸/mm	0.16	0.2	0.3	0.4	0.6	0.8	1.17	0.2	3.15	5
q /t · (m² · h)⁻¹	1.9	2.2	2.5	2.8	3.2	3.7	4.4	5.5	7.0	11
筛孔尺寸/mm	8	10	16	20	25	31.5	40	50	80	100
q /t · (m² · h)⁻¹	17	19	25.5	28	31	34	38	42	56	63

表 4-8　系数 K、L、M、N、O、P 值

系数	考虑因素	筛分条件及各系数值									
K	细粒影响	给料中粒度小于筛孔之半的颗粒的含量/%	0	10	20	30	40	50	60	70	80	90
		K 值	0.2	0.4	0.6	0.8	1.0	1.2	1.4	1.6	1.8	2.0
L	粗粒影响	给料中过大颗粒（小于筛孔）的含量/%	10	20	25	30	40	50	60	70	80	90
		L 值	0.94	0.97	1.0	1.03	1.09	1.18	1.32	1.55	2..0	3.36
M	筛分效率	筛分效率/%	40	50	60	70	80	90	92	94	96	98
		M 值	2.3	2.1	1.9	1.6	1.3	1.0	0.9	0.8	0.6	0.4

系数	考虑因素				
N	颗粒形状	颗粒形状	各种破碎后的物料（除煤外）	圆形颗粒（例如海砾石）	煤
		N 值	1.0	1.25	1.5
O	湿度影响	物料的湿度	筛孔小于 25mm		筛孔大于 25mm
			干 的 ／ 湿 的 ／ 成团		视湿度而定
		O 值	1.0 ／ 0.75 ~ 0.85 ／ 0.2 ~ 0.6		0.9 ~ 1.0
P	筛分方法	筛分方法	筛孔小于 25mm		筛孔大于 25mm
			干的 ／ 湿的（附有喷水）		任何的
		P 值	1.0 ／ 1.25 ~ 1.4		1.0

4.4.3　筛分效率的计算

筛分效率 η 是衡量筛分工作的主要工艺指标。筛分物料时，可获得筛上、筛下两种产品。实际上，在筛上产品中仍会含有可以被筛下的细粒级颗粒。也就是说，筛下的细粒级物料质量必然小于原始给料中的细粒级物料的总质量。这两个质量之比（总小于1）称为筛分效率。例如，在100kg的被筛物料中，理论上应

该通过筛孔的为60kg，而实际上通过筛孔的只有48kg，则筛分效率为：

$$\eta = \frac{48}{60} \times 100\% = 80\%$$

由此，筛分效率可按式（4 – 29）计算：

$$\eta = \frac{Q_1}{Q_2} \times 100\% \tag{4 – 29}$$

式中　Q_1 ——实际的筛下物料量；

　　　Q_2 ——理论上应该筛下的物料量。

事实上，用理论方法计算筛分效率是十分困难的，目前，通常用实验方法首先测定原始给料中筛下产物含量的百分比 a，然后确定筛上产物中筛下级别含量的百分比 c，进而可以计算出筛分效率。

设筛下产品占原始给料的质量的百分比为 x，则可求得筛分效率 η 为：

$$\eta = \frac{x}{a} \times 100\% = \frac{100(a - c)}{a(100 - c)} \times 100\% \tag{4 – 30}$$

在普通筛机中划分粗粒与细粒的界限是筛孔的尺寸，而对于概率筛来说，筛孔尺寸远大于分离粒度，因此计算筛分效率时，以筛分粒度作为划分粗粒和细粒的界限。

筛分效率与许多因素有关，如物料的含水量、难筛颗粒的数量、物料颗粒的形状、筛孔的形状、筛面的有效面积、筛面长度与料层厚度等。为了提高筛分效率，可以采取如下措施：

（1）增大物料颗粒的透筛概率。

（2）增大筛面上物料的跳动次数。

（3）减少难筛物料颗粒（接近筛孔尺寸的颗粒）的百分率。

4.5　振动离心脱水机运动学参数的选择

振动离心脱水机的运动学参数包括筛篮斜角 α_0、筛篮转速 n_c、筛篮的振动次数 n、振幅 λ、物料运动平均速度 v_p 和物料在筛篮中停留的时间 t 等。

A　截锥筛篮斜角 α_0 的选择

截锥筛篮斜角为其锥角的1/2。实践表明，振动离心脱水机与其他形式的离心脱水机相比，其脱水效率和单位面积产量较高，当调节某些参数时可以改变排料速度。但是上述优点只有在筛篮锥面斜角 α_0 小于动摩擦角 μ 的情况下才能显示出来，所以通常取斜角 α_0 为：

$$\alpha_0 < \mu \tag{4 – 31}$$

B　筛篮转速 n_c 的计算

根据振动离心脱水机所处理物料的性质及工艺上的要求，可以选取不同的离心强度。离心强度是指物料所受的向心加速度 $\omega_c^2 r_c$ 与重力加速度 g 的比值：

$$K_c = \frac{\omega_c^2 r_c}{g} = \frac{\pi^2 n_c^2 r_c}{900 g} = \frac{\pi^2 n_c^2 d_c}{1800 g} \quad (4-32)$$

式中 r_c——振动离心脱水机截锥筛篮的半径；

d_c——振动离心脱水机截锥筛篮的直径；

n_c——振动离心脱水机截锥筛篮的转速，r/min。

在选定所需的离心强度 K_c 以后，可根据式(4-32)计算所需的截锥筛篮转速 n_c，当振动离心机截锥筛篮的直径 d_c 确定后，筛篮转速 n_c 可按式(4-33)计算：

$$n_c = 30 \sqrt{\frac{2 K_c g}{\pi^2 d_c}} \quad (4-33)$$

式中，振动离心脱水机截锥筛篮的直径 d_c 一般以截锥筛篮直径大的一端进行计算，而振动离心脱水机的离心强度 K_c 通常在40~120范围内选取。

C 物料运动状态与滑行指数 D_{k0}、D_{q0} 的选择

振动离心脱水机一般不希望出现反向滑动和跳动，因为反向滑动会增加筛网的磨损，而跳动会减小物料的离心力，从而降低脱水效率。所以，在振动离心脱水机中采用的是单有正向滑动的运动状态，所选取的正向滑行指数 D_{k0}、反向滑行指数 D_{q0} 和抛掷指数 D 分别为：

$$D_{k0} = 1.2 \sim 2, \ D_{q0} < 1, \ D < 1 \quad (4-34)$$

D 筛篮轴向振动次数 n 和振幅 λ 的计算

参照式(3-100)，对于立式振动离心脱水机，振动次数 n 可按式(4-35)计算：

$$n = \frac{30}{\pi} \sqrt{\frac{D_{k0}}{\lambda} \left[\omega_c^2 r_c \tan(\mu - \alpha_0) + g \right]} \quad (4-35)$$

对于卧式振动离心脱水机，振动次数 n 可按式(4-36)计算：

$$n = \frac{30}{\pi} \sqrt{\frac{D_{k0}}{\lambda} \omega_c^2 r_c \tan(\mu - \alpha_0)} \quad (4-36)$$

参照式(3-100)，对于立式振动离心脱水机，振幅 λ 可按式(4-37)计算：

$$\lambda = \frac{900 \left[\omega_c^2 r_c \tan(\mu - \alpha_0) + g \right] D_{k0}}{\pi^2 n^2} \quad (4-37)$$

对于卧式振动离心脱水机，振幅 λ 可按式(4-38)计算：

$$\lambda = \frac{900 \omega_c^2 r_c \tan(\mu - \alpha_0) D_{k0}}{\pi^2 n^2} \quad (4-38)$$

E　物料沿筛篮锥面滑行平均速度 v_p 及物料在筛篮中停留时间 t 的计算

物料在筛篮中滑动的总距离为 $H/\cos \alpha_0$（H 为筛篮高度），它是在筛篮中每次滑行相对位移的叠加，即

$$\frac{H}{\cos \alpha_0} = \sum_{i=1}^{j} S_i = S_1 + S_2 + \cdots + S_j \qquad (4-39)$$

式中　S_i——第 i 次滑行的相对位移［式（3-105）］；

　　　j——物料在筛篮中滑行的总次数。

当滑行总次数 j 确定后，物料在筛篮中停留的时间 t 可按式（4-40）计算：

$$t = \frac{60j}{n} \qquad (4-40)$$

物料沿筛篮锥面整个高度滑行的平均速度 v_p 可按式（4-41）计算：

$$v_p = \frac{H}{t\cos \alpha_0} = \frac{nH}{60j\cos \alpha_0} \qquad (4-41)$$

若给料端平均速度 v_a 和排料端平均速度 v_b 相差不大，则物料在筛篮内的平均速度 v_p 可按式（4-42）计算：

$$v_p \approx \frac{v_a + v_b}{2} \qquad (4-42)$$

已知平均速度后，便可求出物料在筛篮内停留的总时间 t：

$$t = \frac{H}{v_p\cos \alpha_0} \qquad (4-43)$$

显然，物料在筛篮内停留的时间越长，产品的含水量应越低，但设备的产量就会下降。因此，在物料层厚度合适的情况下，还应选取合适的平均速度。

4.6　振动离心脱水机工艺参数的计算

振动离心脱水机的工艺参数包括筛篮直径 d_c、物料层厚度 h、离心脱水机的生产率 Q 与脱水效率等。

A　筛篮直径 d_c 的计算

当筛篮的转速 n_c 确定后，其直径 d_c 可按式（4-44）计算

$$d_c = \frac{1800K_c g}{\pi^2 n_c^2} \qquad (4-44)$$

振动离心脱水机的直径 d_c 一般以截锥筛篮直径大的一端进行计算，而离心强度的选取范围通常为 $K_c = 40 \sim 120$。

B　截锥筛篮内物料层厚度 h 的选择

设通过筛孔排出的固体物料占给入固体物料的 $b\%$，则排料端和给料端固体物料层厚度之比为：

$$\frac{h_{b}}{h_{a}} = \frac{(100 - b)}{100} \times \frac{2\pi r_{a}v_{a}}{2\pi r_{b}v_{b}} = \frac{(100 - b)}{100} \times \frac{r_{a}v_{a}}{r_{b}v_{b}}$$

式中 h_{b}, h_{a} ——排料端和给料端物料层的厚度;

r_{b}, r_{a} ——排料端和给料端处筛篮的半径。

排料端和给料端物料层厚度不应相差过大,以免影响脱水效果。

C 振动离心脱水机生产率的计算

按脱水后固体物料计算的生产率为:

$$Q_{B} = 3600 \times 2\pi r_{b}h_{b}v_{b}\rho \quad (\text{t/h}) \tag{4-45}$$

式中 v_{b} ——排料端物料运动的平均速度,m/s;

r_{b} ——筛篮排料端的平均半径,m;

h_{b} ——排料端物料层的厚度,m;

ρ ——物料松散密度,t/m³。

当考虑排料中的水分(占排料的 $a\%$)时,则其生产率为:

$$Q_{0} = Q_{B}\frac{100}{100 - a} \quad (\text{t/h}) \tag{4-46}$$

如滤液中的固体为原料中固体的 $b\%$,原料中的含水量为 $c\%$,则按原料计算的生产率为:

$$Q_{1} = Q_{B}\frac{100}{100 - b} \times \frac{100}{100 - c} \quad (\text{t/h}) \tag{4-47}$$

D 筛篮内物料质量的计算

筛篮内固体物料质量可按实际生产率计算:

$$m_{m} = \frac{1000Q_{B}H}{3600v_{p}\cos\alpha_{0}} = \frac{Q_{B}H}{3.6v_{p}\cos\alpha_{0}} \tag{4-48}$$

当考虑物料中的水分时,则物料质量为:

$$m_{m}' = \frac{Q_{B}H}{3.6v_{p}\cos\alpha_{0}} \times \frac{100}{100 - b'} \tag{4-49}$$

式中 b' ——物料中的平均含水量。

4.7 工程实例计算

例 4-1 已知某振动筛用于筛分密度为 1.6t/m³ 的不要求破碎的易碎性物料,要求产量 1100t/h,筛面长度为 $L = 12$m,物料对筛面的动摩擦因数和静摩擦因数分别为 0.6 和 0.95。试选择与计算该振动筛的运动学参数与工艺参数。

解 (1)选用物料运动状态

要求物料在筛分输送过程中不发生粉碎,故选取滑行运动状态,并选取抛掷指数 $D < 1$,正向滑行指数 $D_{k} \approx 2 \sim 3$,反向滑行指数 $D_{q} \approx 1$。

（2）选取筛面倾角 α_0 及振动方向角 δ

对于长距离振动输送机，通常选取倾角 $\alpha_0 = 0°$。

振动方向角 δ 计算：

当静摩擦因数 $f_s = 0.95$ 时，静摩擦角 $\mu_s = \arctan 0.95 = 43.5312°$，按式（3-13b）计算出：

$$c = \frac{D_{q0}}{D_{k0}} \frac{\sin(\mu_s + \alpha_0)}{\sin(\mu_s - \alpha_0)} = \frac{1}{2 \sim 3} \frac{\sin(43.5312° + 0°)}{\sin(43.5312° - 0°)} = 0.5 \sim 0.33$$

振动方向角 δ 按式（3-13a）计算：

$$\delta = \arctan \frac{1 - c}{(1 + c)f_s} = \arctan \frac{1 - 0.5}{(1 + 0.5) \times 0.95} \sim \arctan \frac{1 - 0.33}{(1 + 0.33) \times 0.95}$$

$$= 19°20' \sim 27°56'$$

当 $D_k = 3$ 时，振动方向角 $\delta = 28°$。

（3）振幅与振动次数

根据机器结构，选取振幅 $\lambda_1 = 5\text{mm}$，则振动次数 n 为：

$$n = 30 \sqrt{\frac{D_{k0} g \sin(\mu_s - \alpha_0)}{\pi^2 \lambda_1 \cos(\mu_s - \delta)}} = 30 \sqrt{\frac{3.0 \times 9.80 \sin(43.5312° - 0°)}{\pi^2 \times 0.005 \cos(43.5312° - 28°)}}$$

$$= 619 \text{ r/min}$$

验算振动强度

$$K = \frac{\omega^2 \lambda_1}{g} = \frac{\pi^2 n^2 \lambda_1}{900g} = \frac{3.1416^2 \times 619^2 \times 0.005}{900 \times 9.80} = 2.14 < 7 \sim 10$$

（4）物料平均速度的计算

正向滑行指数与反向滑行指数分别为：

$$D_{k0} = \frac{\omega^2 \lambda_1 \cos(\mu_s - \delta)}{g \sin(\mu_s - \alpha_0)} = \frac{64.82^2 \times 0.005 \cos(43.5312° - 28°)}{9.8 \sin(43.5312° - 0°)} = 3.0$$

$$D_{q0} = \frac{\omega^2 \lambda_1 \cos(\mu_s + \delta)}{g \sin(\mu_s + \alpha_0)} = \frac{64.82^2 \times 0.005 \cos(43.5312° + 28°)}{9.8 \sin(43.5312° + 0°)} = 0.9696$$

抛掷指数

$$D = \frac{\omega^2 \lambda_1 \sin \delta}{g \cos \alpha_0} = \frac{64.82^2 \times 0.005 \sin 28°}{9.8 \cos 0°} = 1.0$$

由此可知：既没有反向滑动，也没有抛掷运动。

实际正向滑始角为

$$\varphi'_k = \varphi_{k0} = \arcsin \frac{1}{D_{k0}} = \arcsin 0.333 = 19°28'$$

假想正向滑始角为

$$\varphi_k = \arcsin \frac{1}{D_k}$$

$$= \arcsin \frac{g\sin(\mu - \alpha_0)}{\omega^2 \lambda_1 \cos(\mu - \delta)}$$

$$= \arcsin \frac{9.80\sin(30°58' - 0')}{64.82^2 \times 0.005\cos(30°58' - 28°)}$$

$$= \arcsin 0.24 = 13°54'$$

其中　　　　　　　　　　$\mu = \arctan 0.6 = 30°58'$

根据 φ'_k 和 φ_k，按图 3-3 直接查出 $\varphi'_m = 269°30'$，进而可得：

$$b'_k = \sin \varphi'_k = 0.333, \quad b_k = \sin \varphi_k = 0.24, \quad b'_m = \sin \varphi'_m = -1$$

计算 P_{km} 值

$$P_{km} = \frac{b'^2_m - b'^2_k}{2b_k} - (b'_m - b'_k) = \frac{(-1)^2 - 0.333^2}{2 \times 0.24} - (-1 - 0.333) = 3.185$$

或直接按图 3-3 查得 $P_{km} = 3.185$。

物料运动的理论平均速度为：

$$v_k = \omega\lambda_1 \cos\delta(1 + \tan\mu\tan\delta)\frac{P_{km}}{2\pi}$$

$$= 64.82 \times 0.005\cos 28°(1 + 0.6 \times \tan 28°)\frac{3.185}{2\pi}$$

$$= 0.286 \times (1 + 0.319) \times 0.507 = 0.191\text{m/s}$$

实际平均速度 v_m 为：

$$v_m = C_h v_k = 0.8 \times 0.191 = 0.153\text{m/s}$$

(5) 筛面宽度 B 的计算

$$Q = 3600Bhv_m\rho = 3600Bh \times 0.153 \times 1.6\text{t/h}$$

当薄层筛分时，可取 $h = (1 \sim 2)a$（a 为筛孔尺寸）；当普通筛分时，取 $h = (3 \sim 5)a$；对于厚层筛分，取 $h = (10 \sim 20)a$。若筛孔尺寸 $a = 50\text{mm}$，采用普通筛分时，取料层厚度 $h = 0.25\text{m}$，则计算出筛面的宽 B：

计算结果取整，$B = \dfrac{Q}{3600hv_m\rho} = \dfrac{1100}{3600 \times 0.25 \times 0.153 \times 1.6} = 4.99\text{m}$

可取筛面宽度 $B = 5.0\text{m}$。

例 4-2　已知某单层直线振动筛，用于筛分密度为 1.6t/m^3 的不易碎物料，筛机宽度为 3m，试确定该振动筛的运动学参数与生产率。

解　(1) 选取物料的运动状态

被筛分输送的物料是不易碎物料，为了减轻筛面的磨损，故选取抛掷运动状态，并选取 $D = 1.5 \sim 2.5$，正向滑行指数 $D_k = 1$，反向滑行指数 $D_q = 1$，振动

强度 $K = 3 \sim 5$。

（2）筛面倾角 α_0 及振动方向角 δ 选取

对于直线振动，选筛面倾角 $\alpha_0 = 0$；对于抛掷运动状态，当选取振动强度 $K = 4.5$ 时，最佳振动方向角 $\delta \approx 30°$。

（3）振幅 λ 与振动次数 n 的计算

若取振幅 $\lambda = 7 \sim 8\text{mm}$，则可按下式计算出振动次数：

$$n = 30\sqrt{\frac{Dg\cos\alpha_0}{\pi^2\lambda\sin\delta}} = 30\sqrt{\frac{2 \times 9.8\cos 0°}{\pi^2 \times (0.007 \sim 0.008)\sin 30°}} = 715 \sim 668\text{r/min}$$

现取 $n = 700\text{r/min}$，此时，振动强度 K 与抛掷指数 D 分别为：

$$K = \frac{\omega^2\lambda}{g} = \frac{\pi^2 n^2\lambda}{900g} = \frac{3.14^2 \times 700^2 \times 0.008}{900 \times 9.8} = 4.38$$

$$D = K\sin\delta = 4.38\sin 30° = 2.19$$

（4）物料运动平均速度的计算

当抛掷指数 $D = 2.19$ 时，查图 3-7 得抛离系数 $i_D = 0.79$，则物料运动的理论平均速度 v_d 为：

$$v_d = \omega\lambda\cos\delta\frac{\pi i_D^2}{D}(1 + \tan\alpha_0\tan\delta)$$

$$= \frac{\pi \times 700}{30} \times 0.008\cos 30°\frac{\pi \times 0.79^2}{2.19}(1 + \tan 0° \times \tan 30°)$$

$$= 73.3 \times 0.008 \times 0.866 \times 0.895 = 0.4545\text{m/s}$$

物料运动的实际平均速度为：

$$v_m = C_m C_h C_\alpha C_W v_d = 0.8 \times 0.8 \times 1.0 \times 1.0 \times 0.4545 = 0.291\text{m/s}$$

式中　　C_m ——物料形状影响系数，对于块状物料，取 $C_m = 0.8$；

　　　　C_h ——料层厚度影响系数，取 $C_m = 0.8$；

　　　　C_α ——筛面倾角影响系数，当 $\alpha_0 = 0$ 时，取 $C_\alpha = 1.0$；

　　　　C_W ——滑行运动影响系数，取 $C_W = 1.0$。

（5）生产率 Q 的计算

若取料层厚度为 $h = 0.1\text{m}$，宽度 $B = 3\text{m}$ 的筛机生产率为：

$$Q = 3600Bhv_m\rho = 3600 \times 3 \times 0.1 \times 0.291 \times 1.6 = 503\ t/h$$

5 惯性式振动筛动力学与动力学参数的设计计算

惯性式振动筛是一种由带有偏心块的惯性式激振器激振的振动机械，常用于物料的筛分、脱水、脱介和分级选别等各种工作中。这种振动筛的构造简单、制造容易、安装方便、质量较轻、传给地基的动载荷小，因而它的用途广泛、品种规格繁多。

惯性式振动筛按照振动质体的数目，可分为单质体、双质体和多质体等几种；按照激振器转轴的数目，可分为单轴式、双轴式和多轴式三种；按照动力学特性，可分为线性非共振式、线性近共振式、非线性式和冲击式等。

5.1 线性非共振惯性式振动筛动力学分析

对惯性振动筛的振动系统进行动力学分析的目的，是要找出振动质量、弹簧刚度、偏心块的质量矩与振幅之间的关系；选择合适的工作点；确定惯性振动筛功率的计算方法，以便对该筛机动力学参数进行定量计算。

5.1.1 线性非共振单轴惯性式振动筛动力学分析

单轴惯性式振动筛分为激振力通过质心的单轴惯性式振动筛和激振力不通过质心的单轴惯性式振动筛两种。下面分别对这两种筛机进行动力学分析。

5.1.1.1 激振力通过筛机质心的单轴惯性式振动筛动力学分析

根据单轴惯性式振动筛的机构图，画出其力学模型如图 5-1 所示。依据力学模型，按照达伦培尔原理，可建立振动系统的振动方程。由图 5-1 可知，作用在振动质体 m 上的力包括机体惯性力、阻尼力、弹性力和激振力。在振动的每一瞬时，这些力的和应为零。换句话说，振动系统中作用于质量 m 上的所有力应互成平衡，即

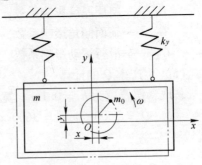

图 5-1 激振力通过筛体质心的单轴惯性振动筛的力学模型

$$y \text{ 方向} \quad (-m\ddot{y}) + (-c\dot{y}) + (-k_y y) + [-m_0\ddot{y} + F_y(t)] = 0$$
$$x \text{ 方向} \quad (-m\ddot{x}) + (-c\dot{x}) + 0 + [-m_0\ddot{x} + F_x(t)] = 0 \qquad \left.\right\} \quad (5-1)$$

式中　　　　　　m——振动质体的计算质量，$m = m_p + K_m m_m$；

　　　　　　　　m_p——筛箱质量；

　　　　　　　　K_m——物料结合系数，一般为 0.1 ~ 0.4；

　　　　　　　　m_m——筛面上物料的质量；

　　　　　　　　c——等效阻力系数；

　　　　　　　　k_y——隔振弹簧在垂直方向上的刚度；

　　　　　　　　m_0——偏心块质量；

$F_y(t)$，$F_x(t)$——偏心块在 y 方向与 x 方向的相对运动惯性力（即绕轴线回转运动之惯性力）；

y，$\dot{y}$，$\dot{x}$，$\dot{x}$——振动机体在 y 方向和 x 方向的速度和加速度。

偏心块相对于回转轴线的惯性力 $F_y(t)$ 和 $F_x(t)$ 用下式表示：

$$\left. \begin{array}{l} F_y(t) = m_0\omega^2 r\sin \omega t \\ F_x(t) = m_0\omega^2 r\cos \omega t \end{array} \right\} \tag{5-2}$$

式中　ω，r——轴回转角速度与偏心块的偏心距。

将式（5-2）代入式（5-1）中并经整理，便可写出单轴惯性式振动筛振动系统的振动方程为：

$$\left. \begin{array}{l} (m + m_0)\,\dot{x} + c\,\dot{x} = m_0 r\omega^2\cos \omega t \\ (m + m_0)\,\dot{y} + c\,\dot{y} + k_y y = m_0 r\omega^2\sin \omega t \end{array} \right\} \tag{5-3}$$

（1）近似求解法对式（5-3）求解。因为该种振动筛的阻尼力与弹性力远小于筛机的惯性力与激振力，它对筛机运动的影响在近似计算时可略去不计。这时，振动系统中质量 m 产生的惯性力 $m\omega^2\lambda$ 与偏心块产生的惯性力 $m_0\omega^2 r$ 相平衡，其方向相反、大小近似相等，即

$$m\omega^2\lambda \approx m_0\omega^2 r$$

或

$$\lambda \approx \frac{m_0 r}{m} \tag{5-4}$$

式中　λ——筛箱的振幅；

　　m_0，m——偏心块的质量及振动质体的计算质量（包括筛箱和物料结合质量）。

通过前面分析（或由试验证明）可知，机体与偏心块始终处在振动中心的两个方向上，机体在上方时，偏心块在下方，机体在左方时，偏心块在右方，或相反。而振动中心，实际上就是机体与偏心块的合成质心。

（2）精确求解法对式（5-3）求解。由于阻尼力的存在，自由振动在筛机工作过程中将会消失，因此，筛机运动只剩下强迫运动。下面仅研究振动筛的强迫振动。

当振动筛正常工作时，机体在 y 方向和 x 方向的位移应有如下形式：

$$\left. \begin{array}{l} x = \lambda_x \cos(\omega t - \alpha_x) \\ y = \lambda_y \sin(\omega t - \alpha_y) \end{array} \right\} \qquad (5-5)$$

式中　λ_x，λ_y ——机体在 x 方向和 y 方向的振幅；

α_x，α_y ——x 方向和 y 方向的激振力对位移的相位差角。

首先由式（5-5）求质体的速度和加速度：

$$\left. \begin{array}{l} \dot{x} = -\lambda_x \omega \sin(\omega t - a_x) \\ \ddot{x} = -\lambda_x \omega^2 \cos(\omega t - a_x) \\ \dot{y} = \lambda_y \omega \cos(\omega t - a_y) \\ \ddot{y} = -\lambda_y \omega^2 \sin(\omega t - a_y) \end{array} \right\} \qquad (5-6)$$

将 $\ddot{y}$、$\dot{y}$ 和 y 代入式（5-3）中，并将 $\sin \omega t$ 展为 $\sin \omega t = \sin(\omega t - \alpha_y + \alpha_y) = \cos \alpha_y \sin(\omega t - \alpha_y) + \sin \alpha_y \cos(\omega t - \alpha_y)$，这时式（5-3）可写为以下形式：

$$-(m + m_0)\lambda_x \omega^2 \cos(\omega t - \alpha_x) - c\lambda_x \omega \sin(\omega t - \alpha_x) =$$
$$m_0 \omega^2 r[\cos(\omega t - \alpha_x)\cos \alpha_x - \sin(\omega t - \alpha_x)\sin \alpha_x] \qquad (5-7)$$

为使式（5-7）恒等，$\sin(\omega t - \alpha_x)$ 及 $\cos(\omega t - \alpha_x)$ 的系数必须满足以下条件

$$\left. \begin{array}{l} -(m + m_0)\lambda_x \omega^2 = m_0 \omega^2 r\cos \alpha_x \\ -c\lambda_x \omega = -m_0 \omega^2 r\sin \alpha_x \end{array} \right\} \qquad (5-8)$$

振动机体 x 方向的振幅及相位差角可由式（5-8）导出：

$$\left. \begin{array}{l} \lambda_x = -\dfrac{m_0 r\cos \alpha_x}{m + m_0} = -\dfrac{m_0 r\cos \alpha_x}{m'_x} \\[3mm] \alpha_x = \arctan \dfrac{-c}{(m + m_0)\omega} = \arctan \dfrac{-c}{m'_x \omega} \end{array} \right\} \qquad (5-9)$$

式中　m'_x ——机体在 x 方向的计算质量，$m'_x = m + m_0$。

用同样的方法可求出 y 方向机体的振幅及相位差角为：

$$\left. \begin{array}{l} \lambda_y = \dfrac{m_0 \omega^2 r\cos a_y}{k_y - (m + m_0)\omega^2} = -\dfrac{m_0 r\cos a_y}{m'_y} \\[3mm] a_y = \arctan \dfrac{c\omega}{k_y - (m + m_0)\omega^2} = \arctan \dfrac{-c}{m'_y \omega} \end{array} \right\} \qquad (5-10)$$

式中　m'_y ——惯性振筛振动机体在 y 方向的计算质量，$m'_y = m + m_0 - \dfrac{k_y}{\omega^2}$。

由于在惯性振动筛中，阻尼力不大，且是 $k \ll (m + m_0)\omega^2$，α_x 和 α_y 通常在 $170° \sim 180°$ 之间，所以 $\cos \alpha_x \approx \cos \alpha_y \approx 1$。式（5-9）和式（5-10）平方后相加，可得以下椭圆方程：

$$\left(\frac{y}{\lambda_y}\right)^2 + \left(\frac{y}{\lambda_x}\right)^2 = 1 \tag{5-11}$$

式 (5-11) 为标准椭圆方程式，即机体的运动轨迹为椭圆形。

当 $k_x \ll (m + m_0)\omega^2$ 时，$\lambda_x \approx \lambda_y = \lambda$，即当弹簧刚度很小时，机体作圆运动，其运动方程式为：

$$x^2 + y^2 = \lambda^2 \tag{5-12}$$

图 5-2 表示了按式 (5-9) 和式 (5-10) 作出的频幅响应曲线。在 y 方向，当工作频率 ω 等于固有频率 $\omega_0 = \sqrt{\dfrac{k}{m+m_0}}$ 时，振幅将显著增大，这时弹簧也存在因过载而引起破坏的危险。在 x 方向，弹簧刚度为零，所以振幅 λ_x = 常数。非共振类惯性振动筛通常工作

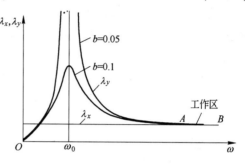

图 5-2 惯性振动筛的频幅响应曲线

在远超共振的 AB 区段内。共振时的转数可按式 (5-13) 计算：

$$n_0 = \frac{30}{\pi}\omega_0 = \frac{30}{\pi}\sqrt{\frac{k}{m+m_0}} \quad (\text{次}/\min) \tag{5-13}$$

图 5-3 表示了某惯性振动筛自启动至正常运转，及由正常运转至停车的振动机体位移变化曲线。由曲线图看出：y 方向的振幅，当到达某频率时显著增大；而 x 方向的振幅，始终保持不变。这是因为 x 方向弹簧刚度为零，而 y 方向刚度不为零引起的。同时还可以从 y 方向的曲线图看出，在启动后某一段时间内，存在着自由振动，经一定时间后衰减为零，仅存在着强迫振动。

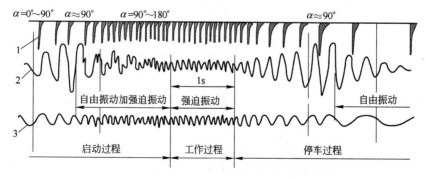

图 5-3 某惯性振动筛位移的实测曲线

1—偏心块相位；2—y 方向位移曲线；3—x 方向位移曲线

下面根据图 5-2 分析单轴振动筛的几种工作状态。

（1）亚共振状态。亚共振状态——$n < n_0$，即 $k > (m + m_0)\omega^2$。若取 $k = (m + 2m_0)\omega^2$，则机体的振幅 $\lambda = r$。在这种状态下，可以避免筛机启动和停机时通过共振区，从而能提高弹簧的工作寿命，同时能降低轴承的压力，延长轴承寿命，并能减小筛机轴承的摩擦功率及电动机的启动力矩。但是在这种状态下工作的筛机，弹簧刚度要很大，因此必然会在地基或固定架上出现很大的动力，以致引起建筑物的振动，所以必须设法消振。

（2）共振状态。共振状态——$n = n_0$，即 $k = (m + m_0)\omega^2$。振幅 λ 将显著增大，但由于阻尼力的存在，振幅是一个有限的数值。改变阻力及给料量时，将会引起振幅较大的变化。由于振幅不稳定，这种状态没有得到应用。

（3）超共振状态。超共振状态——$n > n_0$，这种状态又分两种情况：

1）n 稍大于 n_0，即 k 稍小于 $(m + m_0)\omega^2$。若取 $k = m\omega^2$，则得 $\lambda = -r$。因为 $n > n_0$，所以筛机启动与停机要通过共振区。这种状态的其他优缺点与亚共振状态相同。

2）$n \gg n_0$，即为远超共振状态。此时，$k \ll (m + m_0)\omega^2$。从图 5 - 2 可以明显看出，转速 ω 愈高，机体振幅 λ 愈平稳，即振动筛的工作比较稳定。这种工作状态的优点是：弹簧的刚度较小，传给地基及固定架的动力也就较小，从而不会引起建筑物的振动；同时，因为不需要很多弹簧，筛机的构造也较简单。目前设计和工业用的惯性式振动筛，通常都采用这种工作状态。这种状态的缺点是：所需要的激振力较大，轴承承受较大的压力，轴承的摩擦功率也较大；启动和停机通过共振区，因而弹簧容易损坏。可采用自移偏心重式激振器、电动机反接制动和弹簧限位等消振方法。

5.1.1.2　激振力不通过筛机质心的单轴惯性式振动筛动力学分析

在一些惯性振动筛中，激振力不通过机体质心，隔振弹簧的刚度矩也不为零。这时，振动机体将绕其质心作不同程度的摇摆振动。

由于在大多数振动筛中，弹性力对机体振动的影响不大，一般不超过 2% ~ 5%，因此在近似计算时，可以略去（在精确计算时，应考虑它的影响）。这里介绍近似计算方法。

参照图 5 - 4，可以列出机体沿 y 方向、x 方向振动和绕机体质心摇摆振动的方程，即

$$\left.\begin{array}{l} (m + m_0)\ddot{y} = m_0\omega^2 r\sin \omega t \\ (m + m_0)\ddot{x} = m_0\omega^2 r\cos \omega t \\ (J + J_0)\ddot{\varphi} = m_0\omega^2 r(l_{0y}\cos \omega t - l_{0x}\sin \omega t) \end{array}\right\} \qquad (5 - 14)$$

式中　J，J_0——机体及偏心块对机体质心的转动惯量；

　　　l_{0y}，l_{0x}——偏心块回转轴心至机体质心在 y 方向和 x 方向的距离；

$\ddot{\varphi}$——摇摆振动的角加速度。

上述微分方程的特解为：

$$\left.\begin{array}{l} y_0 = \lambda_y \sin \omega t \\ x_0 = \lambda_x \cos \omega t \\ \varphi = \lambda_{\varphi x} \sin \omega t + \lambda_{\varphi y} \cos \omega t \end{array}\right\} \quad (5-15)$$

式中　$\lambda_y, \lambda_x, \lambda_{\varphi y}, \lambda_{\varphi x}$——$y$方向、$x$方向的激振力和激振力矩引起的振幅和幅角。

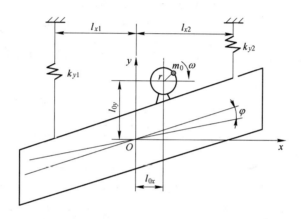

图 5-4　单轴惯性振动机械摇摆振动

将式(5-15)微分两次，代入式(5-14)中，得

$$\left.\begin{array}{ll} \lambda_y = -\dfrac{m_0 r}{m + m_0}, & \lambda_x = -\dfrac{m_0 r}{m + m_0} \\[3mm] \lambda_{\varphi x} = \dfrac{m_0 r l_{0x}}{J + J_0}, & \lambda_{\varphi y} = -\dfrac{m_0 r l_{0y}}{J + J_0} \end{array}\right\} \quad (5-16)$$

因此，机体上任意一点 e 的运动方程为

$$\left.\begin{array}{l} y_e = y_0 - \varphi l_{ex} = (\lambda_y - \lambda_{\varphi x} l_{ex})\sin \omega t - \lambda_{\varphi y} l_{ex}\cos \omega t \\ x_e = x_0 + \varphi l_{ey} = \lambda_{\varphi x} l_{ey}\sin \omega t + (\lambda_x + \lambda_{\varphi y} l_{ey})\cos \omega t \end{array}\right\} \quad (5-17)$$

当 l_{ex}、l_{ey} 及 λ_y、λ_x、$\lambda_{\varphi x}$、$\lambda_{\varphi y}$ 的值求得以后，并将一周期内的 ωt 分成 8、12 或更多的等分，然后代入上式，可以求出当 ωt 为不同值时的 y_e 和 x_e，进而可画出机体上任意点的运动轨迹。

例 5-1　已知某单轴惯性振动筛，机体及偏心块总质量为 3000kg，机体及偏心块对机体质心的转动惯量 $J + J_0$ 为 3898kg·m²，激振力 $F = m_0 \omega^2 r =$ 74000N，角速度 $\omega = 78.51/s$，偏心块轴心对质心的坐标为 $l_{0y} = 57$cm，$l_{0x} = 0$cm。求：A(0cm, 132cm)、O(0cm, 0cm)、B(100cm, 132cm) 三点的运动

轨迹。

解　将已知数据代入式（5－16），可以求得：

$$\lambda_y = \lambda_x = \frac{-74000}{3000 \times 78.5^2} = -0.004\text{m} = -0.4\text{cm}$$

$$\lambda_{\varphi y} = \frac{-74000 \times 0.57}{3898 \times 78.5^2} = -0.00175\text{rad}, \quad \lambda_{\varphi x} = 0$$

因而，任意点 e 的运动方程为：

$$y_e = -0.4\sin \omega t + 0.00175 l_{ex}\cos \omega t$$

$$x_e = (-0.4 - 0.00175 l_{ey})\cos \omega t$$

将 l_{ex}，l_{ey} 及 $\omega t = 0, \dfrac{\pi}{4}, \dfrac{\pi}{2}, \dfrac{3}{4}\pi, \cdots, 2\pi$ 的值代入上式，则可求得 y_e，x_e 的值，计算结果列于表 5－1 中。

表 5－1　y_e、x_e 的计算值

任意点坐标/cm		位移/cm	Ωt							
			0	$\dfrac{\pi}{4}$	$\dfrac{\pi}{2}$	$\dfrac{3}{4}\pi$	π	$\dfrac{5}{4}\pi$	$\dfrac{3}{2}\pi$	$\dfrac{7}{4}\pi$
近似方法	A 点 $\begin{pmatrix} 0 \\ 132 \end{pmatrix}$	y_A	0.23	-0.12	-0.4	-0.44	-0.23	0.12	0.4	0.44
		x_A	-0.4	-0.28	0	0.28	0.4	0.28	0	-0.28
	O 点 $\begin{pmatrix} 0 \\ 0 \end{pmatrix}$	y_O	0	-0.28	-0.4	-0.28	0	0.28	0.4	0.28
		x_O	-0.4	-0.28	0	0.28	0.4	0.28	0	-0.28
	B 点 $\begin{pmatrix} 100 \\ 132 \end{pmatrix}$	y_B	-0.23	-0.44	-0.4	-0.12	0.23	0.44	0.4	0.12
		x_B	-0.23	-0.16	0	0.16	-0.23	0.16	0	-0.16

根据表 5－1 中的资料，可作出如图 5－5 所示的运动轨迹曲线。筛箱两端的运动轨迹为椭圆形。

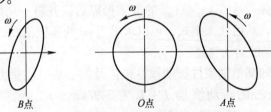

图 5－5　筛箱各点的运动轨迹

5.1.2 线性非共振双轴惯性式振动筛动力学分析

5.1.2.1 平面运动双轴惯性式振动筛的动力学分析

在双轴惯性振动筛中，弹簧的刚度对振幅的影响不大，近似计算时可取刚度为零。此外，双轴惯性振动筛的摇摆振动也不大，近似计算时也不考虑。这时，如图 5-6 所示，作用于振动机体上的力，仅是机体运动时的惯性力 $m\omega^2\lambda\sin\omega t$ 及偏心块运动时的惯性力 $2m_0\omega^2 r\sin\omega t$，它们相互平衡，即

$$m\omega^2\lambda \approx 2m_0\omega^2 r \quad \text{或} \quad m\lambda \approx 2m_0 r$$

$$(5-18)$$

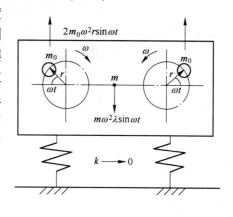

图 5-6 双轴惯性式振动筛近似计算图

式中　m——振动筛机体的计算质量（包括偏心块质量）；

　　　λ——振动筛机体沿振动方向的振幅；

　　　m_0——偏心块质量；

　　　r——偏心块的质心至回转轴线的距离。

（1）近似求解法。当偏心块的质量 m_0 及偏心半径 r 和振动机体质量 m 已知时，振幅的近似值为：

$$\lambda \approx \frac{2m_0 r}{m}$$

$$(5-19)$$

式中　$m_0 r$——每一根轴上的偏心质量矩。

（2）较精确的求解法。为了对双轴惯性式振动筛进行较精确的计算，应先列出其振动机体运动的微分方程式，然后求微分方程的解。

双轴惯性式振动筛机体振动的微分方程式与单轴惯性式振动筛的基本区别是激振力形式的不同。由图 5-7 可见，双轴惯性式振动器两回转轴上的偏心块产生的合成惯性力为：

$$F = 2m_0\omega^2 r\sin\omega t \quad (5-20)$$

分解到 y 方向和 x 方向上的相对惯性

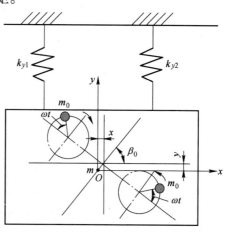

图 5-7 双轴惯性式振动筛受力图

力为：

$$\left.\begin{array}{l} F_y = 2m_0\omega^2 r\sin\beta_0\sin\omega t \\ F_x = 2m_0\omega^2 r\cos\beta_0\sin\omega t \end{array}\right\} \qquad (5-21)$$

式中　F_y，F_x——y 方向和 x 方向偏心块相对于轴心回转的惯性力；

　　　　β_0——合成惯性力作用线与水平面的夹角。

偏心块绝对运动的惯性力应是相对运动的惯性力（即绕其轴线回转运动的惯性力 $2m_0\omega^2 r\sin\omega t$）及牵连运动的惯性力（即其轴线随机体一起振动的惯性力 $-2m_0\ddot{y}$，$-2m_0\ddot{x}$）的和，即

$$\left.\begin{array}{l} F_y = -2m_0(\ddot{y} - \omega^2 r\sin\beta_0\sin\omega t) \\ F_x = -2m_0(\ddot{x} - \omega^2 r\cos\beta_0\sin\omega t) \end{array}\right\} \qquad (5-22)$$

除偏心块产生绝对运动惯性力外，还有振动机体的惯性力 $F_{my} = -m\ddot{y}$，$F_{mx} = -m\ddot{x}$；阻尼力 $F_{cy} = -c\dot{y}$，$F_{cx} = -c\dot{x}$；弹性力 $F_{ky} = -ky$，$F_{kx} = 0$。按照理论力学中的动静法，这些力的和应为零：

y 方向　　　　$-m\ddot{y} - c\dot{y} - ky - 2m_0(\ddot{y} - \omega^2 r\sin\beta_0\sin\omega t) = 0$ 　　(5-23a)

x 方向　　　　$-m\ddot{x} - c\dot{x} - 2m_0(\ddot{x} - \omega^2 r\cos\beta_0\sin\omega t) = 0$ 　　(5-23b)

其中　　　　　　　　　$m = m_p + K_m m_m$

式中　m_p——振动机体的实际质量；

　　　K_m——物料结合系数；

　　　m_m——物料质量；

　　　c——等效阻力系数；

　　　k——隔振弹簧中心方向上的刚度，$k = k_{y1} + k_{y2}$；

y，$\dot{y}$，$\ddot{y}$——振动机体在 y 方向的位移、速度和加速度；

x，$\dot{x}$，$\ddot{x}$——振动机体在 x 方向的位移、速度和加速度。

式（5-23a）和式（5-23b）移项后，可得

$$\left.\begin{array}{l} (m + 2m_0)\ddot{y} + c\dot{y} + ky = 2m_0\omega^2 r\sin\beta_0\sin\omega t \\ (m + 2m_0)\ddot{x} + c\dot{x} = 2m_0\omega^2 r\cos\beta_0\sin\omega t \end{array}\right\} \qquad (5-24)$$

式（5-24）就是双轴惯性式振动筛沿 y 方向与 x 方向的微分方程。下面求此振动方程的解。设 y 方向与 x 方向的位移为：

$$\left.\begin{array}{l} y = \lambda_y\sin(\omega t - a_y) \\ x = \lambda_x\sin(\omega t - a_x) \end{array}\right\} \qquad (5-25)$$

式中　λ_y，λ_x——y 方向与 x 方向的振幅；

　　　a_y，a_x——y 方向与 x 方向的激振力对位移的相位差角。

速度与加速度分别为

$$\left.\begin{aligned}
\dot{y} &= \lambda_y \omega \cos(\omega t - a_y) \\
\ddot{y} &= -\lambda_y \omega^2 \sin(\omega t - a_y) \\
\dot{x} &= \lambda_x \omega \cos(\omega t - a_x) \\
\ddot{x} &= -\lambda_x \omega^2 \sin(\omega t - a_x)
\end{aligned}\right\} \tag{5-26}$$

将速度与加速度代入式（5-24）中，采用与单轴惯性振动机相同的方法，可以求得

$$\left.\begin{aligned}
-(m + 2m_0)\omega^2 \lambda_y + k\lambda_y &= 2m_0\omega^2 r\sin\beta_0\cos a_y \\
c\omega\lambda_y &= 2m_0\omega^2 r\sin\beta_0\sin a_y \\
-(m + 2m_0)\omega^2 \lambda_x &= 2m_0\omega^2 r\cos\beta_0\cos a_x \\
c\omega\lambda_x &= 2m_0\omega^2 r\cos\beta_0\sin a_x
\end{aligned}\right\} \tag{5-27}$$

按照式（5-27），可以求出双轴惯性式振动筛 y 方向和 x 方向的振幅 λ_y、λ_x 及相位差角 α_y 和 α_x 如下：

$$\left.\begin{aligned}
\lambda_y &= \frac{2m_0\omega^2 r\sin\beta_0\cos a_y}{k - (m + 2m_0)\omega^2} = -\frac{2m_0 r\sin\beta_0\cos\alpha_y}{m'_y} \\
\lambda_x &= \frac{2m_0 r\cos\beta_0\cos a_x}{-(m + 2m_0)} = -\frac{2m_0 r\cos\beta_0\cos a_x}{m'_x} \\
a_y &= \arctan\frac{c\omega}{k - (m + 2m_0)\omega^2} = \arctan\frac{-c}{m'_y\omega} \\
a_x &= \arctan\frac{-c}{(m + 2m_0)\omega} = \arctan\frac{-c}{m'_x\omega}
\end{aligned}\right\} \tag{5-28}$$

其中

$$m'_y = m + 2m_0 - \frac{k}{\omega^2},\quad m'_x = m + 2m_0$$

式中，m'_y、m'_x 为 y 方向与 x 方向的计算质量。

由于 y 方向与 x 方向的弹簧刚度不等，所以合成振动方向与激振力作用方向并不一致。y 方向与 x 方向的合成振幅，即为沿振动方向的振幅（由于阻尼较小，可以近似取 $a_y \approx a_x$）：

$$\lambda = \sqrt{\lambda_x^2 + \lambda_y^2} = \frac{2m_0 r}{m'_y}\cos a_y \sqrt{\left(\frac{m'_x}{m'_y}\sin\beta_0\right)^2 + \cos^2\beta_0} \tag{5-29}$$

实际的振动方向角 β 为：

$$\beta = \arctan\frac{\lambda_y}{\lambda_x} = \arctan\left(\frac{m'_x}{m'_y}\tan\beta_0\right) \tag{5-30}$$

因为 y 方向弹簧有一定刚度，而 x 方向弹簧刚度为零，m'_y 一般比 m'_x 要小些，实际振动方向角 β 比合成惯性力的方向角 β_0 稍大。但是在远离共振的情况（即 k

$\ll (m + 2m_o) \omega^2$ ）下，$m'_x = m'_y$，$a_y = a_x$，则合成振幅为：

$$\lambda = \frac{2m_0 r}{m + 2m_0} \qquad (5-31)$$

实际振动方向角为：　　　　　　　　$\beta = \beta_0$

式（5-31）的结果与前面近似分析的结果是一致的。

5.1.2.2 空间运动双轴惯性式振动筛的动力学分析

双轴惯性式旋振筛的力学模型如图 5-8 所示。该振动筛为单质体系统，质体上装有交叉轴式惯性激振器。当激振器的两根轴作等速反向回转时，轴上的偏心块便产生垂直方向的激振力和绕垂直方向的激振力矩，使机体产生垂直与扭转复合振动。

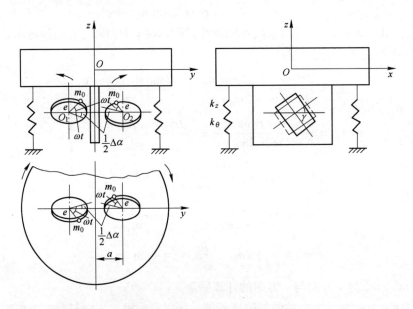

图 5-8　双轴惯性式旋振筛力学模型

在满足同步条件（$\Delta\alpha = 0$ 时）下，该类振动筛可简化为二自由度的振动系统，即机体产生 z 方向的垂直振动和统 z 轴的扭转振动。

沿 z 轴方向的激振力为：$F_z = 2m_0 e\omega^2 \cos\gamma \sin\omega t$ 　　　（5-32a）

绕 z 轴的力矩为：　　$M_z = 2m_0 e\omega^2 a\sin\gamma \sin\omega t$ 　　　（5-32b）

则双轴惯性式旋振筛的振动方程为：

$$\left.\begin{array}{l} m\ddot{z} + c_z\dot{z} + k_z z = 2m_0 e\omega^2 \cos\gamma \sin\omega t \\[2mm] J_z\ddot{\theta} + c_\theta\dot{\theta} + k_\theta\theta = 2m_0 e\omega^2 a\sin\gamma \sin\omega t \end{array}\right\} \qquad (5-33)$$

式中　m——振动筛机体的质量（包括偏心块质量）；

J_z ——振动机体（包括偏心块质量）对 z 轴的转动惯量；

c_z , c_θ ——振动机体沿 z 方向和沿 θ 方向的当量阻尼系数；

k_z , k_θ ——z 方向的弹簧刚度及 θ 方向的弹簧刚度；

z , $\dot{z}$, $\ddot{z}$ ——振动机体在 z 方向的位移、速度和加速度；

θ , $\dot{\theta}$, $\ddot{\theta}$ ——振动机体绕 z 轴转动的角位移、角速度和角加速度；

e ——偏心块质心到回转轴的距离；

γ ——激振器轴线与水平面的夹角；

a ——激振器轴心距离之半；

ω ——激振器转动角速度。

由于阻尼的存在，自由振动在机器正常工作时将会消失，所以对工作有意义的是受迫振动，因此下面只考虑振动筛的稳态振动。

方程(5-33)的稳态解有以下形式

$$\left.\begin{array}{l} z = \lambda_z \sin(\omega t - \alpha_z) \\ \theta = \theta_z \sin(\omega t - \alpha_\theta) \end{array}\right\} \tag{5-34}$$

式中　λ_z ——振动机体 z 方向的振幅；

θ_z ——振动机体 θ 方向的振动幅角；

α_z , α_θ ——激振力和激振力矩对其相应位移的相位差角。

将式(5-34)及其二次导数代入式(5-33)中，可得

$$\left.\begin{array}{l} -m\lambda_z\omega^2\sin(\omega t - \alpha_z) + c_z\lambda_z\omega\cos(\omega t - \alpha_z) + k_z\lambda_z\sin(\omega t - \alpha_z) \\ = 2m_0e\omega^2\cos\gamma[\sin(\omega t - \alpha_z)\cos\alpha_z + \cos(\omega t - \alpha_z)\sin\alpha_z] \\ -J_z\theta_z\omega^2\sin(\omega t - \alpha_\theta) + c_\theta\theta_z\omega\cos(\omega t - \alpha_\theta) + k_\theta\theta_z\sin(\omega t - \alpha_\theta) \\ = 2m_0e\omega^2 a\sin\gamma[\sin(\omega t - \alpha_\theta)\cos\alpha_\theta + \cos(\omega t - \alpha_\theta)\sin\alpha_\theta] \end{array}\right\}$$

$$\tag{5-35}$$

为使上式恒等, $\sin(\omega t - \alpha_z)$ 、$\cos(\omega t - \alpha_z)$ 、$\sin(\omega t - \alpha_\theta)$ 和 $\cos(\omega t - \alpha_\theta)$ 的系数必须满足以下条件

$$\left.\begin{array}{l} -m\lambda_z\omega^2 + k_z\lambda_z = 2m_0e\omega^2\cos\gamma\cos\alpha_z \\ c_z\lambda_z\omega = 2m_0e\omega^2\cos\gamma\sin\alpha_z \\ -J_z\theta_z\omega^2 + k_\theta\theta_z = 2m_0e\omega^2 a\sin\gamma\cos\alpha_\theta \\ c_\theta\theta_z\omega = 2m_0e\omega^2 a\sin\gamma\sin\alpha_\theta \end{array}\right\} \tag{5-36}$$

由式(5-36)，可求出振幅 λ_z 、振动幅角 θ_z 、相位差角 α_z 和 α_θ :

$$\lambda_z = \frac{2m_0e\omega^2\cos\gamma}{\sqrt{(k_z - m\omega^2)^2 + c_z^2\omega^2}}, \quad \alpha_z = \arctan\frac{c_z\omega}{k_z - m\omega^2}$$

$$\theta_z = \frac{2m_0e\omega^2 a\sin\gamma}{\sqrt{(k_\theta - J_z\omega^2)^2 + c_\theta^2\omega^2}}, \quad \alpha_\theta = \arctan\frac{c_\theta\omega}{k_\theta - J_z\omega^2} \qquad (5-37)$$

离垂直轴 z 距离为 R_θ 的各点的合成振幅 λ 及振动方向角 β 分别为:

$$\lambda = \sqrt{\lambda_z^2 + R_\theta^2\theta_z^2}, \quad \beta = \arctan\frac{\lambda_z}{\theta_z R_\theta} \qquad (5-38)$$

式中 R_θ ——工作面的平均直径。

其他符号意义同前。

5.2 线性近共振惯性式振动筛动力学分析

为了确定线性近共振惯性式振动筛的动力学参数,必须分析线性近共振惯性式振动筛的动力学特性。

工业用惯性式近共振筛,当主振弹簧的刚度等于或近似等于常数时,则可作为线性振动筛来处理,而其计算误差并不显著。例如,用板弹簧、圆柱形螺旋弹簧做主振弹簧的振动筛均属此类。以剪切橡胶弹簧和带预先压缩的常断面压缩橡胶弹簧为主振弹簧的振动筛,也可以近似按线性振动筛来处理。

5.2.1 单质体线性近共振惯性式振动筛动力学分析

单质体式近共振筛可由单轴式惯性激振器驱动,也可利用双轴惯性激振器来驱动。前者构造简单,但导向杆(如板弹簧或橡胶铰链式导向杆)要传递一部分不能被平衡的惯性力;后者构造较为复杂,但沿导向杆方向激振器的惯性力是互相抵消的。从动力学观点看来,它们没有本质的区别。

图 5-9 为单质体近共振惯性式振动筛的工作机构简图。

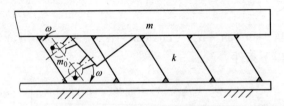

图 5-9 单质体近共振惯性式振动筛的工作机构简图

这类近共振振动机只沿垂直于导向杆中心线方向产生振动,其振动方程与双轴直线惯性振动筛没有本质的区别。若以 $\sum m_0\omega^2 r\sin\omega t$ 表示惯性激振器沿振动方向相对运动的惯性力,则振动质体沿振动方向的振动方程可写为:

$$(m + \sum m_0)\ddot{s} + c\dot{s} + ks = \sum m_0 \omega^2 r \sin \omega t \tag{5-39}$$

式中 m——振动质体的计算质量；

$\sum m_0$——偏心块总质量；

c——等效阻力系数；

k——主振弹簧刚度；

$s, \dot{s}, \ddot{s}$——振动质体的位移、速度和加速度；

r——偏心块合成质心至回转轴线的距离；

ω——圆频率；

t——时间。

参照 5.1 节中介绍的方法，不难求出上述振动方程的特解：

$$s = \lambda \sin(\omega t - \alpha) \tag{5-40}$$

式中的振幅 λ 和振动相位差角 α 可按下式求出：

$$\left. \begin{array}{l} \lambda = \dfrac{\sum m_0 \omega^2 r \cos a}{k - m'\omega^2} = \dfrac{\sum m_0 \omega^2 r \cos a}{k(1 - z_0^2)} = \dfrac{z_0^2 \sum m_0 r \cos a}{m'(1 - z_0^2)} \\[3mm] \alpha = \arctan \dfrac{c\omega}{k - m'\omega^2} = \arctan \dfrac{2bz_0}{1 - z_0^2}, \quad m' = m + \sum m_0 \end{array} \right\} \tag{5-41}$$

式中 z_0——频率比，$z_0 = \dfrac{\omega}{\omega_0}$；

b——阻尼比，$b = \dfrac{c}{2\omega_0 m'}$。

振幅与频率比的关系如图 5 - 2 所示。值得注意的是，在这类机器中，为了充分利用共振的一系列优点（所需的激振力小、传动部紧凑且经久耐用、能耗较小等），所选取的频率比通常接近于 1，一般取 $z_0 = 0.75 \sim 0.95$。

根据所选用的频率比 z_0，可按下式计算出所需的偏心块质量矩：

$$\sum m_0 r = \dfrac{m'\lambda(1 - z_0^2)}{z_0^2 \cos \alpha} \tag{5-42}$$

相位差角 α 可由式(5-41)求出，通常情况下，阻尼比 b 的值小于（0.05 ~ 0.07）。

主振弹簧所需的刚度可由下式求出：

$$k = \dfrac{1}{z_0^2} m' \omega^2 \tag{5-43}$$

5.2.2 双质体线性近共振惯性式振动筛动力学分析

双质体线性惯性式共振筛在一些工业部门中已得到了广泛应用。这类振动筛的工作机构和力学模型如图 5 - 10 所示。现以质体 1 及质体 2 为分离体，可列出质体 1 和质体 2 沿振动方向的振动方程。因为质体 1 和质体 2 绝对运动的阻尼力较小，近似计算时可以略去。

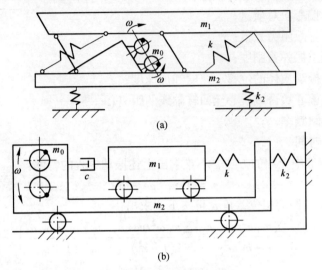

图 5 – 10 双质体近共振惯性式振动筛
（a）结构图；（b）力学模型

作用于质体 1 上的力有质体 1 的惯性力 $- m_1 \ddot{x}_1$、相对运动的阻尼力 $- c(\dot{x}_1 - \dot{x}_2)$、主振弹簧的弹性力 $- k(x_1 - x_2)$ 和隔振弹簧的弹性力 $- k_{1x} x_1$，这些力之和应为零，即

$$- m_1 \ddot{x}_1 - c(\dot{x}_1 - \dot{x}_2) - k(x_1 - x_2) - k_{1x} x_1 = 0 \qquad (5-44)$$

式中　　　　　　　m_1——质体 1 的振动质量；

　　　　　　　　　c——相对运动阻尼系数；

　　　　　　　　　k——主振弹簧刚度；

　　　　　　　　　k_{1x}——隔振弹簧沿振动方向的刚度；

x_1，x_2，$\dot{x}_1$，$\dot{x}_2$，$\ddot{x}_1$，$\ddot{x}_2$——质体 1 及质体 2 沿振动方向的位移、速度和加速度。

作用于质体 2 上的力有质体 2 的惯性力 $- m_2 \ddot{x}_2$、相对运动的阻尼力 $- c(\dot{x}_2 - \dot{x}_1)$、主振弹簧的弹性力 $- k(x_2 - x_1)$、隔振弹簧的弹性力 $- k_{2x} x_2$，以及传动轴偏心块产生的惯性力 $- (\sum m_0 \ddot{x} - \sum m_0 \omega^2 r \sin \omega t)$ 等，这些力的和应为零，即

$$- m_2 \ddot{x}_2 - c(\dot{x}_2 - \dot{x}_1) - k(x_2 - x_1) - k_{2x} x_2 - \sum m_0 (\ddot{x} - \omega^2 r \sin \omega t) = 0$$
$$(5-45)$$

式中　m_2——质体 2 的质量；

$\sum m_0$——偏心块总质量；

ω ——传动轴回转的角速度；

r ——偏心块质心至回转轴线的距离；

t ——时间。

在线性振动理论中，位移与加速度有下列关系：

$$\ddot{x}_1 = -\omega^2 x_1, \ddot{x}_2 = -\omega^2 x_2 \tag{5-46}$$

将式(5-46)代入式(5-44)和式(5-45)中并化简，则可写出质体1和质体2的振动方程为：

$$\left.\begin{array}{l} m_1'\ddot{x}_1 + c(\dot{x}_1 - \dot{x}_2) + k(x_1 - x_2) = 0 \\ m_2'\ddot{x}_2 - c(\dot{x}_1 - \dot{x}_2) - k(x_1 - x_2) = \sum m_0\omega^2 r\sin \omega t \end{array}\right\} \tag{5-47}$$

其中
$$m_1' = m_1 - \frac{k_{1x}}{\omega^2} \approx m_1 , \ m_2' = m_2 + \sum m_0 - \frac{k_{2x}}{\omega^2} \approx m_2 + \sum m_0 \tag{5-48}$$

在共振筛中，式(5-48)中的 $\frac{k_{1x}}{\omega^2}$ 通常远小于 m_1，而 $\frac{k_{2x}}{\omega^2}$ 通常远小于 m_2，所以可以将隔振弹簧的刚度归化到计算质量 m_1' 和 m_2' 中去。

为了求出方程的解，通常把上述方程化为以相对位移、相对速度和相对加速度表示的振动方程。此方程可由式(5-47)第一式乘以 $\frac{m_2'}{m_1' + m_2'}$，减去第二式乘以 $\frac{m_1'}{m_1' + m_2'}$，得

$$m\ddot{x} + c\dot{x} + kx = -\frac{m_1'}{m_1' + m_2'}\sum m_0\omega^2 r\sin \omega t \tag{5-49}$$

式中 m ——诱导质量，$m = \dfrac{m_1'm_2'}{m_1' + m_2'}$；

$x, \dot{x}, \ddot{x}$ ——机体1和2的相对位移、相对速度与相对加速度，$x = x_1 - x_2$，$\dot{x} = \dot{x}_1 - \dot{x}_2$，$\ddot{x} = \ddot{x}_1 - \ddot{x}_2$。

由于阻尼的存在，自由振动在筛机正常工作时要消失，所以可不考虑方程的通解（即自由振动的表达式）。方程的特解显然存在以下形式：

$$x = \lambda\sin(\omega t - \alpha) \tag{5-50}$$

式中 λ ——相对振幅；

α ——激振力超前相对位移的相位差角。

将式(5-50)代入式(5-49)中，可得

$$\lambda = -\frac{m}{m_2'}\frac{\sum m_0\omega^2 r\cos \alpha}{k - m\omega^2} = -\frac{1}{m_2'}\frac{z_0^2 \sum m_0 r\cos \alpha}{1 - z_0^2} \tag{5-51a}$$

$$\alpha = \arctan \frac{c\omega}{k - m\omega^2} = \arctan \frac{2bz_0}{1 - z_0^2} \tag{5-51b}$$

式中　　z_0 ——频率比，$z_0 = \omega/\omega_0$；

　　　　b ——阻尼比，$b = \dfrac{c}{2m\omega_0}$；

　　　　ω_0 ——固有圆频率，$\omega_0 = \sqrt{\dfrac{k}{m}}$。

　　这样就求得了振动质体 1 对振动质体 2 的相对振幅。下面进一步求它们的绝对振幅 λ_1 和 λ_2 及绝对位移 x_1 和 x_2。

　　显然，绝对位移 x_1 和 x_2 有以下形式：

$$x_1 = \lambda_1 \sin(\omega t - \alpha_1), \quad x_2 = \lambda_2 \sin(\omega t - \alpha_2) \tag{5-52}$$

利用式(5-47)和式(5-49)，可得绝对振幅为：

$$\left.
\begin{aligned}
\lambda_1 &= \frac{k}{m_1'\omega^2} \frac{\lambda}{\cos\gamma_1} = -\frac{\sum m_0 r\cos\alpha}{(m_1' + m_2')(1 - z_0^2)\cos\gamma_1} \\
&= -\frac{\sum m_0 r\sqrt{1 + 4b^2 z_0^2}}{(m_1' + m_2')\sqrt{(1 - z_0^2)^2 + 4b^2 z_0^2}} \\
\lambda_2 &= \left(\frac{k}{m_1'\omega^2} - 1\right)\frac{\lambda}{\cos\gamma_2} = \left(\frac{z_0^2}{m_2'} - \frac{1}{m_1' + m_2'}\right)\frac{\sum m_0 r}{1 - z_0^2} \times \\
&\quad \frac{\cos\alpha}{\cos\gamma_2} = \frac{\sum m_0 r\sqrt{\left(1 - \dfrac{m_1'}{m}z_0^2\right)^2 + 4b^2 z_0^2}}{(m_1' + m_2')\sqrt{(1 - z_0^2)^2 + 4b^2 z_0^2}}
\end{aligned}
\right\} \tag{5-53}$$

相位差角 α_1 和 α_2 分别为：

$$\alpha_1 = \alpha + \gamma_1, \quad \alpha_2 = \alpha + \gamma_2$$

其中　　　　$\gamma_1 = \arctan 2bz_0, \quad \gamma_2 = \arctan \dfrac{2bz_0}{1 - \dfrac{m_1'}{m}z_0^2}, \quad b = \dfrac{c}{2m\omega_0} \tag{5-54}$

由式(5-53)看出，使近共振惯性式振动筛的机体获得最大振幅的条件（当不考虑阻尼时）是：

$$m_1' + m_2' = 0 \quad \text{或} \quad 1 - z_0^2 = 0 \tag{5-55}$$

由此可求得低频固有圆频率及高频固有圆频率的近似值为：

$$\omega_{0d} = \sqrt{\frac{k_{1x} + k_{2x}}{m_1 + m_2}}, \quad \omega_{0g} = \sqrt{\frac{k(m_1' + m_2')}{m_1' m_2'}} \tag{5-56}$$

双质体近共振惯性式振动筛的共振曲线如图 5-11 所示。为了使近共振惯性式振动筛有较稳定的振幅和减小所需的激振力，其主振频率比通常在 0.75 ~

0.95 的范围内选取，即选择图 5 - 11a 所示曲线的 *AB* 区域。

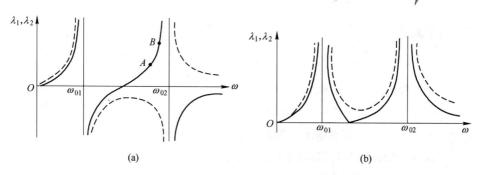

图 5 - 11　双质体惯性共振筛的频幅曲线

（a）λ_1、λ_2 未取绝对值时；（b）λ_1、λ_2 取绝对值时

5.3　非线性近共振惯性式振动筛动力学分析

　　在工业部门中应用的非线性惯性式共振筛，是一种弹性力呈折线变化的硬特性非线性振动筛，其力学模型如图 5 - 12 所示；弹性力为对称的折线形式，如图 5 - 13 所示。这类振动筛的弹性力一般是对称的，或者是接近于对称的。因此，按对称的弹性力计算等效刚度，可以得到足够的精确度。

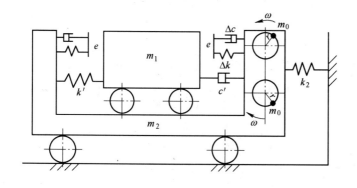

图 5 - 12　弹性力为折线变化的硬特性
非线性惯性式共振筛的力学模型

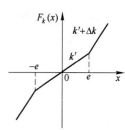

图 5 - 13　弹性力特性

　　该类筛机通常为双质体，其振动方程为：

$$\left.\begin{aligned} m'_1 \ddot{x}_1 + F(\dot{x}, x) + F_k(x) &= 0 \\ m'_2 \ddot{x}_2 - F(\dot{x}, x) - F_k(x) &= \sum m_0 r \omega^2 \sin \omega t \end{aligned}\right\} \quad (5 - 57)$$

将式(5−57)的第一式乘以 $\dfrac{m'_2}{m'_1+m'_2}$ 减去第二式乘以 $\dfrac{m'_1}{m'_1+m'_2}$，则得以下相对运动振动方程式：

$$m\ddot{x} + F(\dot{x},x) + F_k(x) = -\frac{m}{m'_2}\sum m_0 r\omega^2 \sin \omega t \qquad (5-58)$$

上述方程的一次近似解为：

$$x = \lambda \sin (\omega t - \alpha) \qquad (5-59)$$

式中 λ ——一次近似解情况下的相对振幅；

α ——激振力与位移间的相位差角。

非线性阻尼力可表示为：

$$F(\dot{x},x) = \begin{cases} c'\dot{x} & -e \leqslant x \leqslant e \\ (c'+\Delta c)\,\dot{x} & e \leqslant x \\ (c'+\Delta c)\,\dot{x} & -e \geqslant x \end{cases} \qquad (5-60)$$

非线性弹性力可表示为：

$$F_k(x) = \begin{cases} k'x & -e \leqslant x \leqslant e \\ k'x + \Delta k(x-e) & e \leqslant x \\ k'x + \Delta k(x+e) & -e \geqslant x \end{cases} \qquad (5-61)$$

式中 k', c ——主振弹簧线性部分的刚度与阻尼系数；

Δk, Δc ——非线性弹簧的刚度与阻尼系数；

e ——非线性弹簧的平均间隙。

根据非线性振动理论，可求得等效刚度 k_e 与等效阻尼系数 c_e 为：

$$k_e = k' + \Delta k\left\{1 - \frac{4}{\pi}\frac{e}{\lambda}\left[1 - \frac{1}{6}\left(\frac{e}{\lambda}\right)^2 - \frac{1}{40}\left(\frac{e}{\lambda}\right)^4\right]\right\} \qquad (5-62)$$

$$c_e = c + \Delta c\left\{1 - \frac{4}{\pi}\frac{e}{\lambda}\left[1 - \frac{1}{6}\left(\frac{e}{\lambda}\right)^2 - \frac{1}{40}\left(\frac{e}{\lambda}\right)^4\right]\right\} \qquad (5-63)$$

根据求得的等效刚度，可以计算出等效固有圆频率为：

$$\omega_0 = \sqrt{\frac{k_e}{m}} = \sqrt{\frac{1}{m}\left\{k' + \Delta k\left[1 - \frac{4}{\pi}\frac{e}{\lambda}\left(1 - \frac{1}{6}\frac{e^2}{\lambda^2} - \frac{1}{40}\frac{e^4}{\lambda^4}\right)\right]\right\}} \qquad (5-64)$$

将求得的等效刚度与等效阻尼系数代入式（5−51），即可求得非线性共振振动筛的一次近似情况下的相对振幅 λ 及相位差角 α：

$$\lambda = -\frac{m\sum m_0 r\omega^2 \cos \alpha}{m'_2(k_e - m\omega^2)}, \quad \alpha = \arctan\frac{c_e\omega}{k_e - m\omega^2} \qquad (5-65)$$

质体 1 和质体 2 的振幅为：

$$\left.\begin{array}{l} \lambda_1 = \dfrac{k_e}{m_1\omega^2\cos\gamma_1}\lambda = \dfrac{1}{m_1\omega^2}\dfrac{F\sqrt{k_e^2 + c_e^2\omega^2}}{\sqrt{(k_e - m\omega^2)^2 + c_e^2\omega^2}} \\[4mm] \gamma_1 = \arctan\dfrac{c_e\omega}{k_e} \\[4mm] \lambda_2 = \left(\dfrac{k_e}{m_1\omega^2} - 1\right)\dfrac{1}{\cos\gamma_2}\lambda = -\dfrac{1}{m_1\omega^2}\dfrac{F\sqrt{(k_e - m_1\omega^2)^2 + c_e^2\omega^2}}{\sqrt{(k_e - m\omega^2)^2 + c_e^2\omega^2}} \\[4mm] \gamma_2 = \arctan\dfrac{c_e\omega}{k_e - m_1\omega^2} \end{array}\right\} \quad (5-66)$$

其中
$$F = -\frac{m}{m_2'}\sum m_0 r\omega^2$$

对于这类振动筛，随着振幅增大，固有频率增高。因此，在低临界的区域内（如线段 AB），共振曲线较平稳，振动筛的振幅也较为稳定。所以这类筛机通常选取近共振低临界的工作状态，一般取频率比 $z_0 = 0.75 \sim 0.92$。该筛机的共振曲线如图 5 – 14 所示。

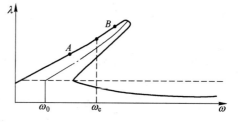

图 5 – 14　硬特性非线性惯性共振筛的幅频曲线

5.4　惯性式振动筛与共振筛的动力学参数的设计计算

5.4.1　惯性式振动筛与共振筛的动力学参数

（1）非共振类单质体惯性式振动筛的动力学参数
1）隔振系统的频率比及隔振弹簧刚度。
2）振动质体的计算质量。
3）振动系统的等效阻尼。
4）所需的激振力及偏心块的质量矩。
5）所需的功率。
6）传给地基的动载荷。
（2）近共振单质体和双质体惯性式共振筛的动力学参数
1）隔振系统的频率比及隔振弹簧刚度。
2）振动质体的计算质量及质量比（对双质体振动筛）。
3）主振系统的频率比及主振弹簧刚度或非线性振动筛的等效刚度。
4）非线性弹簧的隙幅比及非线性弹簧的实际刚度。

5）振动系统的等效阻尼及相位差角。

6）所需的激振力及偏心块的质量矩。

7）所需的功率。

8）传给地基的动载荷。

5.4.2 惯性式振动筛与共振筛动力学参数的计算

5.4.2.1 惯性式振动筛动力学参数的计算

A 隔振系统的频率比及隔振弹簧刚度的确定

选取隔振弹簧刚度时，不仅要考虑使弹簧传给基础的动载荷不使建筑物产生有害的振动，而且还须考虑弹簧应有足够的支承能力。弹簧的刚度一般是通过激振频率 ω 与系统的固有频率 ω_0 的比值来控制的。频率比的取值范围通常为：$z_0 = 2.5 \sim 10$，而对不同支承形式的惯性式振动筛，其隔振系统频率比的取值范围有所不同。

对吊式惯性式振动筛，频率比取 $z_0 = \omega/\omega_0 = 5 \sim 6$。

对座式惯性式振动筛，频率比取 $z_0 = \omega/\omega_0 = 4 \sim 5$。

隔振系统的频率比确定后，对于单轴惯性式振动筛，隔振弹簧的总刚度可按式(5-67)计算：

$$\sum k = (m + m_0)\omega_0^2 = (m + m_0)\left(\frac{\omega}{z_0}\right)^2 \tag{5-67}$$

对于双轴惯性式振动筛，隔振弹簧的总刚度可按式(5-68)计算：

$$\sum k = (m + 2m_0)\omega_0^2 = (m + 2m_0)\left(\frac{\omega}{z_0}\right)^2 \tag{5-68}$$

上两式中

$$m = m_{\mathrm{j}} + K_{\mathrm{m}}m_{\mathrm{m}}$$

式中　m_{j}——振动机体的实际质量；

　　　K_{m}——物料结合系数，一般取 $K_{\mathrm{m}} = 0.2 \sim 0.4$；

　　　m_{m}——物料质量；

　　　m_0——偏心块质量。

若一台筛机由 i 个弹簧支承，则每个弹簧的刚度为 $k = \sum k/i$。一般情况下，选取隔振系统的固有频率为 $100 \sim 400$ 次/min，最常用的固有频率为 $150 \sim 250$ 次/min。

B 振动质体的计算质量的计算

振动质体的计算质量 m，可按式(5-69)计算：

$$m = m_{\mathrm{j}} + K_{\mathrm{m}}m_{\mathrm{m}} \tag{5-69}$$

式中符号意义同前。

C　振动系统等效阻尼的计算

振动系统的等效阻尼，可按式(5-70)计算：

$$c = 0.14m\omega \tag{5-70}$$

式中符号意义同前。

D　所需的激振力及偏心块质量矩的确定

对于非共振惯性振动筛，所需激振力可按式(5-71)计算：

$$\sum m_0 r\omega^2 = \lambda \sqrt{(\sum k - m\omega^2)^2 + c^2\omega^2} \approx m\omega^2\lambda \tag{5-71}$$

而偏心块的质量矩，可按式(5-72)计算：

$$\sum m_0 r = \frac{\lambda}{\omega^2}\sqrt{(\sum k - m\omega^2)^2 + c^2\omega^2} \approx m\lambda \tag{5-72}$$

式中　m——振动质体的计算质量；

　　m_0——偏心块的质量；

　　ω——筛机振动频率；

　　r——偏心块质心至回转轴线的距离；

　　λ——筛机振幅；

　　$\sum k$——隔振弹簧总刚度；

　　c——振动系统的等效阻尼系数。

E　所需功率的计算

惯性振动筛的功率消耗主要由振动器为克服筛机运动阻力而消耗的功率 P_z 和克服轴在轴承中的摩擦力而消耗的功率 P_μ 来确定。

对于单轴惯性振动筛，当筛机在 $k \ll (m + m_0)\omega^2$ 状态下工作时，k 值可忽略不计，则筛机振幅为 $\lambda = \dfrac{m_0 r\cos\alpha}{(m + m_0)}$。振动阻尼所消耗的功率 P_z 可按式(5-73)计算：

$$P_z = \frac{m_0^2 r^2 \omega^3}{2000(m + m_0)}\sin 2\alpha \quad (\text{kW}) \tag{5-73}$$

对于单轴惯性振动筛运转时，轴承摩擦所耗功率 P_μ 可按式(5-74)计算：

$$P_\mu = \frac{\mu m_0 r\omega^3 d}{2000} \quad (\text{kW}) \tag{5-74}$$

式中　μ——轴承与轴颈间的摩擦因数，一般为 0.005~0.007，当润滑油黏度小时取较小值，反之取较大值；

　　d——轴承内径，m；

　　α——激振力与位移间的相位差角，计算时可取 $\sin 2\alpha = 0.2 \sim 0.3$；

其他符号意义同前，长度单位取 m，质量单位取 kg。

对于单轴惯性振动筛，运转时所需的功率为：

$$P = \frac{1}{\eta}(P_z + P_\mu) \quad (kW) \tag{5-75}$$

式中 η ——传动效率，$\eta = 0.95$。

对于双轴惯性振动筛，运转时克服阻尼所耗功率可按式(5-76)计算：

$$P_z = \frac{1}{2000}c\omega^2\lambda^2 = \frac{1}{2000} \times 0.14m\omega^3\lambda^2 \quad (kW) \tag{5-76}$$

对于双轴惯性振动筛，运转时轴承摩擦所耗功率 P_μ 可按式(5-77)计算：

$$P_\mu = \frac{1}{2000}c\omega^2\lambda^2 = \frac{1}{2000}\mu\sum m_0 r\omega^3 d \quad (kW) \tag{5-77}$$

对于双轴惯性振动筛，运转时所需的功率 P 为：

$$P = \frac{1}{\eta}(P_z + P_\mu) \quad (kW) \tag{5-78}$$

式 (5-76) ~式 (5-78) 中，符号意义同前。

F 传给地基的动载荷的计算

对于单轴惯性振动筛，运转时传给地基的动载荷 F_d 可按式(5-79)计算：

$$F_d = \lambda\sum k \quad (N) \tag{5-79}$$

对于双轴惯性振动筛，运转时传给地基的动载荷 F_d 可按式(5-80)计算：

$$F_d = \lambda\sum k\sin\beta \quad (N) \tag{5-80}$$

式中 β ——振动方向角。

5.4.2.2 惯性共振筛动力学参数的计算

A 隔振系统的频率比及隔振弹簧刚度

一次隔振系统的频率比通常选取范围为：

$$z_{1g} = 2.5 \sim 10 \tag{5-81}$$

隔振弹簧总刚度 $\sum k$ 为：

$$\sum k = \frac{1}{z_{1g}^2}\sum m_i\omega^2 \quad (N/m) \tag{5-82}$$

式中 $\sum m_i$ ——由隔振弹簧支承的所有质量之和，kg。

一般情况下，隔振系统的固有频率选为 100~400 次/min，最常用的为 150~250 次/min。

二次隔振的计算参见文献 [16](表38.6-14)。

B 振动质体的计算质量及质量比（对双质体振动筛）

振动质体的计算质量 m_1'，可按式(5-83)计算：

$$m_1' = m_{ji} + K_{mi}m_{mi} \quad i = 1,2 \tag{5-83}$$

式中 m_{ji} ——第 i 个振动质体的实际质量，kg；

K_{mi} ——第 i 个振动质体的物料结合系数，一般取 $K_{mi} = 0.2 \sim 0.4$；

$m_{\text{m}i}$——第 i 个振动质体的物料质量，kg。

对于双质体惯性式共振筛，其质量比 μ 一般选择为：

$$\mu = \frac{m_2}{m'_1} = 0.7 \sim 1 \qquad (5-84)$$

频率比愈接近于 1，μ 可取得愈小。

C　主振系统的频率比及主振弹簧刚度或非线性振动筛的等效刚度

主振系统的频率比 z_{0z} 通常在 0.88 ~ 0.95 范围内选取，对不可调节的惯性式共振筛，z_{0z} 应取得小些，对可调节的及非线性共振筛，z_{0z} 可取得大些。

主振弹簧刚度 k 可按式（5-85）计算：

$$k = \frac{1}{z_{0z}^2} m\omega^2 \quad (\text{N/m}) \qquad (5-85)$$

式中的 m，对单质体惯性共振筛即为振动质体的计算质量，对双质体惯性共振筛，m 为诱导质量：

$$m = \frac{m'_1 m'_2}{m'_1 + m'_2} \qquad (5-86)$$

其中

$$m'_1 = m_{\text{j}1} + K_{\text{m}1} m_{\text{m}1} + K_{\text{g}1} m_{\text{g}1} - \frac{k_1}{\omega^2}$$

$$m'_2 = m_{\text{j}2} + K_{\text{m}2} m_{\text{m}2} + K_{\text{g}2} m_{\text{g}2} - \frac{k_2}{\omega^2}$$

式中　$m_{\text{j}1}$，$m_{\text{j}2}$——机体 1 和机体 2 的质量，kg；

$m_{\text{m}1}$，$m_{\text{m}2}$——机体 1 和机体 2 上物料的质量，kg；

$K_{\text{m}1}$，$K_{\text{m}2}$——机体 1 和机体 2 上物料的结合系数；

$m_{\text{g}1}$，$m_{\text{g}2}$——与机体 1 和机体 2 相联的隔振弹簧的质量，kg；

$K_{\text{g}1}$，$K_{\text{g}2}$——与机体 1 和机体 2 相联的隔振弹簧的结合系数；

k_1，k_2——与机体 1 和机体 2 相联的隔振弹簧刚度，N/m。

对于分段线性的非线性共振筛，主振弹簧的等效刚度 k_e 为：

$$k_e = k + \Delta k \left\{ 1 - \frac{4}{\pi} \frac{e}{\lambda} \left[1 - \frac{1}{6} \left(\frac{e}{\lambda} \right)^2 - \frac{1}{40} \left(\frac{e}{\lambda} \right)^4 \right] \right\} \qquad (5-87)$$

式中　k——主振弹簧的刚度，N/m；

Δk——非线性弹簧的实际刚度，N/m；

e——平均间隙，m；

λ——相对振幅，m。

D　非线性弹簧的隙幅比及非线性弹簧的实际刚度

对带间隙的非线性弹簧的振动筛，隙幅比通常取 $\dfrac{e}{\lambda} = 0.2 \sim 0.5$。对于小型共振筛，可取 $\frac{e}{\lambda} = 0.3 \sim 0.5$；对于大型共振筛，可取 $\frac{e}{\lambda} = 0.2 \sim 0.4$。

间隙非线性弹簧的实际刚度 Δk，可按式（5-88）计算：

$$\Delta k = \frac{k_e - k}{1 - \frac{4}{\pi}\frac{e}{\lambda}\left[1 - \frac{1}{6}\left(\frac{e}{\lambda}\right)^2 - \frac{1}{40}\left(\frac{e}{\lambda}\right)^4\right]} \quad (\text{N/m}) \qquad (5-88)$$

E 振动系统的等效阻尼及相位差角

根据实验，惯性共振筛的阻尼比 b，可按式（5-89）计算：

$$b = \frac{c}{2m\omega_{0z}} = (0.05 \sim 0.07)z_{0z} \qquad (5-89)$$

相位差角 α，可按式（5-90）计算：

$$\alpha = \arctan\frac{2bz_{0z}}{1 - z_{0z}^2} \qquad (5-90)$$

F 所需的激振力及偏心块的质量矩

所需的激振力 F，按式（5-91）计算：

$$F = \sum m_0 r\omega^2 = \frac{m_2'\omega^2\lambda(1 - z_{0z}^2)}{z_{0z}^2\cos\alpha} \quad (\text{N}) \qquad (5-91)$$

其中 $\qquad\qquad \lambda = \frac{m_1'\lambda_1}{m}z_{0z}^2\cos\gamma_1, \quad \gamma_1 = \arctan 2bz_{0z}$

式中　λ_1——质体 1 的绝对振幅，m；

$\qquad\lambda$——质体 1 与质体 2 的相对振幅，m；

其他符号意义同前。

偏心块的质量矩 $\sum m_0 r$，按式（5-92）计算：

$$\sum m_0 r = \frac{m_2'\lambda(1 - z_{0z}^2)}{z_{0z}^2\cos\alpha} \quad (\text{kg}\cdot\text{m}) \qquad (5-92)$$

G 所需的功率

振动阻尼所耗功率 P_z，按式（5-93）计算：

$$P_z = \frac{1}{2000}c\omega^2\lambda^2 \quad (\text{kW}) \qquad (5-93)$$

轴与轴承摩擦所消耗的功率 P_μ，按式（5-94）计算：

$$P_\mu = \frac{1}{2000}\sum m_0 r\omega^3\mu d \quad (\text{kW}) \qquad (5-94)$$

式中　μ——轴与轴承间的动摩擦因数；

$\qquad d$——轴承内径，m。

所需总功率 P，按式（5-95）计算：

$$P = \frac{1}{\eta}(P_z + P_\mu) \quad (\text{kW}) \quad\quad (5-95)$$

式中　μ——传动效率，一般为 0.95。

　　H　传给地基的动载荷

　　传给地基 y 与 x 方向的动载荷为：

$$F_{\text{dy}} = k_y \lambda_y, \quad F_{\text{dx}} = k_x \lambda_x \quad (\text{N}) \quad\quad (5-96)$$

式中　k_y, k_x——与基础相联的弹簧在 y、x 方向的刚度，N/m；

　　　　λ_y, λ_x——与基础有弹簧联系的质体在 y、x 方向的振幅，m。

　　启动停车时的动载荷为：

$$F_{\text{dyq}} = (5 \sim 7)F_{\text{dy}}, \quad F_{\text{dxq}} = (5 \sim 7)F_{\text{dx}} \quad\quad (5-97)$$

5.5　惯性式振动筛与共振筛动力学参数计算实例

计算实例 1　某单质体惯性振动筛，筛机机体总质量为 740kg，振动频率 n = 930 次/min，振幅 λ = 0.5mm，振动方向角 β = 30°，处理量 Q = 220 t/h，物料实际运行速度 v_m = 0.308m/s，筛面有效长度 L = 1.5m。试求该筛机的动力学参数。

解：（1）选取振动系统的频率比，计算隔振弹簧刚度

选取振动系统的频率比：z_0 = 2 ~ 10，隔振弹簧刚度为：

$$\sum k = \frac{1}{z_0^2}m\omega^2 = \frac{1}{2^2 \sim 10^2} \times 740 \times (97.34)^2 = 1752889 \sim 70116 \text{N/m}$$

其中　　　　　　　　$\omega = \frac{n\pi}{30} = \frac{930\pi}{30} = 97.34 \quad 1/\text{s}$

取 $\sum k = 3 \times 10^5 \text{N/m}$

该振动筛采用 4 个弹簧，每个弹簧的刚度为：

$$k = \frac{\sum k}{4} = \frac{3 \times 10^5}{4} = 75000 \text{N/m}$$

（2）振动质体的计算质量（参振质量）

由已知条件可求得物料质量 m_m 为：

$$m_m = \frac{QL}{3600v_m} = \frac{220 \times 10^3 \times 1.5}{3600 \times 0.308} = 298 \text{kg}$$

取物料结合系数 K_m = 0.2，则求得振动质体的计算质量 m 为：

$$m = m_j + K_m m_m = 740 + 0.2 \times 298 = 799.6 \text{ kg}$$

（3）振动系统的等效阻尼系数

振动系统的等效阻尼系数 c 为：

$$c = 0.14m\omega = 0.14 \times 799.6 \times 97.34 = 10896.6 \text{ kg/s}$$

（4）所需要的激振力幅值及偏心块质量矩

折算到振动方向上的弹簧刚度 k_s 为：

$$k_s = \sum k \sin^2\beta = 300000 \sin^2 30° = 75000\text{N/m}$$

相位差角 α 为：

$$\alpha = \arctan \frac{c\omega}{k_s - m\omega^2} = \arctan \frac{10896.6 \times 97.34}{75000 - 799.6 \times (97.34)^2} = 172°$$

所需要的激振力幅值为：

$$\sum m_0 r\omega^2 = \frac{1}{\cos \alpha}(k_s - m\omega^2) \lambda$$

$$= \frac{1}{\cos 172°}(75000 - 799.6 \times 97.34^2) \times 0.005 = 37875\text{N}$$

每台电动机的激振力：$\frac{1}{2} \times 37875 = 18937.5\text{N}$

每台电动机所驱动的轴上偏心块的质量矩为：

$$\sum m_0 r = \frac{18937.5}{97.34^2} = 1.999\text{kg} \cdot \text{m}$$

（5）所需功率

若 y、x 方向的阻尼相等 $c_y = c_x = c, \eta = 0.95$，则振动阻尼所耗功率 P_z 为：

$$P_z = \frac{1}{2000\eta}c\omega^2\lambda^2$$

$$= \frac{1}{2000 \times 0.95} \times 10896.6 \times 97.34^2 \times 0.005^2$$

$$= 1.359\text{kW}$$

轴承摩擦所耗功率 P_μ 为：

$$P_\mu = \frac{1}{2000\eta}\mu \sum m_0 r\omega^3 d$$

$$= \frac{1}{2000 \times 0.95} \times 0.007 \times 37875 \times 0.05 \times 97.34$$

$$= 0.679\text{kW}$$

式中　　d ——轴承内径，$d = 0.05\text{m}$；

　　　　μ ——轴与轴承间的动摩擦因数，取 $\mu = 0.007$；

　　　　r ——偏心块质心至回转轴线的距离，m。

所需总功率 P 为：

$$P = P_z + P_\mu = 1.359 + 0.679 = 2.038 \text{ kW}$$

选用两台 1.1kW 的电动机。

（6）传给地基的动载荷。传给地基的动载荷 F_d 为：

$$F_d = \sum k\lambda\sin \beta = 3 \times 10^5 \times 0.005\sin 30° = 750\text{N}$$

计算实例2 某非线性惯性式共振筛，振动质体1的质量为 $m_1 = 850 \text{kg}$，振动方向角 $\beta = 45°$，振动次数 $n = 800$ 次/min，振幅 $\lambda_1 = 6.5 \text{mm}$，质量比 $m_2/m_1 = 0.7$。试求动力学参数。

解：（1）隔振系统的频率比及隔振弹簧刚度

选取隔振系统的频率比 $z_{0g} = 3.2$。

隔振弹簧刚度 $\sum k_1$ 为：

$$\sum k_1 = \frac{1}{z_{0g}}(m_1 + m_2)\omega^2 = \frac{1}{3.2^2}(850 + 0.7 \times 850) \times (83.7)^2 = 990000 \text{N/m}$$

采用4个弹簧，每个弹簧的刚度为：

$$k_1 = \frac{\sum k_1}{4} = \frac{990000}{4} = 247500 \text{N/m}$$

（2）振动质体1和质体2的计算质量

质体1的计算质量为：

$$m_1' = m_1 + K_m m_m - \frac{\sum k_1 \sin^2\beta}{\omega^2}$$

$$= 850 + 0.1 \times 850 \times 0.25 - \frac{990000 \times \sin^2 45°}{83.7^2} = 771 \text{kg}$$

质体2的计算质量为：

$$m_2 = 0.7 m_1 = 0.7 \times 850 = 595 \text{kg}$$

（3）主振系统的频率比及主振弹簧等效刚度

主振系统的频率比：$z_{0z} = 0.9$

主振弹簧等效刚度 k_e 为：

$$k_e = \frac{1}{z_{0z}}m\omega^2 = \frac{1}{0.9^2} \times \frac{771 \times 595}{771 + 595} \times \left(\frac{3.14 \times 800}{30}\right)^2 = 2906915 \text{N/m}$$

（4）非线性弹簧的隙幅比及非线性弹簧刚度

非线性弹簧的隙幅比选为：$\dfrac{e}{\lambda} = 0.6$

非线性弹簧刚度 Δk 为：

$$\Delta k = \frac{k_e}{1 - \dfrac{4}{\pi}\dfrac{e}{\lambda}\left[1 - \dfrac{1}{6}\left(\dfrac{e}{\lambda}\right)^2 - \dfrac{1}{40}\left(\dfrac{e}{\lambda}\right)^4\right]}$$

$$= \frac{2906915}{1 - \dfrac{4}{\pi} \times 0.6 \times \left[1 - \dfrac{1}{6}(0.6)^2 \times \dfrac{1}{40}(0.6)^4\right]}$$

$$= 12257468 \text{N/m}$$

（5）振动系统的等效阻尼及相位差角

根据有关实验数据，阻尼比一般为 $b = 0.05$，则相位差角 α 为：

$$\alpha = \arctan \frac{2bz_{0z}}{1 - z_{0z}^2} = \arctan \frac{2 \times 0.05 \times 0.9}{1 - 0.9^2} = 25°$$

振动系统的等效阻尼系数 c 为：

$$c = 2bm\omega_{0z} = 2bm \frac{\omega}{z_{0z}} = 2 \times 0.05 \times 336 \times \frac{3.14 \times 800}{30 \times 0.9} = 0.11m\omega$$

（6）所需激振力幅值及偏心块质量矩

相对振幅 λ 为：

$$\lambda = \frac{m'_1 \lambda_1}{m} z_{0z}^2 \cos \gamma_1 = \frac{771 \times 6.5 \times 0.9^2 \cos 5°8'}{336} = 12 \text{ mm}$$

其中

$$m = \frac{m'_1 m_2}{m'_1 + m_2} = \frac{771 \times 595}{771 + 595} = 336 \text{ kg}$$

$$\gamma_1 = \arctan 2bz_{0z} = \arctan (2 \times 0.05 \times 0.9) = 5°8'$$

偏心块质量矩为：

$$\sum m_0 r = \frac{m_2 \lambda (1 - z_{0z})^2}{z_{0z}^2 \cos \alpha} = \frac{595 \times 0.012 (1 - 0.9^2)}{0.9^2 \cos 25°} = 1.848 \text{kg} \cdot \text{m}$$

所需激振力幅值为：

$$\sum m_0 r \omega^2 = 1.848 \times \left(\frac{3.14 \times 800}{30} \right)^2 = 12957 \text{N}$$

（7）所需功率

所需功率包括两部分，一部分是振动阻尼所需功率 P_z，另一部分是轴承与轴间的摩擦所需功率 P_μ。

振动阻尼所需功率 P_z 为：

$$P_z = \frac{1}{2000} c\omega^2 \lambda^2 = \frac{1}{2000} \times 0.11 m\omega^3 \lambda^2$$

$$= \frac{1}{2000} \times 0.11 \times 336 \times \left(\frac{3.14 \times 800}{30} \right) \times 0.012 = 1.56 \text{kW}$$

轴承与轴间的摩擦所需功率 P_μ 选振动阻尼所需功率 P_z 的二分之一，即为：

$$P_\mu = 0.5 P_z = 0.5 \times 1.56 = 0.78 \text{ kW}$$

所需功率 P 为：

$$P = \frac{1}{\eta} (P_z + P_\mu) = \frac{1}{0.95} \times (1.56 + 0.78) = 2.46 \text{ kW}$$

式中 η——传动效率，取 $\eta = 0.95$。

6 弹性连杆式振动筛动力学与动力学参数的设计计算

弹性连杆式振动筛常应用于物料的筛分、选别和分级等工作。它的结构简单、制造方便，工作时传动机构受力较小，机器平衡性好（对双质体式和多质体式而言），因而在水泥厂、选矿厂、洗煤厂、化工厂和石棉选厂中得到较广泛的应用。

弹性连杆式振动筛按照振动质体的数目，可分为单质体式、双质体式和多质体三类。下面将按振动质体的数目进行动力学分析。

动力学分析的目的，是要找出质量、阻尼、刚度、激振力、振幅和频率等动力学参数之间的关系，以便进一步合理选择这些动力学参数。

6.1 线性单质体弹性连杆式振动筛动力学分析

这类振动筛的机体常安装成水平或不大的倾角，图 6 - 1 为其工作机构与力学模型。由图可见，它只有一个振动质体，在质体与基础之间用主振弹簧连接，传动偏心轴使连杆端部作往复运动，连杆通过其端部的传动弹簧使振动质体产生振动。

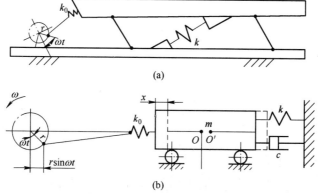

图 6 - 1　线性单质体弹性连杆式振动筛工作机构与力学模型

(a) 工作机构；(b) 力学模型

参照图 6 - 1b 的力学模型，应用理论力学中的动静法，可列出质体振动的动力学方程，即

$$惯性力 + 阻尼力 + 弹性力 + 连杆作用力 = 0$$

$$- m\ddot{x} - c\dot{x} - kx - k_0(x - r\sin \omega t) = 0 \tag{6-1}$$

式中　$x, \dot{x}, \ddot{x}$ ——振动质体的位移、速度和加速度；

　　　　c ——阻力系数；

　　　　m ——振动质量；

　　　　k ——主振弹簧刚度；

　　　　k_0 ——连杆弹簧刚度；

　　　　r ——主轴偏心距；

　　　　ω ——主轴的圆频率；

　　　　t ——时间。

将式(6-1)化简，即得以下方程：

$$m\ddot{x} + c\dot{x} + (k + k_0)x = k_0 r\sin \omega t \tag{6-2}$$

式(6-2)表明，该系统为单自由度受迫振动系统，激振力幅值为 $k_0 r$，而系统的弹簧刚度为主振弹簧和连杆弹簧刚度之和。该振动方程的解包括通解与特解。通解表示自由振动，特解表示强迫振动。由于阻尼力的存在，自由振动将逐渐衰减为零，强迫振动将存在于振动筛的运转过程中。这里只研究方程的特解，即筛机的强迫振动。

方程的特解应具有以下形式：

$$x = \lambda\sin (\omega t - \alpha) \tag{6-3}$$

式中　λ ——振动质体的振幅；

　　　　α ——位移落后于名义激振力 $k_0 r\sin \omega t$ 的相位差角。

速度与加速度分别为：

$$\dot{x} = \lambda\omega\cos (\omega t - \alpha)$$
$$\ddot{x} = - \lambda\omega^2\sin (\omega t - \alpha) \tag{6-4}$$

将式(6-4)代入式(6-2)，得

$$- m\omega^2\lambda\sin (\omega t - \alpha) + c\omega\lambda\cos (\omega t - \alpha) + (k + k_0)\lambda\sin (\omega t - \alpha) = k_0 r\sin \omega t \tag{6-5}$$

因为　　　　　　$k_0 r\sin \omega t = k_0 r\sin (\omega t - \alpha + \alpha)$

$$= k_0 r\cos \alpha\sin (\omega t - \alpha) + k_0 r\sin \alpha\cos (\omega t - \alpha) \tag{6-6}$$

将式(6-6)代入式(6-5)，使方程两边 $\sin (\omega t - \alpha)$ 和 $\cos (\omega t - \alpha)$ 的系数分别相等，得

$$- m\omega^2\lambda + (k + k_0)\lambda = k_0 r\cos \alpha$$
$$c\omega\lambda = k_0 r\sin \alpha \tag{6-7}$$

式(6-7)的物理意义是：名义激振力幅值的余弦分量和惯性力幅值与弹性

力幅值之差相平衡；其正弦分量与阻尼力相平衡，如向量图 6-2 所示。按照式（6-7）便可以分别求出质体的振幅 λ 及位移落后于名义激振力的相位差角 α。

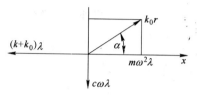

图 6-2 名义激振力幅与系统
各力的向量关系

$$\lambda = \frac{k_0 r \cos \alpha}{k + k_0 - m\omega^2} = \frac{k_0 r \cos \alpha}{(k + k_0)(1 - z_0^2)}$$

$$= \frac{k_0 r z_0^2 \cos \alpha}{m\omega^2(1 - z_0^2)} = \frac{k_0 r}{(k + k_0)\sqrt{(1 - z_0^2)^2 + 4b^2 z_0^2}} \qquad (6-8)$$

$$\alpha = \arcsin \frac{c\omega\lambda}{k_0 r} = \arctan \frac{c\omega}{(k + k_0) - m\omega^2} = \arctan \frac{2bz_0}{1 - z_0^2}$$

式中　z_0——频率比，即工作频率 ω 与固有频率 ω_0 之比，$z_0 = \dfrac{\omega}{\omega_0}$；

　　　ω_0——系统固有频率，$\omega_0 = \sqrt{\dfrac{k + k_0}{m}}$；

　　　b——阻尼比，$b = \dfrac{f}{2m\omega_0}$，其

　　　　值一般为 0.03～0.07。

　　按照式（6-8）可作出这种筛机振动质体的幅频响应曲线，如图 6-3 所示。由图看出，在频率很高的情况下，振幅为零；当频率接近于零时，振幅不等于零；共振时振幅最大。

　　单质体弹性连杆式振动筛的频率比，通常取 $z_0 = 0.75～0.95$，即振动筛在低临界近共振的动力状态下工作。这时阻尼对系统的振动影响较大。根据阻尼比 b 及所选用的频率比，可以直接由图 6-3 查出振幅的数值。

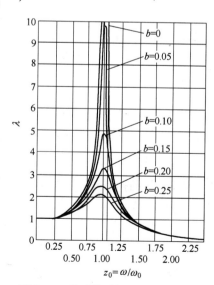

图 6-3 单质体弹性连杆式振动筛
的幅频响应曲线

6.2 线性双质体弹性连杆式振动筛动力学分析

线性双质体弹性连杆式振动筛的构造比单质体振动筛要复杂得多，在动力学上也有明显的差异。下面对目前常用的两种双质体弹性连杆式振动筛，即平衡式与不平衡式振动筛进行动力学分析。

6.2.1 平衡式双质体弹性连杆式振动筛的动力学分析

由单质体弹性连杆式振动筛的动力学特性分析可知，它具有动力不能平衡的缺点，工作时会将工作机体的惯性力全部传给地基，从而引起基础及建筑物的振动。平衡式振动筛是为了削减传给地基振动的一种双质体式工作机构。图 6-4为平衡式双质体弹性连杆式振动筛的力学模型。在两质体之间有橡胶铰链式导向杆，整个筛机通过此导向杆的中间铰链及支架固定于底架上。两质体之间有弹性连杆式驱动装置及主振弹簧。工作时，由于导向杆绕其中点摆动，两振动质体作相反方向振动，所以它们产生的惯性力也是相反的。当两个质体的质量相等时，它们的惯性力可以获得平衡。实际上，工作时由于箱体中物料以及箱体本身的质量很难达到完全相等，所以，没有被平衡掉的一部分惯性力将会传给地基。不过，与单质体振动筛机相比，这一部分惯性力并不大。

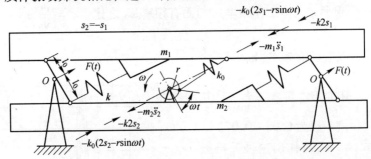

图 6-4 平衡式双质体弹性连杆式振动筛力学模型

图 6-4 所示的力学模型，已将传动连杆的作用力及主振弹簧的弹性力，分别画到质体 1 和 2 上。参照此图，可列出两个振动质体绕支架铰接点 O 摆动（即回转运动）的振动方程，以及沿振动方向的力的平衡方程：

$$\left.\begin{array}{r} -(m_1 + m_2)\ddot{s}_1 l_0 - (c_1 + c_2)\dot{s}_1 l_0 - k \times 2s_1 \times 2l_0 - k_0(2s_1 - r\sin\omega t) \times 2l_0 = 0 \\ m_1\ddot{s}_1 + m_2\ddot{s}_2 = (m_1 - m_2)\ddot{s}_1 = F(t) \end{array}\right\}$$

$$(6-9)$$

式中 k，k_0——主振弹簧与连杆弹簧刚度；

m_1，m_2——质体 1 与质体 2 的质量；

　　c_1，c_2——质体 1 与质体 2 的阻力系数；

　s_1，$\dot{s}_1$，$\ddot{s}_2$——质体 1 沿振动方向的位移、速度和加速度；

　　　　l_0——导向杆端部铰链中心至中间铰链中心的距离；

　　$F(t)$——支架铰链所受的作用力。

　　方程（6-9）的第一式可化简为：

$$\frac{1}{4}(m_1 + m_2)\ddot{s}_1 + \frac{1}{4}(c_1 + c_2)\dot{s}_1 + (k + k_0)s_1 = \frac{1}{2}k_0 r\sin \omega t \quad (6-10)$$

式(6-10)特解的求法与前面相同，即

$$s_1 = \lambda_1 \sin (\omega t - \alpha_1) \quad (6-11)$$

质体 1 和 2 的振幅为：

$$\lambda_1 = -\lambda_2 = \frac{1}{2} \times \frac{k_0 r\cos \alpha_1}{k + k_0 - m\omega^2} = \frac{1}{2} \times \frac{k_0 r\cos \alpha_1}{(k + k_0)(1 - z_0^2)}$$

$$= \frac{1}{2} \times \frac{k_0 r z_0^2 \cos \alpha_1}{m\omega^2(1 - z_0^2)} = \frac{1}{2} \times \frac{k_0 r}{(k + k_0)\sqrt{(1 - z_0^2)^2 + 4b^2 z_0^2}}$$

$$(6-12)$$

相位差角 α_1 为：

$$\alpha_1 = \arctan \frac{c\omega}{k + k_0 - m\omega^2} = \arctan \frac{2bz_0}{1 - z_0^2}$$

$$= \arccos \frac{1 - z_0^2}{\sqrt{(1 - z_0^2)^2 + 4b^2 z_0^2}} \quad (6-13)$$

其中

$$m = \frac{m_1 + m_2}{4}, \qquad c = \frac{c_1 + c_2}{4} \quad (6-14)$$

式中　m，c——诱导质量与诱导阻力系数。

　　固有频率 ω_0 与频率比 z_0 分别为：

$$\left.\begin{aligned} \omega_0 &= \sqrt{\frac{4(k + k_0)}{m_1 + m_2}} \\ z_0 &= \frac{\omega}{\omega_0} = \omega\sqrt{\frac{m_1 + m_2}{4(k + k_0)}} \end{aligned}\right\} \quad (6-15)$$

相对振幅 λ 为：

$$\lambda = \lambda_1 - \lambda_2 = 2\lambda_1 = \frac{k_0 r}{(k + k_0)\sqrt{(1 - z_0^2)^2 + 4b^2 z_0^2}} \quad (6-16)$$

平衡式弹性连杆振动筛的相对振幅是质体 1 或质体 2 绝对振幅的两倍。

　　由式(6-9)和式(6-11)看出，这种振动筛传给地基的动载荷幅值为：

$$F_d = (m_1 - m_2)\omega^2\lambda_1 \quad (6-17)$$

传给地基的动载荷幅值即为两质体振动惯性力之差。由式（6-17）可见，减小两质体质量之差，可减小传给地基的动载荷幅值。

6.2.2　不平衡式双质体弹性连杆式振动筛的动力学分析

图 6-5a 所示为不平衡式双质体弹性连杆式振动筛的工作机构图；图 6-5b 为其力学模型。这种振动筛的两个振动质体上下布置，它们之间有导向杆、主振弹簧及弹性连杆式激振器。在下质体的下方装有隔振弹簧，这样可以显著减小传给地基的动载荷。

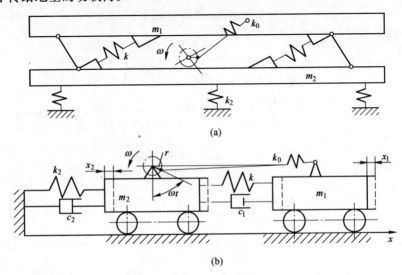

图 6-5　不平衡式双质体弹性连杆振动筛的工作机构与力学模型

(a) 工作机构；(b) 力学模型

前述的平衡式双质体振动筛，是依靠平衡的方法减小传给地基的动载荷；而不平衡式双质体振动筛，主要是利用隔振的原理减小传给地基的动载荷。所谓不平衡，实际上是相对平衡式振动机械而言的。下面按双自由度系统加以分析。

假设该振动筛的隔振弹簧在垂直方向与振动方向的刚度是相等的，而且等效阻尼与相对速度近似成正比。应用理论力学中的动静法，可分别写出振动质体 1 和振动质体 2 沿振动方向的振动方程。

$$\left.\begin{array}{l} -m_1\ddot{x}_1 - c_1\dot{x}_1 - c\dot{x} - kx - k_0(x - r\sin\omega t) = 0 \\ -m_2\ddot{x}_2 - c_2\dot{x}_2 + c\dot{x} + kx - k_2x_2 + k_0(x - r\sin\omega t) = 0 \end{array}\right\} \quad (6-18)$$

其中　　　　　　　$x = x_1 - x_2, \dot{x} = \dot{x}_1 - \dot{x}_2, \ddot{x} = \ddot{x}_1 - \ddot{x}_2$

式中　　$x_1, x_2, \dot{x}_1, \dot{x}_2, \ddot{x}_1, \ddot{x}_2$——质体 1 和质体 2 的位移、速度、加速度；

$x, \dot{x}, \ddot{x}$——质体 1 对质体 2 的相对位移、相对速度和相对加速度；

c——质体 1 对质体 2 的相对阻力系数；

c_1, c_2——质体 1 与质体 2 的绝对阻力系数；

m_1, m_2——质体 1 和质体 2 的计算质量；

k, k_0, k_2——主振弹簧、连杆弹簧和隔振弹簧的刚度；

r——轴的偏心距。

将上述方程组化简，即得以下方程：

$$\left. \begin{array}{l} m_1 \ddot{x}_1 + c_1 \dot{x}_1 + c \dot{x} + (k + k_0)x = k_0 r \sin \omega t \\ m_2 \ddot{x}_2 + c_2 \dot{x}_2 - c \dot{x} - (k + k_0)x + k_2 x_2 = - k_0 r \sin \omega t \end{array} \right\} \quad (6-19)$$

因为振动筛在正常工作的情况下，隔振弹簧的弹性力 $- k_2 x_2$ 通常比质体 2 的惯性力 $- m_2 \ddot{x}_2$ 小得多，并且，在简谐激振力作用下的线性振动系统中，弹性力可表示为加速度 $\ddot{x}$ 的函数，即

$$k_2 x_2 = - \frac{k_2}{\omega^2} \ddot{x}_2 \quad (6-20)$$

为了计算方便，将隔振弹簧的弹性力归化到质体 2 的计算惯性力之中，即

$$m_2 \ddot{x}_2 + k_2 x_2 = \left(m_2 - \frac{k_2}{\omega^2} \right) \ddot{x}_2 = m'_2 \ddot{x}_2 \quad (6-21)$$

式中 m'_2——质体 2 的计算质量。

$$m'_2 = m_2 - \frac{k_2}{\omega^2} \quad (6-22)$$

这时方程(6-19)可写为以下更简单的形式：

$$\left. \begin{array}{l} m_1 \ddot{x}_1 + c_1 \dot{x}_1 + c \dot{x} + (k + k_0)x = k_0 r \sin \omega t \\ m'_2 \ddot{x}_2 + c_2 \dot{x}_2 - c \dot{x} - (k + k_0)x = - k_0 r \sin \omega t \end{array} \right\} \quad (6-23)$$

将方程(6-23)的第一式乘以 $\dfrac{m'_2}{m_1 + m'_2}$，第二式乘以 $\dfrac{m_1}{m_1 + m'_2}$，然后相减，则得用相对位移 x、相对速度 $\dot{x}$ 和相对加速度 $\ddot{x}$ 表示的振动方程：

$$m \ddot{x} + (c_{1m} + c) \dot{x} + (k + k_0)x = k_0 r \sin \omega t \quad (6-24)$$

其中 $\quad c_{1m} \approx \dfrac{m'_2 c_1}{m_1 + m'_2} \approx \dfrac{m_1 c_2}{m_1 + m'_2}, \quad m = \dfrac{m_1 m'_2}{m_1 + m'_2} \quad (6-25)$

由式(6-24)看出，这个方程与单质体振动筛的振动方程完全一致，也就是说，双质体振动筛的振动系统，在一定的条件下，可以转化为相当的单质体振动机械的振动系统进行计算。式中，m 为诱导质量，x 为相对位移，$\dot{x}$ 为相对速度，$\ddot{x}$ 为相对加速度，$k + k_0$ 为诱导刚度。

方程(6-24)的特解有以下形式:

$$x = \lambda \sin(\omega t - \alpha) \qquad (6-26)$$

代入方程(6-24),得相对振幅 λ 为:

$$\lambda = \frac{k_0 r \cos \alpha}{k + k_0 - m\omega^2} = \frac{k_0 r \cos \alpha}{(k + k_0)(1 - z_0^2)} \qquad (6-27)$$

或

$$\lambda = \frac{k_0 r}{(k + k_0)\sqrt{(1 - z_0^2)^2 + 4b^2 z_0^2}}$$

相位差角 α 为:

$$\alpha = \arctan \frac{c\omega}{k + k_0 - m\omega^2} = \arctan \frac{2b z_0}{1 - z_0^2} \qquad (6-28)$$

其中 $z_0 = \dfrac{\omega}{\omega_0}$, $\omega_0 = \sqrt{\dfrac{k + k_0}{m}} = \sqrt{(k + k_0)\dfrac{m_1 + m_2'}{m_1 m_2'}}$, $b = \dfrac{c}{2m\omega_0}$

式中 z_0——频率比;

ω_0——固有频率;

b——相对阻尼比。

下面再求质体1和质体2的绝对位移。将方程式(6-23)的1式和2式相加,可得:

$$m_1 \ddot{x}_1 = - m_2' \ddot{x}_2 \qquad (6-29)$$

质体1和质体2的绝对位移有以下形式:

$$\left.\begin{array}{l} \ddot{x}_1 = \lambda_1 \sin(\omega t - \alpha) \\ \ddot{x}_2 = \lambda_2 \sin(\omega t - \alpha) \end{array}\right\} \qquad (6-30)$$

将式(6-30)代入方程(6-29),可得:

$$m_1 \lambda_1 = - m_2' \lambda_2 \quad 即 \quad \frac{\lambda_1}{-\lambda_2} = \frac{m_2'}{m_1} \qquad (6-31)$$

根据合比定理,可求出质体1和质体2的绝对振幅 λ_1 和 λ_2 与相对振幅 λ 的关系:

$$\left.\begin{array}{l} \lambda_1 = \dfrac{m_2'}{m_1 + m_2'}(\lambda_1 - \lambda_2) = \dfrac{m}{m_1}\lambda \\[3mm] \lambda_2 = \dfrac{-m_1}{m_1 + m_2'}(\lambda_1 - \lambda_2) = -\dfrac{m}{m_2'}\lambda \end{array}\right\} \qquad (6-32)$$

将式(6-27)相对振幅代入式(6-32),即得质体1和质体2振幅的计算公式:

$$\left. \begin{aligned} \lambda_1 &= \frac{m}{m_1} \times \frac{k_0 r \cos \alpha}{k + k_0 - m\omega^2} = \frac{m}{m_1} \times \frac{k_0 r \cos \alpha}{(k + k_0)(1 - z_0^2)} \\ \lambda_2 &= -\frac{m}{m_2'} \times \frac{k_0 r \cos \alpha}{k + k_0 - m\omega^2} = -\frac{m}{m_2'} \times \frac{k_0 r \cos \alpha}{(k + k_0)(1 - z_0^2)} \end{aligned} \right\} \quad (6-33)$$

相位差角 α 的计算公式与式（6-28）相同，即

$$\alpha = \arctan \frac{c\omega}{k + k_0 - m\omega^2} = \arctan \frac{2bz_0}{1 - z_0^2}$$

6.3　线性多质体弹性连杆式振动筛动力学分析

目前在工业部门中还应用有三个以上振动质体的多质体振动机，随着振动质体数目的增多，自由度的数目也会相应地增加。因此，对多质体振动机的分析，要比单质体或双质体振动机复杂得多。振动机振动系统振动方程的数目，通常是与自由度的数目相等的，而系统的固有频率的数目，也与自由度的数目相同。这时在振动系统的频幅响应曲线上，会出现与自由度数目相同的峰值。由于对工作状态有实际意义的往往是工作点邻近区域的一段特性曲线，所以在分析振动机动力学时，这一区段特性曲线的变化情况及其性质，常应给予特别的注意，而对其他一些次要的和实际意义不大的部分，可以略而不计。

前述平衡式双质体振动机械，当其中的两个质体的质量不等时，会将部分未被平衡的惯性力传给基础。在底架的下方增设隔振弹簧时，可以使传给地基的动载荷明显减小。在这种情况下，振动机械具有三个振动质体，因此，称这种振动机械为弹簧隔振平衡式三质体振动机械，图6-6是它的力学模型。为了使分析过程不过分复杂，将采用较简单的方法，并略去一些次要因素。在忽略阻尼的条件下，这种振动机械两箱体运动至两死点位置时的动力学平衡条件为：

$$\left. \begin{aligned} &\sum M_0 = 0, \text{ 即} (m_1\omega^2\lambda_1 - m_2\omega^2\lambda_2)l_0 - 2l_0 k\lambda - 2l_0 k_0(\lambda - r) = 0 \\ &\sum F = 0, \text{ 即} m_1\omega^2\lambda_1 + m_2\omega^2\lambda_2 + m_3'\omega^2\lambda_3 = 0 \end{aligned} \right\} \quad (6-34)$$

式中　　m_1, m_2, m_3'——箱体1、2和底架的计算质量，其中 $m_3' = m_3 - k_3/\omega^2$；

　　　　　m_3——底架部分的实际质量；

　　　　　k_3——隔振弹簧沿振动方向的刚度；

　　λ_1, λ_2, λ_3——箱体1、2和底架沿振动方向的振幅；

　　　　　λ——质体1对质体2的相对振幅。

根据几何条件，λ_1、λ_2、λ_3 和 λ 有以下关系：

$$\lambda_1 - \lambda_2 = \lambda, \lambda_1 + \lambda_2 = 2\lambda_3$$

即　　　　　　　　　　　　　　$$\lambda_1 - \lambda_3 = -(\lambda_2 - \lambda_3)$$

$$\lambda_1 = \frac{1}{2}\lambda + \lambda_3$$

或　　　　　　　　　　　　　　　　　　　　　　　　　　　　(6-35)

$$\lambda_2 = -\frac{1}{2}\lambda + \lambda_3$$

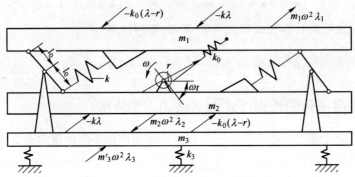

图 6-6　多质体弹性连杆式振动筛力学模型

将式(6-35)代入方程(6-34)的第二式，则得

$$\lambda_3 = -\frac{(m_1 - m_2)\lambda}{2(m_1 + m_2 + m'_3)} \tag{6-36}$$

再将式(6-36)代入式(6-35)，可得

$$\lambda_1 = \frac{1}{2}\lambda + \lambda_3 = \frac{(2m_2 + m'_3)\lambda}{2(m_1 + m_2 + m'_3)}$$

$$\lambda_2 = -\frac{1}{2}\lambda + \lambda_3 = -\frac{(2m_1 + m'_3)\lambda}{2(m_1 + m_2 + m'_3)} \tag{6-37}$$

因为方程(6-34)第一式中的

$$m_1\omega^2\lambda_1 - m_2\omega^2\lambda_2 = \frac{1}{2}(m_1 + m_2)\omega^2\lambda + (m_1 - m_2)\omega^2\lambda_3$$

$$= \frac{1}{2}\Big[m_1 + m_2 - \frac{(m_1 - m_2)^2}{m_1 + m_2 + m'_3} \Big]\omega^2\lambda \tag{6-38}$$

所以该方程可写为：

$$-\frac{1}{4}\Big[m_1 + m_2 - \frac{(m_1 - m_2)^2}{m_1 + m_2 + m'_3} \Big]\omega^2\lambda + (k + k_0)\lambda = k_0 r \tag{6-39}$$

于是，相对振幅为：

$$\lambda = \frac{k_0 r}{k + k_0 - \frac{1}{4}\Big[m_1 + m_2 - \frac{(m_1 - m_2)^2}{m_1 + m_2 + m'_3} \Big]\omega^2} = \frac{k_0 r}{(k + k_0)(1 - z_0^2)}$$

$$\tag{6-40}$$

式中　　z_0——频率比，$z_0 = \omega/\omega_0$；

$\qquad$ ω_0——固有圆频率，$\omega_0 = \sqrt{\dfrac{k + k_0}{m}}$；

$\qquad$ m——诱导质量，$m = \dfrac{1}{4}\Big[m_1 + m_2 - \dfrac{(m_1 - m_2)^2}{m_1 + m_2 + m_3'}\Big]$。

相对振幅可按式(6-40)计算，代入式(6-37)，可求得质体 1、2 和底架的振幅为：

$$
\left.
\begin{aligned}
\lambda_1 &= \frac{2m_2 + m_3'}{2(m_1 + m_2 + m_3')} \times \frac{k_0 r}{k + k_0 - \dfrac{1}{4}\Big[m_1 + m_2 - \dfrac{(m_1 - m_2)^2}{m_1 + m_2 + m_3'}\Big]\omega^2} \\[2ex]
\lambda_2 &= -\frac{2m_1 + m_3'}{2(m_1 + m_2 + m_3')} \times \frac{k_0 r}{k + k_0 - \dfrac{1}{4}\Big[m_1 + m_2 - \dfrac{(m_1 - m_2)^2}{m_1 + m_2 + m_3'}\Big]\omega^2} \\[2ex]
\lambda_3 &= \frac{m_1 - m_2}{2(m_1 + m_2 + m_3')} \times \frac{k_0 r}{k + k_0 - \dfrac{1}{4}\Big[m_1 + m_2 - \dfrac{(m_1 - m_2)^2}{m_1 + m_2 + m_3'}\Big]\omega^2}
\end{aligned}
\right\} \quad (6-41)
$$

有隔振弹簧的双箱平衡式振动筛传给地基的动载荷，可直接由隔振弹簧的刚度乘以底架的振幅求出。

垂直与水平方向的动载荷幅值 F_c、F_s 为：

$$F_c = k_{gc}\lambda_3 \sin \delta, \quad F_s = k_{gs}\lambda_3 \cos\delta \qquad (6-42)$$

式中　　δ——振动方向线与水平面夹角；

k_{gc}，k_{gs}——隔振弹簧垂直方向与水平方向的刚度。

合成动载荷幅值 F_d 为：

$$F_d = \sqrt{F_c^2 + F_s^2} \qquad (6-43)$$

实践证明，采用隔振弹簧以后，传给地基的动载荷可以明显地减小。

6.4　非线性弹性连杆式振动筛动力学分析

在振动筛中，有时采用非线性弹性力的弹性连杆式振动筛。这类非线性工作机构具有线性振动筛所没有的一些工作特性。

（1）运转时具有较稳定的振幅。

（2）可以采用比较接近于共振点的工作状态，因而所需的激振力小。

（3）在结构上可以减小弹簧的尺寸。

（4）当采用带有间隙的主振弹簧时，能使工作机体获得较大的冲击加速度，这样有利于提高筛机的工作效率。对非线性共振筛，这种非线性加速度对提高筛分效率是有益的。

(5) 调节非线性弹簧的间隙，可以很容易地调整筛机的工作点。

但是，由于加速度的增加，这种振动筛的零部件较易发生损坏，运转时还会产生较大的噪声。

有些弹性连杆式振动筛采用硬式分段线性非线性振动系统，其工作机构如图 6 – 7a 所示，而其力学模型见图 6 – 7b。上方的质体 m_1 用于筛分输送物料，下方的质体 m_2 作平衡质体使用。在两个质体之间，装有线性弹簧和带间隙的分段线性的非线性弹簧，连杆头部装有连杆弹簧，平衡质体下方还有隔振弹簧。

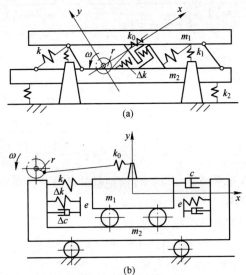

图 6 – 7　非线性弹性连杆式振动筛工作机构及力学模型

(a) 工作机构；(b) 力学模型

按照力学模型图，可列出该振动系统的运动微分方程式：

$$\left.\begin{array}{l} m'_1 \ddot{x}_1 + c \dot{x} + F_1(\dot{x}) + (k_0 + k)x + F_2(x) = k_0 r \sin\omega t \\ m'_2 \ddot{x}_2 - c \dot{x} - F_1(\dot{x}) - (k_0 + k)x - F_2(x) = -k_0 r \sin\omega t \end{array}\right\} \quad (6-44)$$

式中　x，$\dot{x}$——质体 1 对质体 2 的相对位移和相对速度，$x = x_1 - x_2$，$\dot{x} = \dot{x}_1 - \dot{x}_2$；

m'_1，m'_2——质体 1 和质体 2 在考虑隔振弹簧刚度影响时的计算质量，$m'_1 = m_1 - \dfrac{k_1}{\omega^2}$，$m'_2 = m_2 - \dfrac{k_2}{\omega^2}$，当工作频率较高而隔振弹簧刚度较小时，可近似取 $m'_1 = m_1$，$m'_2 = m_2$。

ω——偏心转子的回转角速度；

  r——偏心距；

  k_0——连杆弹簧刚度；

  k——线性弹簧刚度；

  c——质体 1 和质体 2 间的相对阻尼；

$F_1(\dot{x})$, $F_2(x)$——非线性阻尼力和非线性弹性力。

  将方程(6-44)的第一、二式分别乘以 $\dfrac{m'_2}{m'_1 + m'_2}$ 和 $\dfrac{m'_1}{m'_1 + m'_2}$，再相减，就可求

得以下用相对位移 x、相对速度 $\dot{x}$ 和相对加速度 $\ddot{x}$ 表示的振动方程：

$$m\ddot{x} + c\dot{x} + F_1(\dot{x}) + (k + k_0)x + F_2(x) = k_0 r\sin\omega t \qquad (6-45)$$

其中

$$m = \frac{m'_1 m'_2}{m'_1 + m'_2}$$

式中 m——诱导质量。

  式（6-45）中的非线性阻尼力 $F_1(\dot{x})$ 和非线性弹性力 $F_2(x)$，可由下式

表示：

$$F_1(\dot{x}) = \begin{cases} 0 & \text{当} -e \leq x \leq e \text{ 或} -\varphi_c \leq \varphi \leq \varphi_c \text{ 及} \\ & \pi - \varphi_e \leq \varphi \leq \pi + \varphi_e \\ \Delta c\dot{x} & \text{当} e \leq x \leq \infty \text{ 或} \varphi_e \leq \varphi \leq \pi - \varphi_e \\ & -\infty \leq x \leq -e \text{ 或} \pi + \varphi_e \leq \varphi \leq 2\pi + \varphi_e \end{cases} \qquad (6-46)$$

$$F_2(\dot{x}) = \begin{cases} 0 & \text{当} -e \leq x \leq e \text{ 或} -\varphi_e \leq \varphi \leq \varphi_e \\ \Delta k(x-e) & \text{当} e \leq x \leq \infty \text{ 或} \varphi_e \leq \varphi \leq \pi - \varphi_e \\ \Delta k(x+e) & \text{当} -\infty \leq x \leq -e \text{ 或} \pi + \varphi_e \leq \varphi \leq 2\pi - \varphi_e \end{cases} \qquad (6-47)$$

式中 Δc, Δk——间隙弹簧的阻力系数与刚度；

   e——间隙弹簧的间隙；

   φ_e——间隙 e 相对应的振动质体的相对位移的相位差角，$\varphi_e =$

   $\arcsin\dfrac{e}{\lambda}$。

  根据非线性理论中的等效线性化法，可以求出非线性弹簧的等效刚度

k_e 为：

$$k_e = \Delta k\left[1 - \frac{2}{\pi}\left(\varphi_e + \frac{1}{2}\sin 2\varphi_e\right)\right] = \Delta k\left\{1 - \frac{4}{\pi} \times \frac{e}{\lambda}\left[1 - \frac{1}{6}\left(\frac{e}{\lambda}\right)^2 - \frac{1}{40}\left(\frac{e}{\lambda}\right)^4\right]\right\}$$

$$(6-48)$$

  按最小平方矩方法，可以求出非线性弹簧的等效刚度 k_e 为：

$$k_e = \Delta k\left[1 - \frac{5}{4} \times \frac{e}{\lambda} - \frac{1}{4}\left(\frac{e}{\lambda}\right)^5\right] \qquad (6-49)$$

非线性阻尼的等效值可通过试验加以确定。

以非线性弹簧的等效刚度 k_e 代替线性振动系统的弹簧刚度，这时相对振幅 λ 与相位差角 α 分别为：

$$\lambda = \frac{k_0 r\cos\alpha}{k_0 + k + \Delta k\left\{1 - \frac{4}{\pi} \times \frac{e}{\lambda}\left[1 - \frac{1}{6}\left(\frac{e}{\lambda}\right)^2 - \frac{1}{40}\left(\frac{e}{\lambda}\right)^4\right]\right\}}$$

$$\alpha = \arcsin\frac{c + c_e}{k_0 r} \quad \text{或} \quad \alpha = \arctan\frac{(c + c_e)\omega}{k_0 + k_e - m\omega^2} \qquad (6-50)$$

固有频率 ω_0 为：

$$\omega_0 = \sqrt{\frac{k_0 + k + \Delta k\left\{1 - \frac{4}{\pi} \times \frac{e}{\lambda}\left[1 - \frac{1}{6}\left(\frac{e}{\lambda}\right)^2 - \frac{1}{40}\left(\frac{e}{\lambda}\right)^4\right]\right\}}{m}} \qquad (6-51)$$

质体1和质体2的振幅 λ_1、λ_2 分别为：

$$\lambda_1 = \frac{m}{m_1'}\lambda, \quad \lambda_2 = \frac{m}{m_2'}\lambda \qquad (6-52)$$

根据式(6-50)，可作出如图6-8a所示的相对振幅与工作频率的关系曲线；而图6-8b为实验得到的曲线，由图看出理论曲线与试验曲线在二阶亚共振区部分是相似的。

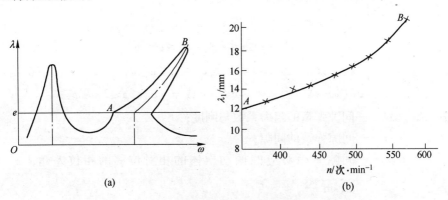

图6-8 弹性连杆式共振筛相对振幅与工作频率的关系
(a) 幅频曲线；(b) 实验曲线

6.5 弹性连杆式振动筛动力学参数的计算

弹性连杆式振动筛的动力学参数包括：隔振弹簧刚度、振动质体的计算质量与诱导质量、主振固有频率与频率比、连杆弹簧与主振弹簧刚度、所需激振力与偏心距、非线性弹簧的隙幅比与刚度、电动机功率、连杆作用力及转动轴转矩、传给基础的动载荷等。

6.5.1 隔振弹簧刚度的计算

对于单质体弹性连杆式振动筛，支承于工作机体上的弹簧通常作为主振弹簧使用，并不按隔振的条件进行设计。对于某些双质体或多质体弹性连杆振动筛，常常在底架下安设隔振弹簧。

为了使选取的隔振弹簧具有一定的支承能力和较为良好的隔振性能，对于采用弹簧隔振的振动筛，通常选取垂直方向上的低频固有频率，即隔振弹簧起主导作用的沿垂直方向的固有频率 $n_{0d} = 150 \sim 300$ 次/min。系统垂直方向的低频固有频率可表示为：

$$\omega_{0d} = \frac{\pi n_{0d}}{30} = \sqrt{\frac{k_{gc}}{\sum m_j}} = \sqrt{\frac{g}{\delta_j}} \qquad (6-53)$$

隔振弹簧刚度可按式（6-54）计算：

$$k_{gc} = \sum m_j \left(\frac{\pi n_{0d}}{30}\right)^2 = (m_1 + m_2 + \cdots)\left(\frac{\pi n_{0d}}{30}\right)^2 \qquad (6-54)$$

式中 $\sum m_j$——隔振弹簧支承的所有质量的总和，$\sum m_j = m_1 + m_2 + \cdots$；

m_1，m_2，$\cdots$——振动质体 1，2，$\cdots$，的质量；

n_{0d}——沿垂直方向的低频固有频率；

k_{gc}——隔振弹簧在垂直方向的总刚度；

δ_j——隔振弹簧在垂直方向的静变形。

6.5.2 振动质体的计算质量与诱导质量

振动质体的计算质量的一般表达式为：

$$\left.\begin{aligned}
m_1' &= m_1 + K_{m1} m_{m1} - \frac{k_{1g}}{\omega^2} \\
m_2' &= m_2 + K_{m2} m_{m2} - \frac{k_{2g}}{\omega^2} \\
m_3' &= m_3 - \frac{k_{3g}}{\omega^2}
\end{aligned}\right\} \qquad (6-55)$$

式中 m_1'，m_2'，m_3'——振动质体 1、2 和 3 的计算质量；

m_1，m_2，m_3——振动质体 1、2 和 3 的实际质量；

m_{m1}，m_{m2}——振动质体 1 和 2 上物料的质量；

K_{m1}，K_{m2}——振动质体 1 和 2 的物料结合系数，一般 K_{m1}、K_{m2} 为 0.1 ~ 0.4；

k_{1g}，k_{2g}，k_{3g}——振动质体 1、2 和 3 上的隔振弹簧刚度。

当质体 2 上无物料时（即作为平衡质体使用时），应取 $m_{m2} = 0$；当质体 1 和 2 上无隔振弹簧时，k_{1g} 和 k_{2g} 为零。

隔振弹簧沿振动方向的刚度，可由垂直方向和水平方向的刚度导出，即

$$k_g = k_{gc}\sin^2\delta + k_{gs}\cos^2\delta \qquad (6-56)$$

式中 k_{gc}，k_{gs}——隔振弹簧在垂直方向和水平方向的刚度；

δ——振动方向线与水平面间的夹角。

根据 m_1'、m_2' 和 m_3'，可求出各种振动筛的诱导质量，计算公式见表 6-1。

表 6-1 各种振动筛的诱导质量计算公式

振动筛形式	单质体		双质体	
	刚性底架	弹性底架	刚性底架	弹性底架
空载诱导质量 m_{uk}	m	$\dfrac{m_1 m_2'}{m_1 + m_2'}$	$\dfrac{1}{4}(m_1 + m_2)$	$\dfrac{1}{4}\left[m_1 + m_2 - \dfrac{(m_1 - m_2)^2}{m_1 + m_2 + m_3'}\right]$
有载诱导质量 m_{uy}	$m + K_m m_m$	$\dfrac{m_1' m_2'}{m_1' + m_2'}$	$\dfrac{1}{4}(m_1' + m_2')$	$\dfrac{1}{4}\left[m_1' + m_2' - \dfrac{(m_1' - m_2')^2}{m_1' + m_2' + m_3'}\right]$

6.5.3 主振固有频率与频率比

弹性连杆式振动筛的主振固有频率可按下式计算：

空载主振固有频率 $\qquad \omega_{0k} = \sqrt{\dfrac{k_0 + k + k_e}{m_{uk}}} \qquad (6-57)$

有载主振固有频率 $\qquad \omega_{0y} = \sqrt{\dfrac{k_0 + k + k_e}{m_{uy}}} \qquad (6-58)$

频率比 z_0 通常在下列范围内选取：对线性弹性连杆式振动筛，空载频率比 z_{0k} 可取 0.75 ~ 0.85，有载频率比 z_{0y} 可取 0.80 ~ 0.90。对非线性弹性连杆式振动筛，空载频率比 z_{0k} 可取 0.82 ~ 0.88，有载频率比 z_{0y} 可取 0.85 ~ 0.95。

空载频率比与有载频率比有以下关系：

$$z_{0k} = \frac{\omega}{\omega_{0k}}, \quad z_{0y} = \frac{\omega}{\omega_{0y}}, \quad z_{0k} = \sqrt{\frac{m_{uk}}{m_{uy}}}\, z_{0y} \qquad (6-59a)$$

或 $\qquad\qquad \omega_{0k} = \dfrac{\omega}{z_{0k}}, \quad \omega_{0y} = \dfrac{\omega}{z_{0y}}, \quad \omega_{0k} = \sqrt{\dfrac{m_{uk}}{m_{uy}}}\, \omega_{0y} \qquad (6-59b)$

6.5.4 连杆弹簧与储能主振弹簧刚度的选取

(1) 共振弹簧的总刚度的计算。因为

$$\omega_{0k} = \sqrt{\frac{k_0 + k + k_e}{m_{uk}}}, \quad \omega_{0y} = \sqrt{\frac{k_0 + k + k_e}{m_{uy}}} \qquad (6-60)$$

所以共振弹簧所需的总刚度按式（6-61）计算：

$$k + k_e + k_0 = m_{uk}\omega_{0k}^2 = \frac{1}{z_{0k}^2}m_{uk}\omega^2 = \frac{1}{z_{0y}^2}m_{uy}\omega^2 \qquad (6-61)$$

（2）储能主振弹簧刚度的计算。储能主振弹簧刚度按式（6-62）计算：

$$k + k_e = m_{uy}\omega^2 \qquad (6-62)$$

（3）连杆弹簧刚度的计算。连杆弹簧刚度按式（6-63）计算

$$k_0 = k_0 + k + k_e - k - k_e = \left(\frac{1}{z_{0y}^2} - 1\right)m_{uy}\omega^2 = m_{uy}(\omega_0^2 - \omega^2) \qquad (6-63)$$

6.5.5 所需的计算激振力与偏心距

（1）相位差角。相位差角 α 按式（6-64）计算：

$$\alpha = \arctan\frac{2bz_{0y}}{1 - z_{0y}^2} \qquad (6-64)$$

对大多数振动筛，阻尼比 $b = 0.05 \sim 0.07$。

（2）相对振幅。对各种弹性连杆式振动筛，相对振幅 λ 按表6-2中的公式计算。

表6-2 相对振幅的计算公式

弹性连杆式振动筛形式	计算公式
单质体弹性连杆式振动筛	$\lambda = \lambda_1$
弹性底架单箱振动筛	$\lambda = \frac{m_1'}{m}\lambda_1$
刚性底架双箱振动筛	$\lambda = 2\lambda_1 = 2\|\lambda_2\|$
弹性底架双箱振动筛	$\lambda = \frac{2(m_1' + m_2' + m_3')}{2m_2' + m_3'}\lambda_1 = -\frac{2(m_1' + m_2' + m_3')}{2m_2' + m_3'}\lambda_2$

（3）所需的计算激振力幅值。所需的计算激振力按式（6-65）计算：

$$k_0 r = \frac{\lambda}{\cos\alpha}(k_0 + k + k_e)(1 - z_0^2) = \frac{k_0\lambda}{\cos\alpha} \qquad (6-65)$$

（4）轴的偏心距。轴的偏心距按式（6-66）计算：

$$r = \frac{\lambda}{\cos\alpha} \qquad (6-66)$$

6.5.6 非线性弹簧的隙幅比与刚度

对于带间隙的非线性弹簧的振动筛与共振筛，还必须选定隙幅比 $\frac{e}{\lambda}$，通常取

0.3~0.5，其中 e、λ 为非线性弹簧的平均间隙与相对振幅。

非线性弹簧的刚度可按式(6-67)计算：

$$\Delta k = \frac{k_e - k}{1 - \frac{4}{\pi} \times \frac{e}{\lambda} \left[1 - \frac{1}{6} \left(\frac{e}{\lambda} \right)^2 - \frac{1}{40} \left(\frac{e}{\lambda} \right)^4 \right]} \qquad (6-67a)$$

或

$$\Delta k = \frac{k_e - k}{1 - \frac{5}{4} \times \frac{e}{\lambda} + \frac{1}{4} \left(\frac{e}{\lambda} \right)^5} \qquad (6-67b)$$

式中　Δk——非线性弹簧的刚度；

　　　k_e，k——主振弹簧等效刚度和线性弹簧的刚度。

6.5.7　电动机功率的计算

6.5.7.1　正常运转时所耗功率的计算

正常运转时的功率损耗可按式(6-68)计算：

$$P_z = \frac{1}{2000\eta} c \lambda^2 \omega^2 \quad (\text{kW}) \qquad (6-68)$$

式中　c——阻尼系数，N·s/m；

　　　η——传动效率，$\eta = 0.9 \sim 0.95$；

　　　λ——相对振幅，m，按式(6-27)计算；

　　　ω——振动频率，rad/s。

6.5.7.2　按启动条件计算电动机所需功率

(1) 线性弹性连杆式振动筛电动机所需功率。线性振动筛最大启动转矩按式(6-69)计算：

$$M_c = \frac{1}{2} \times \frac{k_0 k r^2}{K_{dz} k_0 + K_{d0} k} = \frac{1}{2} \times \frac{k_{0j} k_j}{k_{0j} + k_j} r^2 \quad (\text{N·m}) \qquad (6-69)$$

式中　K_{dz}，K_{d0}——主振弹簧与连杆弹簧的动刚度系数，启动时，按静刚度计算；

　　　k_j，k_{0j}——主振弹簧与连杆弹簧的静刚度，N/m；

　　　r——轴的偏心距，m。

按启动转矩应选用的电动机功率为：

$$P_c = \frac{M_c \omega}{1000 \eta K_c} \quad (\text{kW}) \qquad (6-70)$$

式中　η——传动效率，$\eta = 0.9 \sim 0.95$；

　　　K_c——启动转矩系数，即启动转矩与正常转矩之比。

(2) 非线性弹性连杆式振动筛或共振筛电动机所需功率。最大启动转矩按式(6-71)计算：

$$M(\varphi_{\mathrm{m}}) = \frac{k_{0\mathrm{j}}(k_{\mathrm{js}} + \Delta k_{\mathrm{j}})r^2}{k_{0\mathrm{j}} + k_{\mathrm{js}} + \Delta k_{\mathrm{j}}}\left(\frac{1}{2}\sin 2\varphi_{\mathrm{m}} - \frac{\Delta k_{\mathrm{j}}}{\Delta k_{\mathrm{j}} + k_{\mathrm{js}}} \times \frac{e}{r}\cos \varphi_{\mathrm{m}}\right) \quad (\mathrm{N \cdot m})$$

$$(6-71)$$

其中　　$\varphi_{\mathrm{m}} = \arcsin\left[\frac{1}{4} \times \frac{\Delta k_{\mathrm{j}}}{\Delta k_{\mathrm{j}} + k_{\mathrm{js}}} \times \frac{e}{r} + \sqrt{\left(\frac{1}{4} \times \frac{\Delta k_{\mathrm{j}}}{\Delta k_{\mathrm{j}} + k_{\mathrm{js}}} \times \frac{e}{r}\right)^2 + 0.5}\right]$

式中　φ_{m}——最大转矩相对应的相角；

　　　$k_{0\mathrm{j}}$——连杆弹簧的静刚度，N/m；

Δk_{j}, k_{js}——主振非线性弹簧与主振线性弹簧的静刚度，N/m。

6.5.7.3　按启动转矩计算电动机所需功率

按最大启动转矩计算电动机所需功率为：

$$P_{\mathrm{c}} = \frac{M(\varphi_{\mathrm{m}})\omega}{1000\eta K_{\mathrm{c}}} \quad (\mathrm{kW})$$

$$(6-72)$$

6.5.8　连杆作用力及转动轴转矩的计算

6.5.8.1　正常工作时连杆上的力及轴的转矩

正常工作时连杆上的力 F_{lz}，可按式（6-73）计算：

$$F_{\mathrm{lz}} = k_0\sqrt{\lambda^2 + r^2 - 2\lambda r\cos\alpha} \quad (\mathrm{N})$$

$$(6-73)$$

正常工作时轴的转矩 M_{cz}，可按式（6-74）计算：

$$M_{\mathrm{cz}} = \frac{1}{2}k_0 r(\sqrt{\lambda^2 + r^2 - 2\lambda r\cos\alpha} - \lambda\sin\alpha) \quad (\mathrm{N \cdot m})$$

$$(6-74)$$

6.5.8.2　启动时连杆上的最大力及轴的最大转矩

（1）线性弹性连杆式振动筛。对于线性弹性连杆式振动筛，启动时连杆上的最大力 F_{lq}，可按式（6-75）计算：

$$F_{\mathrm{lq}} = \frac{k_{0\mathrm{j}}k_{\mathrm{j}}}{k_{0\mathrm{j}} + k_{\mathrm{j}}}r \quad (\mathrm{N})$$

$$(6-75)$$

启动时轴的最大转矩 M_{cq}，可按式（6-76）计算：

$$M_{\mathrm{cq}} = \frac{1}{2} \times \frac{k_{0\mathrm{j}}k_{\mathrm{j}}}{k_{0\mathrm{j}} + k_{\mathrm{j}}}r^2 \quad (\mathrm{N \cdot m})$$

$$(6-76)$$

（2）非线性弹性连杆式振动筛与共振筛。对于非线性弹性连杆式振动筛与共振筛，启动时连杆上的最大力 F_{lq}，可按式（6-77）计算：

$$F_{\mathrm{lq}} = \frac{k_{\mathrm{j}} + \Delta k_{\mathrm{j}}}{k_{0\mathrm{j}} + k_{\mathrm{j}} + \Delta k_{\mathrm{j}}}\left(r - \frac{\Delta k_{\mathrm{j}}}{k_{\mathrm{j}} + \Delta k_{\mathrm{j}}}e\right)k_{0\mathrm{j}}$$

$$(6-77)$$

启动时轴的最大转矩 M_{cq}，可按式（6-71）计算。

6.5.9　传给基础的动载荷的计算

（1）垂直方向的动载荷幅值。垂直方向的动载荷幅值 F_{c}，可按式（6-78）

计算：

$$F_c = k_{gc} \lambda_d \sin\delta \quad (N) \tag{6-78}$$

（2）水平方向的动载荷幅值。水平方向的动载荷幅值 F_s，可按式（6-79）计算：

$$F_s = k_{gs} \lambda_d \cos\delta \quad (N) \tag{6-79}$$

（3）合成动载荷幅值。合成动载荷幅值 F_d，可按式（6-80）计算：

$$F_d = \sqrt{F_c^2 + F_s^2} \quad (N) \tag{6-80}$$

6.6 弹性连杆式振动筛工作点的调整

弹性连杆式振动筛的调整工作通常包括以下三个方面：

（1）连杆弹簧压缩量的调整。

（2）筛机工作点的调整及主振弹簧刚度的调整。

（3）振动筛机体弹性弯曲及弹性扭转的预防。

下面对这三个方面分别进行讨论。

6.6.1 连杆弹簧压缩量的调整

弹性连杆式振动筛的机体是由电动机通过带传动，再经过连杆和连杆弹簧，将动力不断地传给整个振动系统而产生振动的。连杆弹簧的预压量过小，启动时弹簧将承受拉力（对直接硫化在铁板的橡胶弹簧）或冲击（直接压紧的橡胶弹簧）；预压量过大，则将增大启动功率，增大橡胶的相对变形，缩短弹簧的工作寿命。上下两组橡胶弹簧预压量不均，则会使启动力矩明显增大；左右两对橡胶弹簧预压量不等，则会使机体振动方向偏斜，使物料不能实现正常的筛分。所以，连杆弹簧压缩量调整得是否适当，对振动筛的工作情况影响很大，必须引起足够的重视。

连杆弹簧的调整工作有以下两项基本要求：

（1）将连杆弹簧压缩量调整到稍大于它工作时可能产生的最大动变形。实现这项要求后，便可以避免连杆弹簧工作时可能出现拉伸或产生冲击和噪声。橡胶弹簧承受拉伸时，则会使其与金属板的结合面开裂，进而影响工作寿命。

连杆弹簧启动时产生的最大动变形可按下式计算：

$$a_0 = \frac{k}{k + k_0} r \tag{6-81}$$

式中　a_0——连杆弹簧启动时产生的最大动变形；

　　　k，k_0——主振弹簧和连杆弹簧的刚度；

　　　　r——传动轴的偏心距。

通常取连杆弹簧刚度 k_0 为主振弹簧刚度 k 的 1/2 ~ 1/5，代入式（6-81），

可以求得 a_0 与 r 的关系为:

$$a_0 = (0.67 \sim 0.8)r \qquad (6-82)$$

即 a_0 为 r 的 2/3 ~ 4/5。

(2) 应使激振板两侧连杆弹簧在工作时具有接近相同的动变形量。为达到这一要求,连杆在静止状态下,偏心轴偏心距的相位应处在振动的中间位置(即接近偏心与连杆相垂直的位置上)。

为实现以上两项要求,可按下列步骤进行调整:

(1) 在调整连杆弹簧压缩量时,为了防止连杆旋转,应先将连杆头上方(连杆下端)的锁紧螺母拧紧。

(2) 将激振板上方的连杆弹簧装入弹簧座内,然后拧动连杆上端的螺母,使传动轴的偏心转到与连杆垂直的位置上。若轴的偏心半径与连杆不相垂直(角度相差过大),可继续拧紧连杆上端的螺母,直到它们接近相垂直时为止。按上述要求进行调整,可以使激振板两侧的连杆弹簧受力均匀。

(3) 将激振板下方的连杆弹簧装入弹簧座内,然后略微拧紧连杆下端的螺母。

(4) 连杆弹簧总压缩量的大小,以振动筛正常工作时连杆弹簧不产生"啪"、"啪"声为准。若工作时出现上述噪声,则说明压缩量过小,必须拧紧螺母。但必须注意,连杆弹簧不允许承受过大的压缩,当其压缩相对变形超过 20% ~ 30% 时,橡胶弹簧就会出现较大的残余变形,同时其工作寿命会明显下降。

6.6.2 振动筛工作点的调整

所谓振动筛工作点的调整,即是将振动筛的工作频率 ω 与振动系统的主固有频率 ω_0 调整到合适的比值。这是一项十分重要的工作,它关系到振动机械能否可靠而稳定地运行。

弹性连杆式振动筛是一种在近共振低临界状态下工作的振动机械,要求其工作频率 ω(振动次数)稍低于振动系统的主固振频率 ω_0。主振系统固有频率为:

$$\omega_0 = \sqrt{\frac{k + k_0}{m}} \qquad (6-83)$$

式中 k,k_0——主振弹簧刚度与连杆弹簧刚度;

  m——诱导质量,各类振动筛诱导质量的计算见表 6-1。

由上式看出,随着主振弹簧和连杆弹簧刚度 k 和 k_0 的增大,固有频率增高;随着诱导质量的增大,固有频率降低。所以频率比不适当,通常是由弹簧刚度不适当或振动质量计算不够准确引起的。对于线性振动机械,频率比 z_0 一般在 0.75 ~ 0.85 范围内;而对非线性振动机械,z_0 一般在 0.85 ~ 0.92 的范围内。

要调整频率比 z_0，必须首先知道实际振动机械频率比的大小，为此，必须采用适当方法检查频率比的大小。检查方法有以下几种。

A　直接测定振幅法

根据振幅公式，当不考虑阻尼时，频率比的近似计算式为：

$$z_0 = \sqrt{1 - \frac{r}{(1 + k/k_0)\lambda}} \qquad (6-84)$$

可知要求出 z_0 值，应知道刚度的比值 k/k_0 及振幅 λ。

利用振幅牌可测量振动质体的振幅。对于双质体振动机，两质体双振幅之和近似等于偏心距 r 的二倍，即

$$2\lambda_1 + 2\lambda_2 = (0.8 \sim 1.2) \times 2r \approx 2r \qquad (6-85)$$

同时，连杆弹簧无明显的相对压缩动变形（不产生撞击声和不高的温升）。此外，测知连杆弹簧的总刚度 k_0 为主振弹簧总刚度 k 的 $1/2 \sim 1/5$，即

$$k_0 = \left(\frac{1}{2} \sim \frac{1}{5}\right)k \qquad (6-86)$$

则说明该振动筛的频率比是适当的，即频率比 z_0 处在 $0.78 \sim 0.90$ 的范围内。

检查 k 与 k_0 的比值，可采用静态实验法，即在压力或拉力试验机上进行拉压试验，然后算出弹簧静刚度。在无法进行试验时，也可以按现有文献资料中的公式进行计算。

若发现上下质体双振幅之和大于偏心距的二倍，即

$$2\lambda_1 + 2\lambda_2 > 1.2 \times 2r \qquad (6-87)$$

则说明主振弹簧刚度不足，应增加主振弹簧刚度，即增加弹簧的数目（也可减小工作频率 ω 和减小振动质体的质量），直到 $2\lambda_1 + 2\lambda_2 = (0.8 \sim 1.2) \times 2r$ 时为止。

若发现上下质体双振幅之和小于偏心距的二倍，即

$$2\lambda_1 + 2\lambda_2 < 0.8 \times 2r \qquad (6-88)$$

则可能有以下两种情况：

（1）对近亚共振状态，即 $\omega < \omega_0$ 时，则说明主振弹簧刚度过大，应撤去一些主振弹簧（也可提高工作频率和增大振动质量），直到 $2\lambda_1 + 2\lambda_2 = (0.8 \sim 1.2) \times 2r$ 时为止。

（2）对超共振状态，即当工作频率 ω 大于主固有频率 ω_0 时，则说明主振弹簧刚度过小，应增加一些主振弹簧（也可降低工作频率和减小振动质量），直到 $2\lambda_1 + 2\lambda_2 \approx (0.8 \sim 1.2) \times 2r$ 时为止。

判定低频共振或近超共振的方法如下：当增加振动质量或增加振动次数时，振幅增大，则为近低共振；振幅减小，则为近超共振。

B　无连杆测定位移曲线法

将连杆和连杆弹簧全部取去，在无连杆的情况下进行试验。用手持式测振仪

或采用光线示波器和动态应变仪，测定振动质体位移的波形，以判断主振弹簧刚度是否合适。

传动轴的偏心部分回转时，将产生周期性的惯性力，其频率等于振动筛的工作频率。这个不平衡的惯性力，会使振动系统产生振动。测量位移曲线如图6-9所示，应在振动机启动、正常运转与停车的整个过程中进行。若发现在振动机启动至停车过程中，振动质体的位移波形比正常工作时为大（图6-9a），则说明主振弹簧刚度过小，应增大主振弹簧的刚度，直到正常工作时的振幅稍大于启动与停车的振幅为止。必须注意，低频共振的振幅增大现象应不予考虑。

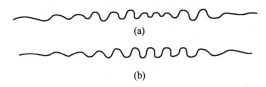

(a)

(b)

图6-9 无连杆时位移随振动次数变化的曲线

(a) 弹簧刚度过小；(b) 弹簧刚度适宜

位移曲线测定以后，比较正常工作时和通过主共振点时振动周期的大小，可计算出应增加的主振弹簧的数量。

$$T_z = \frac{2\pi}{\omega}, \quad T_g = \frac{2\pi}{\omega_0}$$

或
$$T_z\omega = T_g\omega_0 \tag{6-89}$$

式中　T_z，T_g——正常工作时与通过共振点时位移曲线上的周期；

　　　　ω，ω_0——正常工作时和通过共振点时的振动频率，即工作频率与无连杆情况下的固有频率。

由式(6-89)可得频率差值：

$$\Delta\omega = \omega - \omega_0 = \frac{T_g - T_z}{T_g}\omega$$

或
$$\frac{\Delta\omega}{\omega} = \frac{T_g - T_z}{T_g} \tag{6-90}$$

需增加的弹簧刚度的百分比大约是比值 $\Delta\omega/\omega$ 的二倍，即

$$\frac{\Delta\omega}{\omega} \approx \frac{\Delta k'}{2k'} \tag{6-91}$$

式中　$\Delta k'$——需增加的主振弹簧刚度；

　　　　k'——未调整前实际的主振弹簧刚度。

若发现正常工作时的振幅，比启动与停车时的振幅大，则说明无连杆时主振系统的固有频率 ω_{0w} 比工作频率高或相等。这时应将连杆与连杆弹簧安装到指定位置上，然后开动机器，观察振动质体的振幅。再参看前面讲过的第一种方法，

将振幅调整到 $2\lambda_1 + 2\lambda_2 = (0.8 \sim 1.2) \times 2r$ 时为止。

采用这种方法时，同样必须将连杆弹簧刚度调整到主振弹簧刚度的（1/2 ~ 1/5）的范围内。

C 无连杆调整工作转速法

在无连杆的情况下，利用变速电动机或变速箱来改变振动筛的工作频率。观察某一转速下振幅达最大值，此时的工作频率即为无连杆情况下的主振固有频率 ω_0。根据实际需要，将 ω_0 调整到所要求的工作频率 ω，然后选取合适的连杆弹簧刚度 k_0，便可以得到机器所需的频率比 z_0。

带间隙弹簧非线性弹性连杆式振动筛频率比的调整，通常是调节弹簧的间隙。调整时必须注意以下三点：

（1）各组弹簧中，上橡胶弹簧的间隙应相等，下橡胶弹簧的间隙也应相等。

（2）调整后，上、下橡胶弹簧的平均间隙应符合设计要求，不得过大或过小。若发现间隙过大，则应增加主振弹簧；若间隙过小，则应减少主振弹簧。

（3）调整后的振幅应符合设计要求。

6.7 弹性连杆式振动筛动力学参数计算实例

计算实例一： 如图 6 - 4 所示平衡式双质体弹性连杆振动筛，筛面长 $L = 11\text{m}$，其质量为 $m_1 = 2000\text{kg}$，弹性底架质量为 $m_2 = 8000\text{kg}$，振动次数为 $n = 700\text{r/min}$，振动方向角 $\delta = 30°$，筛箱的振幅 $\lambda_1 = 6\text{mm}$，处理物料量为 $Q = 70\text{t/h}$，其抛掷状态下的物料速度为 $v_\text{m} = 0.15\text{m/s}$。试确定系统的动力学参数。

（1）隔振弹簧刚度的计算

仅在底架下安装隔振弹簧，通常取垂直方向的低频固有圆频率 $\omega_\text{nd} = \pi (150 \sim 300)/30$，则隔振弹簧在垂直方向的总刚度为

$$k_\text{gc} = (m_1 + m_2)\omega_\text{nd}^2 = (2000 + 8000) \times \frac{3.14^2}{30^2}(150^2 \sim 300^2)$$

$$= (2464900 \sim 9859600)\text{N/m}$$

取 $k_\text{gc} = 88 \times 10^5 \text{N/m}$。

（2）振动质体的计算质量与诱导质量

1）振动质体的计算质量 m_1'

$$m_1' = m_1 + K_\text{m} m_\text{m}$$

物料质量 m_m 为

$$m_\text{m} = \frac{QL}{3600 v_\text{m}} = \frac{70 \times 10^3 \times 11}{3600 \times 0.15} = 1426\text{kg}$$

物料结合系数取 $K_\text{m} = 0.25$，则振动质体的计算质量 m_1' 为

$$m_1' = m_1 + K_\text{m} m_\text{m} = 2000 + 0.25 \times 1426 = 2357\text{kg}$$

2）底架的计算质量 m'_2

工作圆频率为 $\omega = 700 \times 3.14/30 = 73.31/s$，振动方向上的隔振刚度 k_{gz} 为

$$k_{gz} = k_{gc}\sin^2\delta + 0.3k_{gc}\cos^2\delta$$

$$= 88 \times 10^5\sin^2 30° + 0.3 \times 88 \times 10^5\cos^2 30° = 418 \times 10^4 N/m$$

底架的计算质量 m'_2 为

$$m'_2 = m_2 - k_{gz}/\omega^2 = 8000 - 418 \times 10^4/73.3^2 = 7222kg$$

3）有载时的诱导质量 m_{uy}

$$m_{uy} = \frac{m'_1 m'_2}{m'_1 + m'_2} = \frac{2357 \times 7222}{2357 + 7222} = 1777kg$$

4）空载时的诱导质量 m_{uk}

$$m_{uk} = \frac{m_1 m'_2}{m_1 + m'_2} = \frac{2000 \times 7222}{2000 + 7222} = 1566kg$$

（3）主振固有圆频率 ω_0 与频率比 z_0

有载时频率比取 $z_{0y} = 0.83$

有载时主振固有圆频率 ω_{0y} 为

$$\omega_{0y} = \omega/z_{0y} = 73.3/0.83 = 88.31/s$$

空载时频率比 z_{0k} 为

$$z_{0k} = \sqrt{\frac{m_{uk}}{m_{uy}}}z_{0y} = \sqrt{\frac{1566}{1777}} \times 0.83 = 0.78$$

空载时主振固有圆频率 ω_{0k} 为

$$\omega_{0k} = \omega/z_{0k} = 73.3/0.78 = 941/s$$

（4）主振弹簧与连杆弹簧的刚度

1）共振弹簧的刚度

$$k + k_0 = m_{uy}\omega_{0y}^2 = 1777 \times 88.3^2 = 13855074 N/m$$

2）主振弹簧的刚度

$$k = m_{uy}\omega^2 = 1777 \times 73.3^2 = 9547626 N/m$$

3）连杆弹簧的刚度

$$k_0 = k + k_0 - k = 13855074 - 9547626 = 4307448 N/m$$

（5）相位差角与相对振幅

1）相位差角。相对阻尼系数 b 取为 0.07 时的相位差角为

$$\alpha = \arctan\frac{2bz_{0y}}{1 - z_{0y}^2} = \arctan\frac{2 \times 0.07 \times 0.83}{1 - 0.83^2} = 20°29'$$

2）相对振幅。筛箱的振幅 $\lambda_1 = 6mm$ 时，则质体 1 与质体 2 的相对振幅为：

$$\lambda = \frac{m'_1}{m_{uy}}\lambda_1 = \frac{2357}{1777} \times 6 = 7.96mm$$

（6）所需的计算激振力及偏心距

1）计算激振力为

$$k_0 r = k_0 \lambda / \cos\alpha = 4307448 \times 0.00796 / \cos 20°29' = 36600N$$

2）偏心距 r 为

$$r = \lambda / \cos\alpha = 7.96 / \cos 20°29' = 8.5mm$$

（7）电动机的功率

1）正常运转时的功率消耗

正常运转时传动效率取 $\eta = 0.95$，阻尼系数为

$$c = 2bm_{uy}\omega_{0y} = 2 \times 0.07 \times 1777 \times 88.3 = 21967.274kg/s$$

正常运转时的功率消耗 P_z 为：

$$P_z = \frac{1}{2000\eta}c\lambda^2\omega^2$$

$$= \frac{1}{2000 \times 0.95} \times 21967.274 \times 0.00796^2 \times 73.3^2 = 3.936kW$$

2）按启动条件计算电动机所需功率

连杆弹簧动刚度系数取 $K_{d0} = 1.12$，主振弹簧动刚度系数取 $K_{dz} = 1.05$，最大启动转矩 M_{cq} 为：

$$M_{cq} = \frac{1}{2} \times \frac{kk_0 r^2}{K_{dz}k_0 + K_{d0}k}$$

$$= \frac{1}{2} \times \frac{9547626 \times 4307448 \times 0.0085^2}{1.05 \times 4307448 + 1.12 \times 9547626} = 97.638N \cdot m$$

拟选定 Y 系列电动机，启动转矩系数为 $K_c = 1.8$，按启动转矩计算电动机功率 P_c 为：

$$P_c = \frac{M_{cq}\omega}{1000\eta K_c} = \frac{97.638 \times 73.3}{1000 \times 0.95 \times 1.8} = 4.185kW$$

选用 Y132M2 - 6 型电动机，功率为 5.5kW，转速为 960r/min。

（8）连杆最大作用力及连杆弹簧预压力。启动时连杆最大作用力 F_{cq} 为：

$$F_{cq} = \frac{k_0 kr}{K_{dz}k_0 + K_{d0}k}$$

$$= \frac{4307448 \times 9547626 \times 0.0085}{1.05 \times 4307448 + 1.12 \times 9547626} = 22974N$$

正常运转时连杆最大作用力为

$$F_{lz} = k_0 \sqrt{\lambda^2 - 2\lambda r\cos\alpha + r^2}$$

$$= 4307448 \times \sqrt{0.00796^2 - 2 \times 0.00796 \times 0.0085\cos 20°29' + 0.0085^2}$$

$$= 12811N$$

启动时连杆弹簧最大变形量 a_0 为

$$a_0 = \frac{kr}{k + k_0} = \frac{9547626 \times 0.0085}{9547626 + 4307448} = 0.00586\text{m}$$

所以，连杆弹簧预压变形量应大于 a_0，可取 7mm。

（9）传给地基的动载荷幅值

传给地基垂直方向的动载荷幅值 F_c 为：

$$F_c = k_{gc}(\lambda - \lambda_1)\sin\delta = 88 \times 10^5 \times (0.00796 - 0.006)\sin 30° = 8624\text{N}$$

传给地基水平方向的动载荷幅值 F_s 为：

$$F_s = 0.3k_{gc}(\lambda - \lambda_1)\cos\delta = 0.3 \times 88 \times 10^5 \times (0.00796 - 0.006)\cos 30° = 4481\text{N}$$

传给地基的合成动载荷幅值 F_d 为

$$F_d = \sqrt{F_c^2 + F_s^2} = \sqrt{8624^2 + 4481^2} = 9719\text{N}$$

计算实例二：如图 6-6 所示的平衡式弹性连杆式振动筛，经过初步设计之后，确定上箱体质量 $m_1 = 1838\text{kg}$，下箱体质量 $m_2 = 2150\text{kg}$，两箱体中的平均物料量均为 $m_m = 1600\text{kg}$，底架质量 $m_3 = 6130\text{kg}$；该振动筛振动方向角 $\delta = 30°$，水平布置，转速 $n = 600\text{r/min}$（$\omega = 62.8\text{rad/s}$），振动筛箱体的振幅 $\lambda_1 = -\lambda_2 = 7\text{mm}$。试计算其动力学参数。

（1）隔振弹簧刚度。选取隔振频率比 $z_0 = 3$，则有

$$k_3 = \frac{1}{z_0^2}(m_1 + m_2 + m_3)\omega^2 = \frac{1}{3^2} \times (1838 + 2150 + 6130) \times 62.8^2 = 4434 \times 10^3\text{N/m}$$

（2）振动质体的计算质量与诱导质量。物料结合系数取 $K_m = 0.25$，所以振动质体 1、2 和 3 的计算质量 m_1'、m_2'、m_3' 分别为：

$$m_1' = m_1 + K_m m_m = 1838 + 0.25 \times 1600 = 2238\text{kg}$$

$$m_2' = m_2 + K_m m_m = 2150 + 0.25 \times 1600 = 2550\text{kg}$$

$$m_3' = m_3 - \frac{k_3}{\omega^2} = 6130 - \frac{4434 \times 10^3}{62.8^2} = 5008\text{kg}$$

空载诱导质量 m_{uk} 为：

$$m_{uk} = \frac{1}{4}\left[m_1 + m_2 - \frac{(m_1 - m_2)^2}{m_1 + m_2 + m_3'}\right]$$

$$= \frac{1}{4}\left[1838 + 2150 - \frac{(1838 - 2150)^2}{1838 + 2150 + 5008}\right] = 994\text{kg}$$

有载诱导质量 m_{uy} 为：

$$m_{uy} = \frac{1}{4}\left[m_1' + m_2' - \frac{(m_1' - m_2')^2}{m_1' + m_2' + m_3'}\right]$$

$$= \frac{1}{4}\left[2238 + 2550 - \frac{(2238 - 2550)^2}{2238 + 2550 + 5008}\right] = 1194\text{kg}$$

（3）主振弹簧刚度

$$k = m_{\text{uy}}\omega^2 = 1194 \times 62.8^2 = 4708 \times 10^3\text{N/m}$$

（4）连杆弹簧刚度。取有载频率比 $z_{0\text{y}} = 0.85$，则连杆弹簧刚度 k_0 为：

$$k_0 = \left(\frac{1}{z_{0\text{y}}^2} - 1\right)m_{\text{uy}}\omega^2 = \left(\frac{1}{0.85^2} - 1\right) \times 1194 \times 62.8^2 = 1808 \times 10^3\text{N/m}$$

（5）相对振幅和相位差角

根据表 6 – 2 弹性底架平衡式三质体振动筛的振幅关系，可求得：

$$\lambda = \frac{2(m_1' + m_2' + m_3')}{(2m_2' + m_3')}\lambda_1 = \frac{2(2238 + 2550 + 5008)}{2 \times 2550 + 5008} \times 0.007 = 0.0136\text{m}$$

当阻尼比取 $\zeta = 0.07$ 时，相位差角 α 为：

$$\alpha = \arctan\frac{2\zeta z}{1 - z_{0\text{y}}^2} = \arctan\frac{2 \times 0.07 \times 0.85}{1 - 0.85^2} = 23.2°$$

（6）轴的偏心距。轴的偏心距 r 为：

$$r = \frac{\lambda}{\cos\alpha} = \frac{0.0136}{\cos 23.2°} = 0.0148\text{m}$$

（7）名义激振力。名义激振力为：

$$k_0 r = 1808 \times 10^3 \times 0.0148 = 26758\text{N}$$

（8）所需功率。最大启动力矩 M_c 为：

$$M_c = \frac{k_0 k r^2}{2(k_0 + k)} = \frac{1808 \times 10^3 \times 4708 \times 10^3 \times 0.0148^2}{2 \times (1808 \times 10^3 + 4708 \times 10^3)} = 143\text{N} \cdot \text{m}$$

取 $\eta = 0.95$，$K_c = 1.3$，按启动力矩计算电动机功率 P_c 为：

$$P_c = \frac{M_c\omega}{1000\eta K_c} = \frac{143 \times 62.8}{0.95 \times 1.3 \times 1000} = 7.272\text{kW}$$

正常工作时的电动机功率 P_z 为：

$$P_z = \frac{k_0 r^2 \omega \sin 2\alpha}{1000 \times 4\eta} = \frac{1808 \times 10^3 \times 0.0148^2 \times 62.8 \times \sin(23.2° \times 2)}{4 \times 0.95 \times 1000} = 4.74\text{kW}$$

选用 Y160M – 6 型电动机，功率为 7.5kW，转速 $n = 970\text{r/min}$。

（9）传给基础的动载荷。底架 m_3 的振幅按下式近似计算：

$$\lambda_3 = \left|\frac{\lambda}{2} \times \frac{m_1' - m_2'}{m_1' + m_2' + m_3'}\right| = \left|\frac{0.0136 \times (2238 - 2550)}{2 \times (2238 + 2550 + 5008)}\right| = 2.166 \times 10^{-4}\text{m}$$

当隔振弹簧按照 $k_3 = 4434 \times 10^3\text{N/m}$ 设计时，隔振弹簧沿 y 方向和 x 方向的

刚度分别为：

$$k_y = 4434 \text{kN/m}, \qquad k_x = 2306 \text{kN/m}$$

沿 y 方向传给基础的动载荷：

$$F_c = k_y \lambda_3 \sin \delta = 4434000 \times 2.166 \times 10^{-4} \times \sin 30° = 480 \text{N}$$

沿 x 方向传给基础的动载荷：

$$F_s = k_x \lambda_3 \cos \delta = 2306 \times 10^3 \times 2.166 \times 10^{-4} \times \cos 30° = 433 \text{N}$$

7 电磁振动筛动力学与动力学参数的设计计算

7.1 概述

电磁式振动筛的突出特点是无转动零部件，没有润滑点，振动频率高，噪声较低，容易实现给料量的自动控制，结构简单，使用寿命长，维修方便等，适用于化工、食品、制药、选矿、石油、煤炭、制药、冶金、纺织等行业部门。

电磁式振动筛按照电磁激振力与弹性力的形式可分为以下四类：

(1) 电磁力为谐波形式的线性电磁振动筛。弹性力为线性力，整个振动系统也为线性系统。这类电磁振动筛包括交流激磁的电磁振动筛，电磁铁漏磁很小、电路内的电阻可以忽略的半波整流电磁振动筛，以及半波整流加全波整流的电磁振动筛等。

(2) 电磁力为非谐波形式的线性电磁振动筛。包括可控半波整流电磁振动筛，半波整流或可控半波整流的降频电磁振动筛，电路内电阻不能忽略的半波整流电磁振动筛与半波整流加全波整流的电磁振动筛等。

(3) 弹性力为拟线性或非线性的电磁振动筛。包括剪切橡胶弹簧或压缩橡胶弹簧的电磁振动筛，带有安装间隙的橡胶弹簧电磁振动筛和两侧带曲线压板的板弹簧电磁振动筛等。

(4) 冲击作用的电磁振动筛。电磁振动筛利用冲击原理进行工作，由电磁激振器驱动。

电磁振动筛的振动频率高，振幅和频率易于控制并能进行无级调节，用途广泛。根据激振方式的不同，可分为电动式驱动与电磁式驱动两大类：

1) 电动式驱动。如图 7-1 所示，由直流电激磁的磁环或永磁环、中心磁极和通有交流电的可动线圈组成，可动线圈则与振动杆或振动机体相连接。这类电磁式振动机常用做振动台、定标台、试验台等。

2) 电磁式驱动。如图 7-2 所示，由铁心、电磁线圈、衔铁和弹簧组成。铁心通常与平衡质体固接，而衔铁则与槽体或工作机体固连。在工业用电磁式振动机械中，广泛采用电磁式驱动振动筛。

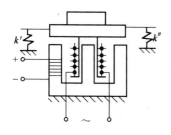

图 7 - 1　电动式驱动

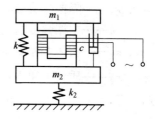

图 7 - 2　电磁式驱动

7.2　电磁式振动筛的动力学分析

电磁式振动筛动力学分析的目的是：选择合适的工作点，使机体振幅有较好的稳定性；给出电振筛各动力学参数的正确计算方法；了解电磁铁漏磁对电振筛工作点漂移的影响，以便采取措施缩小这种影响；了解电磁激振力作用线不通过工作机体质心时，对机体振动的影响，从而预防机体产生过大的摇摆振动，以保证机体各部位有近于相同的振动等。下面以电磁力为谐波形式的双质体振动筛为例，其机构简图及力学模型如图 7 - 3 所示。

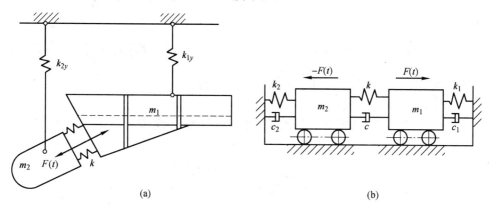

(a)　　　　　　　　　　　　　　　(b)

图 7 - 3　电磁式振动筛的机构简图及力学模型

(a) 机构简图；(b) 力学模型

电磁力为谐波形式的线性电磁振动筛的振动微分方程为：

$$\left.\begin{array}{l} m_1\ddot{x}_1 + c_1\dot{x}_1 + k_1 x_1 + c(\dot{x}_1 - \dot{x}_2) + k(x_1 - x_2) = F'_0 + F'_1\sin\omega t_1 + F'_2\sin 2\omega t_2 \\ m_2\ddot{x}_2 + c_2\dot{x}_2 + k_2 x_2 - c(\dot{x}_1 - \dot{x}_2) - k(x_1 - x_2) = -(F'_0 + F'_1\sin\omega t_1 + F'_2\sin 2\omega t_2) \end{array}\right\}$$

$$(7-1)$$

式中　m_1，m_2——质体 1 和质体 2 的质量；

c_1，c_2——质体 1 和质体 2 绝对运动的阻力系数；

c——质体 1 对质体 2 相对运动的阻力系数；

k_1，k_2——隔振弹簧沿振动方向的刚度；

k——主振弹簧的刚度；

x_1，x_2——质体 1 和质体 2 沿振动方向的位移；

$\dot{x}_1$，$\dot{x}_2$——质体 1 和质体 2 沿振动方向的速度；

$\ddot{x}_1$，$\ddot{x}_2$——质体 1 和质体 2 沿振动方向的加速度；

F'_0——平均电磁力；

F'_1，F'_2——一次谐波激振力与二次谐波激振力的幅值；

ω——电源圆频率；

t_1，t_2——一次谐波与二次谐波激振力的作用时间。

因为电磁式振动筛通常工作在主谐波力共振区附近，所以下面仅分析主共振区附近的振动。电磁式振动筛隔振弹簧的弹性力通常比质体 1 和质体 2 的惯性力及主振弹簧的弹性力小得多，所以在近似计算时可以忽略不计；在精确计算时，可以把隔振弹簧的刚度 k_1 和 k_2 归化到质量 m_1 和 m_2 中去。电磁式振动筛一般采用近共振类，频率比 $z_0 \approx 1$，为减小传给基础的动载荷，常采用双质体隔振式（见图 7-3）。它属于二自由度系统，正常工作时，槽体 1 及平衡质体 2 的计算质量为：

$$m'_1 = m_1 + K_m m_m + K_{k1} m_k - \frac{k_1}{\omega'^2}, \qquad m'_2 = m_2 + K_{k2} m_k - \frac{k_2}{\omega'^2} \qquad (7-2)$$

式中 m'_1，m'_2——质体 1 和质体 2 的计算质量；

ω'——强迫振动圆频率；

K_m——物料质量结合系数，当抛掷指数 $D = 2.7 \sim 3$ 时，$K_m = 0.1 \sim 0.25$；

K_{k1}，K_{k2}——换算至 m_1、m_2 的弹簧质量结合系数；

m_m——筛箱中的物料质量，kg；

m_k——主振弹簧 k 的质量，kg。

对于大多数电振机，计算质量 $m'_1 \approx m'_2$，绝对运动阻尼力对机体振动的影响并不明显，为了近似考虑它的影响，可取

$$\frac{c_1 m'_2}{m'_1 + m'_2} \approx \frac{c_2 m'_1}{m'_1 + m'_2} \qquad (7-3)$$

利用上述条件，将方程（7-1）的第一式乘以 $\dfrac{m'_2}{m'_1 + m'_2}$，减去第二式乘

$\dfrac{m'_1}{m'_1 + m'_2}$，便可求得用相对位移 x、相对速度 $\dot{x}$ 和相对加速度 $\ddot{x}$ 表示的振动方程：

$$m_u \ddot{x} + c_u \dot{x} + kx = F'_0 + F'_1 \sin \omega t_1 + F'_2 \sin 2\omega t_2 \qquad (7-4)$$

其中 $\qquad x = x_1 - x_2 \qquad \dot{x} = \dot{x}_1 - \dot{x}_2 \qquad \ddot{x} = \ddot{x}_1 - \ddot{x}_2$

式中 m_u——诱导质量，$m_u = \dfrac{m_1' m_2'}{m_1' + m_2'}$；

$\qquad c_u$——诱导阻力系数，$c_u = c + \dfrac{c_1 m_2'}{m_1' + m_2'}$；

x，$\dot{x}$，$\ddot{x}$——质体 1 对质体 2 的相对位移、相对速度和相对加速度。

在电磁振动筛正常工作时，自由振动（即齐次方程之通解）将会很快消失，余下只有电振筛的强迫振动，所以下面仅研究方程(7-4)的特解。

方程（7-4）的特解有以下形式：

$$x = x_1 - x_2 = \Delta + \lambda \sin(\omega' t_1 - a') + \xi \sin(2\omega' t_2 - \theta') \qquad (7-5)$$

将式（7-5）代入方程（7-4），经简化，便可求得在平均电磁力作用下，质体 1 对质体 2 的相对静位移 Δ，以及质体 1 和质体 2 的绝对静位移 Δ_1、Δ_2 为：

$$\left.\begin{array}{l} \Delta = \dfrac{F_0'}{k} = \dfrac{\frac{1}{2} + A^2}{k} F_a \\[4mm] \Delta_1 = \dfrac{k_2}{k_1 + k_2}\Delta = \dfrac{k_2}{k_1 + k_2} \times \dfrac{\frac{1}{2} + A^2}{k} F_a \\[4mm] \Delta_2 = -\dfrac{k_1}{k_1 + k_2}\Delta = -\dfrac{k_1}{k_1 + k_2} \times \dfrac{\frac{1}{2} + A^2}{k} F_a \end{array}\right\} \qquad (7-6)$$

其中 $\qquad F_a = \dfrac{2B_a^2 S'}{\mu_0} \qquad B_a = \dfrac{\sqrt{2} U_1 (1 - \sigma_a)}{w \omega S'}\sin\varphi \qquad \sigma_a = \dfrac{L_2}{L_0}$

式中 A——电振机的特征数；

$\qquad F_a$——基本电磁力；

$\qquad B_a$——考虑不变电感系数 σ_a 影响时的基本磁通密度；

$\qquad \mu_0$——空气磁导率，$\mu_0 = 4\pi \times 10^7 \mathrm{H/m}$；

$\qquad \sigma_a$——不变电感系数；

$\qquad \varphi$——交流磁密相对于交流电源电压的相位差角；

$\qquad w$——线圈匝数；

L_2，L_0——平均工作气隙时电路内漏感与总电感；

$\qquad S'$——电磁铁铁心一个磁极的截面积，m^2；

$\qquad U_1$——交流电压有效值，V。

由一次谐波激振力产生的相对振幅 λ 和相位差角 α'，以及质体 1 和质体 2 的绝对振幅 λ_1、λ_2 为

$$\left.\begin{aligned}
\lambda &= \frac{F_1' \cos a'}{k - m_u \omega'^2} = \frac{2AF_a \cos a'}{k - m_u \omega'^2} \\[2mm]
\lambda_1 &= \frac{m_u}{m_1'}\lambda = \frac{m_u}{m_1'} \times \frac{2AF_a \cos a'}{k - m_u \omega'^2} \\[2mm]
\lambda_2 &= -\frac{m_u}{m_2'}\lambda = -\frac{m_u}{m_2'} \times \frac{2AF_a \cos a'}{k - m_u \omega'^2} \\[2mm]
a' &= \arctan \frac{c_u \omega'}{k - m_u \omega'^2}
\end{aligned}\right\} \qquad (7-7)$$

由二次谐波激振力产生的相对振幅 ξ 和相位差角 θ' 以及质体 1 和质体 2 的绝对振幅 ξ_1、ξ_2 为:

$$\left.\begin{aligned}
\xi &= \frac{F_2' \cos\theta'}{k - 4m_u \omega'^2} = \frac{1}{2} \times \frac{F_a \cos\theta'}{k - 4m_u \omega'^2} \\[2mm]
\xi_1 &= \frac{1}{2} \times \frac{m_u}{m_1'} \times \frac{F_a \cos\theta'}{k - 4m_u \omega'^2} \\[2mm]
\xi_2 &= -\frac{1}{2} \times \frac{m_u}{m_2'} \times \frac{F_a \cos\theta'}{k - 4m_u \omega'^2} \\[2mm]
\theta' &= \arctan \frac{2c_u \omega'}{k - 4m_u \omega'^2}
\end{aligned}\right\} \qquad (7-8)$$

7.3 电磁式振动筛动力学参数的计算

下面介绍电磁式振动筛几个主要动力学参数的计算方法。

7.3.1 隔振弹簧刚度的计算

为了减少传给基础的动载荷,电磁式振动筛通常采用双质体近共振的振动系统,并将隔振弹簧的刚度选得较小。隔振弹簧的刚度 $k_1 + k_2$ 按式 (7-9) 计算:

$$k_1 + k_2 = (m_1 + m_2)\frac{\pi^2 n_{0d}^2}{900} \quad (\text{N/m}) \qquad (7-9)$$

式中 m_1,m_2——质体 1 和质体 2 的质量,kg;

n_{0d}——隔振系统的固有频率,一般取 $n_{0d} = 200 \sim 350 \text{r/min}$;

k_1,k_2——质体 1 和质体 2 上隔振弹簧的刚度,N/m。

隔振弹簧的刚度可按 m_1 和 m_2 的比值分配,则 k_1 和 k_2 按式 (7-10) 计算:

$$k_1 = \frac{m_1}{m_1 + m_2}(k_1 + k_2) \left.\vphantom{\frac{m_1}{m_1+m_2}}\right\}$$

$$k_2 = \frac{m_2}{m_1 + m_2}(k_1 + k_2) \quad (7-10)$$

7.3.2 质体1和质体2的计算质量与诱导质量

空载时的质体1和质体2计算质量 m'_{1k}、m'_{2k}，可按式(7-11)计算：

$$m'_{1k} = m_1 + K_{k1}m_k - \frac{k_1}{\omega'^2} \left.\vphantom{\frac{k_1}{\omega'^2}}\right\}$$

$$m'_{2k} = m_2 + K_{k2}m_k - \frac{k_2}{\omega'^2} \quad (7-11)$$

空载时的诱导质量 m_{uk} 可按式(7-12)计算：

$$m_{uk} = \frac{m'_{1k}m'_{2k}}{m'_{1k} + m'_{2k}} \quad (7-12)$$

式中 m_1，m_2——质体1和质体2的质量；

$\quad\quad m_k$——主振弹簧的质量；

K_{k1}，K_{k2}——主振弹簧的质量在质体1和质体2上的结合系数；

$\quad k_1$，k_2——隔振弹簧1和2沿振动方向的刚度；

$\quad\quad \omega'$——电磁式振动筛的工作频率。

有载时的质体1和质体2计算质量 m'_{1y}、m'_{2y}，可按式(7-13)计算：

$$m'_{1y} = m_1 + K_m m_m + K_{k1}m_k - \frac{k_1}{\omega'^2} \left.\vphantom{\frac{k_1}{\omega'^2}}\right\}$$

$$m'_{2y} = m_2 + K_{k2}m_k - \frac{k_2}{\omega'^2} \quad (7-13)$$

式中 m_m——筛面上物料的质量；

$\quad K_m$——物料结合系数，当抛掷指数 $D = 2.7 \sim 3$ 时，$K_m = 0.1 \sim 0.25$；

其他符号意义同前。

有载时的诱导质量 m_{uy} 可按式（7-14）计算：

$$m_{uy} = \frac{m'_{1y}m'_2}{m'_{1y} + m'_2} \quad (7-14)$$

7.3.3 有载频率比和空载频率比

有载频率比 z_{0y} 一般在下列范围内选取：

（1）对于线性电磁式振动筛：$z_{0y} = 0.9 \sim 0.95$。

（2）对于拟线性电磁式振动筛：$z_{0y} = 0.85 \sim 0.94$。

（3）对于软特性非线性电磁式振动筛：$z_{0y} = 1.05 \sim 1.1$。

（4）对于硬特性非线性电磁式振动筛：$z_{0y} = 0.92 \sim 0.96$。

根据有载情况下的频率比 z_{0y}，可以计算出空载频率比 z_{0k} 为：

$$z_{0k} = \sqrt{\frac{1 + \dfrac{\Delta_m}{1 + u}}{1 + \Delta_m}} \; z_{0y} \qquad (7-15)$$

式中 Δ_m——物料结合质量 $K_m m_m$ 与机体 1 的计算质量 m'_1 之比，即 $\Delta_m = \dfrac{K_m m_m}{m'_1}$；

u——m'_2 与 m'_1 之比，即 $u = \dfrac{m'_2}{m'_1}$。

电磁式振动筛产品出厂前，应将其工作点调整到所要求的空载频率比 z_{0k}。由上式看出，Δ_m 愈大，z_{0k} 应愈小。

7.3.4 主振弹簧刚度的计算

主振弹簧刚度 k 可以按空载频率比 z_{0k} 进行计算，即

$$k = \frac{1}{z_{0k}^2} \times \frac{m'_1 m'_2}{m'_1 + m'_2} \omega'^2 \times \frac{1}{1 - \Delta k_\delta} \qquad (7-16)$$

式中 Δk_δ——实际弹簧刚度变化的百分比，可查表 7-1。

表 7-1 定感系数 σ 不同时，Δk_δ、$\Delta \omega_0$ 及 λ'/λ 的变化

定感系数 $\sigma = a\sigma_a$		0	0.05	0.1	0.2	0.3	0.4
可控半波整流电振机 $\varepsilon = 30°$	Δk_δ	0	0.013	0.026	0.063	0.105	0.15
	$\Delta \omega_0 = \dfrac{\omega'_0 - \omega_0}{\omega_0}$	0	0.0065	0.013	0.032	0.05	0.075
	λ'/λ	1	1.1	1.2	1.55	2.2	4.0
半波整流电振机 $\varepsilon = 0°$	Δk_δ	0	0.016	0.035	0.083	0.136	0.20
	$\Delta \omega_0 = \dfrac{\omega'_0 - \omega_0}{\omega_0}$	0	0.008	0.017	0.042	0.068	0.1
	λ'/λ	1	1.13	1.3	2.0	3.5	$\to \infty$
半波整流加全波整流电振机 $1 + \dfrac{B_0}{B_{a0}} = 2$	Δk_δ	0	0.03	0.06	0.128	0.205	0.29
	$\Delta \omega_0 = \dfrac{\omega'_0 - \omega_0}{\omega_0}$	0	0.015	0.03	0.064	0.1	0.145
	λ'/λ	1	1.21	1.5	3.3	$\to \infty$	$\to \infty$

注：σ 为折算不变电感系数；σ_a 为不变电感系数；a 为比例系数；B_0 为未考虑 σ_a 影响时的直流磁通密度；B_{a0} 为未考虑 σ_a 影响时的基本磁通密度；$\Delta \omega_0$ 为固有频率的变化率；λ' 为半波整流电振机的振幅。

在选取频率比 z_{0k} 和 z_{0y} 时，应注意各种主振弹簧刚度的准确程度。一般螺旋弹簧刚度的准确性较高，可取较大值；板弹簧刚度准确性次之，可取中间值；橡胶弹簧刚度的准确性最低，应取较低值。

7.3.5 工作频率的确定

振次 n 一般根据实际需要及电磁振动机的形式决定。交流激磁电磁振动机 6000 次/min；半波整流电磁振动机 3000 次/min；降频电磁振动机 1500 次/min；用变频机降频的电磁振动机及其他特殊的电磁振动机，振次应根据具体情况而定。

7.3.6 筛箱振幅与相对振幅的计算

机体 1（筛箱）的振幅 λ_1 是根据处理物料的要求，即物料的运动状态来决定。目前大多数电磁振动机要求物料处在抛掷的状态下工作，通常取抛掷指数 $D = 2.5 \sim 3.3$，对含泥物料可适当提高。因而机体 1 的振幅 λ_1 可按下式计算：

$$\lambda_1 = \frac{900 D g \cos\alpha_0}{\pi^2 n^2 \sin\delta} \tag{7-17}$$

式中　D——抛掷指数；

$\quad\ \alpha_0$——工作面倾角；

$\quad\ \delta$——振动方向线与工作面之间的夹角；

$\quad\ n$——筛箱每分钟振次；

$\quad\ g$——重力加速度。

质体 1 对质体 2 的相对振幅 λ，可按式(7-18)计算：

$$\lambda \approx \frac{m_1' + m_2'}{m_2'}\lambda_1 \approx \frac{m_1'}{m_u}\lambda_1 \tag{7-18}$$

7.3.7 阻尼比与相位差角的计算

空载阻尼比 b 一般为 0.005～0.025；当筛箱中物料质量为电磁振动机质量的 0.5 倍时，b 一般为 0.04～0.06；当筛箱中物料质量为电磁振动机质量相等时，b 一般为 0.06～0.08；当筛箱中物料质量为电磁振动机质量的 1.5 倍时，b 一般为 0.08～0.1。

根据阻尼比 b 和实际频率比 z_{0y}，可以计算出位移落后于主谐波激振力的相位角 α'：

$$\alpha' = \arctan\frac{2 b z_{0y}}{1 - z_{0y}^2} \tag{7-19}$$

对于频率比 $z_{0y} < 1$ 的情况，即工作频率 ω' 小于固有频率 ω_0 的电磁振动机，

通常 α' 为 $0° \sim 90°$，一般是 $0° \sim 35°$。对于频率比 $z_{0y} > 1$ 的情况，即工作频率 ω' 大于固有频率 ω_0 的电磁振动机，通常 α' 为 $90° \sim 180°$，一般是 $145° \sim 180°$。

7.3.8 主谐波激振力、基本电磁力和最大电磁力的计算

主谐波激振力幅值 F_z，是根据所要求的振幅 λ_1 或相对振幅 λ 来决定的：

$$F_z = \frac{m'_{1y}\omega'^2\lambda_1(1 - z_{0y}^2)}{z_{0y}^2\cos\alpha'} \qquad (7-20)$$

或

$$F_z = \frac{m_{uy}\omega'^2\lambda(1 - z_{0y}^2)}{z_{0y}^2\cos\alpha'} \qquad (7-21)$$

基本电磁力 F_a 为：

$$F_a = \frac{F_z}{K'_z} \qquad (7-22)$$

对交流激磁的电磁振动机，$K'_z = 0.5$；对激振力为谐波形式的半波整流电磁振动机，$K'_z = 2A_m$，A_m 为发生最大磁密时的电磁振动机特征数；对激振力为非谐波形式的电磁振动机，K'_z 见参考文献 [1] 表 7-1 及表 7-2。

最大电磁力 F_m 为：

$$F_m = (1 + A)^2 F_a \quad 或 \quad F_m = \frac{(1 + A)^2}{K'_z}F_z \qquad (7-23)$$

式中　A——电磁振动机特征数。

7.3.9 电磁振动筛功率的计算

电磁振动机的机械功率，即为激振力 $F(t)$ 输出的功率：

$$P = \frac{1}{1000\eta} \times \frac{1}{2\pi}\int_0^{2\pi} F\dot{x}d\omega't$$

$$= \frac{1}{1000\eta} \times \frac{1}{2\pi}\int_0^{2\pi} (F_z\sin\omega't)\lambda\omega'\cos(\omega't - \alpha')d\omega't$$

$$= \frac{F_z^2 z_{0y}\sin 2\alpha'}{4000\eta m_{uy}\omega'(1 - z_{0y}^2)} \quad (kW) \qquad (7-24)$$

最大功率 P_{max} 为：

$$P_{max} = \frac{P}{\sin 2\alpha'} \quad (kW) \qquad (7-25)$$

式中　η——电磁铁效率，可取 $\eta = 0.85 \sim 0.95$。

7.4 电磁式振动机的激磁方式

电磁式振动机是以电磁激振器产生的周期变化的电磁力作为强迫作用力

（或称激振力）来维持其持久而稳定的振动的。电磁激振器所产生的电磁激振力，取决于电磁铁线圈的激磁方式。因此，电磁铁线圈的激磁方式（或称供电线路的供电方式）直接决定着电磁式振动机的振动。同时，不同的激磁方式，还直接影响到电磁铁及电磁激振器的结构、电磁式振动机的整体结构以及电磁式振动机的调节方式。因此，很好地选择与设计电磁式振动机电磁铁线圈的激磁方式，对电磁式振动机的设计有重要的意义。电磁式振动机电磁铁线圈的激磁方式，主要有图7-4所示六种。

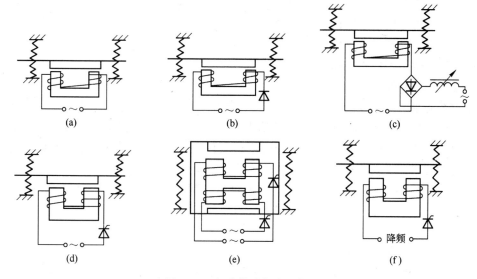

图7-4　各种激磁方式示意图
（a）交流激磁；（b）半波整流激磁；（c）半波加全波整流激磁；
（d）可控半波整流激磁；（e）双拍降频激磁；（f）变频机降频激磁

A　交流激磁

交流激磁如图7-4a所示。这种激磁方式是线圈直接通交流电，所产生的周期变化的电磁力是连续的，可以分解为平均电磁力和二次谐波力两部分。平均电磁力使振动系统的主振弹簧产生静变形；二次谐波力使振动系统产生持久而稳定的振动。因此，这种激磁方式所得到的振动频率为电源频率的二倍，即6000次/min。振动机体的双振幅一般不大于1mm。由于这种电振机的工作频率高，所需的弹簧刚度较大，因此需用弹簧数量较多；同时，因其频率较高，要求工作机体的动力刚度也较高；因采用的振幅小，故所需的电磁铁的气隙小、漏磁少，电流也小，筛分输送速度较低。

采用这种激磁方式时，可以采用电阻或调压器对振幅进行调节。采用电阻调节的缺点是功率损耗大，并会引起工作点漂移。当电阻变化时，机器的固有频率也跟着发生变化，从而使电振机的频率比 z_0 发生变化，往往造成电振机的运转不稳定。采用调压器调节的缺点是控制设备笨重、造价高，调节节点（电刷）易烧毁。此外，这两种调节方式均不能进行自动控制。但是，这种激磁方式及通常所采用的调节方法最为简单，所以在微型及小型电振机中，得到比较广泛的应用。

B 半波整流激磁

半波整流激磁如图 7-4b 所示。这种激磁方式所产生的周期变化的电磁力，也是连续的（当电路内电阻很小时），可分解为平均电磁力、与电源频率相同的一次谐波力和二倍于电源频率的二次谐波力三部分。通常选用一次谐波力作为主谐波激振力。电振机的固有频率与一次谐波力的频率相接近，而远小于二次谐波力的频率。电振机主振弹簧的静变形及二次谐波力的振幅，均远小于一次谐波力产生的振幅。因此，电振机的振动频率即为一次谐波力的频率，即 3000 次/min。通常采用的双振幅为 $1 \sim 1.75$ mm。由于工作频率是前一种激磁方式的一半，所需弹簧的刚度和数量约为前一种激磁方式的四分之一。对电振机动刚度的要求也比前一种低。在作为输送或给料使用时，在相同振动强度的条件下，比前一种电振机输送速度高。但由于比前一种电振机振幅大，需要的电磁铁气隙相应增大，漏磁相应增加，电流相应增大，功率因数也很低。

这种激磁方式常采用调压器或电阻进行振幅调节。当采用这两种调节方法时，也有如前所述的种种缺点。但由于这两种激磁方式和振幅调节方法也比较简单，所以常常在小型和微型电振机中采用。

C 半波加全波整流激磁

半波加全波整流激磁如图 7-4c 所示。这种激磁方式所产生的周期变化的电磁力也是连续的，也可分解为平均电磁力、一次谐波力和二次谐波力三部分。通常取一次谐波力作为主谐波激振力，其系统的振动频率为 3000 次/min。通常采用的双振幅为 $1 \sim 1.5$ mm。因为这种激磁方式所产生的一次谐波力的大小与交直流磁通密度的比值有关，所以通常采用调压器调节直流电流的方法进行振幅调节。

这种激磁方式比半波整流激磁功率因数高，曾在大型电振机中采用。但由于其电路较复杂，电磁铁容易饱和，采用调压器进行振幅调节，控制设备笨重，不能进行自控，所以逐渐被可控半波整流的激磁方式所代替。

D 可控半波整流激磁

可控半波整流激磁如图 7-4d 所示。这种激磁方式所产生的电磁力是断续的。但因晶闸管的导通角比较大（其最大值接近 360°），所以这种激磁方式所产生的电磁力，往往与半波整流激磁时所产生的电磁力很接近。这种激磁方式所产生的电磁力，在力的存在区间内，也可分解为平均电磁力、一次谐波力和二次谐波力。通常也采用一次谐波力作为主谐波激振力。振动频率为 3000 次/min，通常采用的双振幅为 1～1.75mm。

这种激磁方式，由于直接用晶闸管进行振幅调节，控制设备体积小、质量轻、造价低，振幅的调节范围大并易于实现自动控制，近 20 年来得到了迅速的发展。不过采用可控半波整流激磁时，功率因数低，特别是在小振幅的条件下。

E 可控半波整流间歇触发激磁

这种激磁方式，晶闸管每间隔一定时间触发一次（通常每间隔一个周期触发一次），所以通常所得到的振动频率为 1500 次/min。所需的弹簧刚度和数量约为半波整流激磁方式的四分之一。对机体刚度的要求较低，当用做输送或给料设备时，在相同振动强度条件下，比半波整流激磁的输送速度高，并适于进行筛分作业。这种激磁方式所采用的振幅较大（双振幅 2～5mm），所以需要的电磁铁气隙大，故漏磁较大，电流较大，功率因数也更低。

F 可控半波整流交替触发激磁

可控半波整流交替触发激磁如图 7－4e 所示。这种激磁方式采用于 H 型铁心双拍电磁铁，两个晶闸管整流器交替被触发，振动系统的振动频率为 1500 次/min，双振幅通常为 2～5mm。这种激磁方式与前一种激磁方式相比，优点是：由于平均电磁力等于零，所以弹簧不产生静变形；电磁铁气隙几乎仅为前一种激磁方式的二分之一；缺点是：振动器结构较为复杂，电磁铁气隙调整不方便。

G 用变频机降频激磁

用变频机降频激磁如图 7－4f 所示。其工作频率依变频机变频后的频率而定。

此外，有的单位正在研究用逆变器调频或降频激磁。利用频率可调的脉冲触发器，使晶闸管定期触发。

上述各种激磁方式中，以可控半波整流激磁应用最为普遍。表 7－2 列出各类电振机电压的区间特性及振动频率。

表 7－2 各类电振机电压的区间特性及振动频率

电磁式振动机形式	区间特性		频率特性	
	交变磁通 Φ_1，或负载 交变电压 u_1 作用区间	直流电压 u_0 存在区间	电源频率 ω 电源周期 T	主振频率 ω' 主振周期 T'
交流激磁 电磁式振动机	$[0\sim2n\pi]$ $n\gg1$	无	ω T	$\omega'=2\omega$ $T'=\dfrac{1}{2}T$
半波整流 电磁式振动机	$[0\sim2\pi]$ 或 $[0\sim\varepsilon_0]$，$\varepsilon_0<2\pi$	无	ω T	$\omega'=\omega$ $T'=T$
半波加全波整流 电磁式振动机	$[0\sim2\pi]$ 或 $[0\sim\varepsilon_0]$，$\varepsilon_0<2\pi$	$u_0\neq0$ $[0\sim2n\pi]$	ω T	$\omega'=\omega$ $T'=T$

电磁式振动机形式	区间特性		频率特性	
	交变磁通 Φ_1，或负载 交变电压 u_1 作用区间	直流电压 u_0 存在区间	电源频率 ω 电源周期 T	主振频率 ω' 主振周期 T'
可控半流整流 电磁式振动机	$[\varepsilon \sim \varepsilon_0]$ $0 < \varepsilon < \pi$ $\varepsilon_0 < 2\pi$	无	ω T	$\omega' = \omega$ $T' = T$
单作用可控降频 电磁式振动机	$[\varepsilon \sim \varepsilon_0]$ $0 < \varepsilon < \pi$ $\varepsilon_0 < 2\pi$	无	ω T	$\omega' = \dfrac{1}{2}\omega$ $T' = 2T$
双作用可控降频 电磁式振动机	一侧 $[\varepsilon \sim \varepsilon_0]$ 另一侧$[(2\pi + \varepsilon) \sim (2\pi + \varepsilon_0)]$	无	ω T	$\omega' = \dfrac{1}{2}\omega$ $T' = 2T$

7.5 电磁式振动筛电磁参数的计算

7.5.1 电磁式振动筛电磁力的计算

电磁式振动筛电磁力的产生，可以简单地理解为：当电磁铁的激磁线圈通过电流以后，就要产生磁通，并经过电磁铁的铁心和衔铁形成闭合回路。由于磁能的存在，在电磁铁的铁心与衔铁之间产生电磁吸力。因为磁通 Φ 或磁通密度 B_1 是周期变化的，所以电磁式振动筛的电磁激振力也是周期变化的。从静态实验测量的结果表明：电磁力 F 与气隙 δ 的平方成反比，与电流的平方近似成正比。但电流过大时，电磁铁将逐渐达到磁饱和状态，电磁力的增大将减慢。

从理论上可以认为：铁心与衔铁之间的电磁力，是由于电磁铁内磁能的变化而引起的。假设铁心对衔铁有一无限小位移（虚位移）$\mathrm{d}\delta$，则电磁力 F 对此无限小位移所做的机械功（虚功），应等于电磁铁磁能 U_m 所发生的微小变量 $\mathrm{d}U_m$，即

$$F\mathrm{d}\delta = \mathrm{d}U_m \quad \text{所以} \quad F = \frac{\mathrm{d}U_m}{\mathrm{d}\delta} \tag{7-26}$$

电磁铁的磁能，可由电磁学求得：

$$U_m = \frac{1}{2}L_1 I^2 = \frac{1}{2}Iw\Phi_1 \tag{7-27a}$$

或

$$U_m = \frac{1}{4} \times \frac{(Iw)^2 S'\mu_0}{\delta + \delta_T} = \frac{\Phi_1^2}{S'\mu_0}(\delta + \delta_T) = \frac{B_1^2 S'}{\mu_0}(\delta + \delta_T) \tag{7-27b}$$

其中

$$L_1 = \frac{1.26w^2}{\dfrac{l_\delta}{S'} + \dfrac{l_T}{\mu S_T}} \times 10^{-6} = \frac{0.63w^2 S'}{\delta + \delta_T} \times 10^{-6}$$

$$\delta_T = \frac{l_T S'}{2\mu S_T}, \quad \Phi_1 = B_1 S' = \frac{Iw S' \mu_0}{2(\delta + \delta_T)}, \quad l_\delta = 2\delta = 2(\delta_0 - x)$$

将式(7-27)代入式(7-26)，得电磁力 F 为：

$$F = \frac{\mathrm{d}U_m}{\mathrm{d}\delta} = \frac{B_1^2 S'}{\mu_0} = \frac{B_1^2 S}{2\mu_0} \tag{7-28}$$

式中　L_1——气隙电感，H；

　　　　I——线圈电流，A；

　　　　w——线圈匝数；

　　　　Φ_1——气隙磁通，Wb；

　　　　B_1——气隙磁通密度，T；

　　　　S'——电磁铁铁心一个磁极的截面积（圆形铁心为中间磁极的截面积），m^2；

　　　　S——电磁铁的铁心总磁极截面积，$S = 2S'$，m^2；

　　　　μ_0——空气磁导率，$\mu_0 = 4\pi \times 10^{-7} \mathrm{H/m}$；

　　　　l_T——电磁铁平均磁路长度，m；

　　　　S_T——铁心柱截面积，m^2；

　　　　μ——铁心柱硅钢片相对磁导率，H/m；

　　　　l_δ——电磁铁总气隙，m；

　　　　δ——电磁铁一个磁极的实际气隙，m；

　　　　δ_0——电磁铁一个磁极的平均气隙，m；

　　　　x——铁心与衔铁的相对位移，m；

　　　　δ_T——铁心与衔铁的折算气隙，m。

由式(7-28)看出：在磁通密度 B_1 与磁动势（或称安匝数）Iw 成直线关系的区段，电磁力 F 与气隙磁通密度 B_1 的平方及磁极截面积 S 成正比。同时也可以看出：电磁力 F 与电流平方成正比，与气隙平方成反比。因此，为了计算电振机的电磁激振力，可以先分析和求出电磁铁的气隙磁通密度，进而计算电磁激振力。

7.5.2　电磁式振动筛的气隙磁通密度

因为电振机电磁铁气隙磁通密度的变化特性是由电振机的电路方程式决定的，根据电振机的电路方程式及电磁学的理论，可得气隙磁通密度 B_1 为：

$$B_1 = \frac{1-\sigma_a}{1-\sigma x_\delta} B = \begin{cases} B_a \left[A + \sin(\omega t - \varphi) \right] \dfrac{1}{1-\sigma x_\delta} & \text{当 } \omega t = \varepsilon \sim \varepsilon_0 \\[3mm] B_{00} \dfrac{1}{1-\sigma x_\delta} & \text{当 } \omega t = 0 \sim \varepsilon, \varepsilon_0 \sim 2\pi \end{cases}$$

$$\tag{7-29}$$

$$B_a = (1 - \sigma_a)B_{a0} = \frac{\sqrt{2}U_1(1 - \sigma_a)}{w\omega S'}\sin\varphi$$

$$B_{00} = (1 - \sigma_a)B_0 = \frac{U_0(1 - \sigma_a)}{wS'R}$$

式中　B_a——考虑不变电感系数 σ_a 影响时的基本磁通密度，T；

$\quad\ B_{00}$——考虑不变电感系数 σ_a 影响时的直流磁通密度，T；

$\quad\ B_{a0}$——未考虑 σ_a 影响时的基本磁通密度，T；

$\quad\ B_0$——未考虑 σ_a 影响时的直流磁通密度，T；

$\quad\ \varphi$——磁通密度落后于电压的相位差角；

$\quad\ B$——当量总磁通密度，T；

$\quad\ U_1$——交流电压有效值，V；

$\quad\ U_0$——直流电压，V；

$\quad\ R$——等效电阻，Ω；

$\quad\ \sigma$——折算不变电感系数，$\sigma = \sigma_a a$；

$\quad\ a$——比例系数；

$\quad\ \sigma_a$——不变电感系数，$\sigma_a = L_2/L_0$；

$\quad\ L_0$——平均气隙 δ_0 时，电路内的总电感，$L_0 = L_{10} + L_2$；

$\quad\ L_2$——漏感及其他电感，H；

$\quad\ L_{10}$——气隙为 δ_0 时的气隙电感，H；

$\quad\ \varepsilon$——晶闸管触发角；

$\quad\ \varepsilon_0$——晶闸管遏止角；

$\quad\ x_\delta$——相对位移 x 与平均气隙 δ_0 之比；

$\quad\ A$——电振机的特征数；

$\quad\ \omega$——电源圆频率，1/s。

各种大电感电振机（$K_r = 0$，$\varphi = \dfrac{\pi}{2}$）的气隙磁通密度计算公式如下：

（1）交流激磁的电振机

$A \to 0$，磁通密度存在区间 $0 \sim 2\pi$，其表达式为：

$$B_1 = B_a \sin\left(\omega t - \frac{\pi}{2}\right)\frac{1}{1 - \sigma x_\delta} \tag{7-30}$$

（2）半波整流电振机

$A = 1$，磁通密度存在区间 $0 \sim 2\pi$，其表达式为：

$$B_1 = B_a\left[1 + \sin\left(\omega t - \frac{\pi}{2}\right)\right]\frac{1}{1 - \sigma x_\delta} \tag{7-31}$$

（3）半波整流加全波整流电振机

$A = 1 + \dfrac{B_0}{B_{a0}}$，磁通密度存在区间 $0 \sim 2\pi$，其表达式为：

$$B_1 = B_a \left[1 + \frac{B_0}{B_{a0}} + \sin\left(\omega t - \frac{\pi}{2} \right) \right] \frac{1}{1 - \sigma x_\delta} \tag{7-32}$$

（4）可控半波整流电振机

$A = \cos\varepsilon$，磁通密度存在区间 $\varepsilon \sim (2\pi - \varepsilon)$，其表达式为：

$$B_1 = B_a \left[\cos\varepsilon + \sin\left(\omega t - \frac{\pi}{2} \right) \right] \frac{1}{1 - \sigma x_\delta} \tag{7-33}$$

（5）可控半波整流间歇触发降频电振机

$A = \cos\varepsilon$，磁通密度存在区间 $\varepsilon \sim (2\pi - \varepsilon)$，在 $0 \sim \varepsilon$，$(2\pi - \varepsilon) \sim (4\pi + \varepsilon)$ 磁通密度为零。其表达式为：

$$B_1 = B_a \left[\cos\varepsilon + \sin\left(\omega t - \frac{\pi}{2} \right) \right] \frac{1}{1 - \sigma x_\delta} \tag{7-34}$$

（6）可控半波整流交替触发（H型铁心）降频电振机

$A = \cos\varepsilon$，磁通密度存在区间（指一边）$\varepsilon \sim (2\pi - \varepsilon)$，其表达式为

$$B_1 = B_a \left[\cos\varepsilon + \sin\left(\omega t - \frac{\pi}{2} \right) \right] \frac{1}{1 - \sigma x_\delta} （指一边） \tag{7-35}$$

7.5.3 电磁铁的最大磁通密度

当 $\sin(\omega t - \varphi) = 1$ 时，可求出电磁铁气隙的最大磁通密度。当 $\sigma = 0$ 及等效阻抗比 K_r 很小时，气隙最大磁通密度即等于电磁铁的最大磁通密度。其值为

$$B_{max} = (1 + A_{max}) B_a \quad 或 \quad B_a = \frac{B_{max}}{1 + A_{max}} \tag{7-36}$$

当 $\sigma \neq 0$，即等效阻抗比 K_r 不能忽略时，最大磁通密度为：

$$B_{max} = \frac{1 + A_{max}}{1 - \sigma\gamma'} B_a \quad 或 \quad B_a = \frac{1 - \sigma\gamma'}{1 + A_{max}} B_{max} \tag{7-37}$$

式中　γ'——相对振幅 γ 与平均工作气隙 δ_0 之比，通常 $\gamma' = 0.7 \sim 0.85$；

A_{max}——发生最大磁通密度 B_{max} 时的 A 值。

各种大电感电振机 $\left(K_r = 0，\varphi = \dfrac{\pi}{2} \right)$ 的气隙最大磁通密度计算公式如下：

（1）交流激磁电振机的最大磁通密度为：

$$B_{max} = \frac{1}{1 - \sigma\gamma'} B_a \tag{7-38}$$

（2）半波整流电振机的最大磁通密度为：

$$B_{max} = \frac{2}{1 - \sigma\gamma'} B_a \tag{7-39}$$

（3）半波整流加全波整流电振机的最大磁通密度为：

$$B_{\max} = \left(2 + \frac{B_0}{B_{a0}}\right)\frac{1}{1 - \sigma\gamma'}B_a \tag{7-40}$$

（4）可控半波整流电振机的最大磁通密度为：

$$B_{\max} = \frac{1 + \cos\varepsilon}{1 - \sigma\gamma'}B_a \tag{7-41}$$

（5）可控半波整流间歇触发降频电振机的最大磁通密度为：

$$B_{\max} = (1 + \cos\varepsilon)\frac{1}{1 - \sigma\gamma'}B_a \tag{7-42}$$

（6）可控半波整流交替触发（H 型铁心）降频电振机的最大磁通密度为：

$$B_{\max} = \frac{1 + \cos\varepsilon}{1 - \sigma\gamma'}B_a \tag{7-43}$$

7.5.4 电磁式振动机的电磁激振力

各类电振机电磁激振力的一般表达式为：

$$F = \begin{cases} (F_0 + F_1\sin\omega t_1 + F_2\sin2\omega t_2)\dfrac{1}{(1 - \sigma x_\delta)^2} & \text{当 } \omega t = \varepsilon \sim \varepsilon_0 \\[3mm] F_{00}\dfrac{1}{(1 - \sigma x_\delta)^2} & \text{当 } \omega t = 0 \sim \varepsilon,\ \varepsilon_0 \sim 2\pi \end{cases} \tag{7-44}$$

其中　　$\omega t_1 = \omega t + \gamma_1$，$2\omega t_2 = 2\omega t + \gamma_2$，$\gamma_1 = -\varphi$，$\gamma_2 = -2\left(\varphi + \dfrac{\pi}{4}\right)$

$$F_a = \frac{B_a^2 S'}{\mu_0}, \quad F_{00} = \frac{B_{00}^2 S'}{\mu_0}, \quad F_0 = (0.5 + A^2)F_a, \quad F_1 = 2AF_a, \quad F_2 = 0.5F_a$$

式中　F_a——基本电磁力；

　　　F_{00}——直流磁通密度引起的电磁力；

　　　F_0——平均电磁力；

　　　F_1——一次谐波电磁力幅值；

　　　F_2——二次谐波电磁力幅值。

当电磁铁的漏感及电路内其他不变电感 L_2 很小，即 $\sigma \to 0$ 时，电磁激振力为：

$$F = F_0 + F_1\sin\omega t_1 + F_2\sin2\omega t_2 \qquad \text{当 } \omega t = \varepsilon \sim \varepsilon_0 \tag{7-45}$$

由式（7-44）看出，由于电磁铁有漏感及电路内有不变电感存在，电磁激振力是相对位移 x 的函数。σ 值通常在 $0.05 \sim 0.3$ 范围内变动，所以它对电振机的工作有明显的影响。对于各类电振机，电磁激振力 F 的差别，仅是特征数 A 及相位差角 φ 的不同。

大电感电振机 $\left(K_r \to 0,\ \varphi = \dfrac{\pi}{2}\right)$ 的电磁激振力计算公式如下：

（1）交流激磁的电磁式振动机

$A \to 0$，$F_0 = \dfrac{1}{2}F_a$，$F_1 = 0$，$F_2 = \dfrac{1}{2}F_a$，电磁力作用区间为 $0 \sim 2\pi$，因而是谐波形式的，其表达式为：

$$F = F_a\left[\frac{1}{2} + \frac{1}{2}\sin\left(2\omega t + \frac{\pi}{2}\right)\right] \times \frac{1}{(1 - \sigma x_\delta)^2} \qquad (7-46)$$

（2）半波整流电磁式振动机

$A \to 0$，$F_0 = \dfrac{3}{2}F_a$，$F_1 = 2F_a$，$F_2 = \dfrac{1}{2}F_a$，电磁力作用区间为 $0 \sim 2\pi$，因而在整个周期内是谐波形式的。其表达式为：

$$F = F_a\left[\frac{3}{2} + 2\sin\left(\omega t - \frac{\pi}{2}\right) + \frac{1}{2}\sin\left(2\omega t + \frac{\pi}{2}\right)\right] \times \frac{1}{(1 - \sigma x_\delta)^2} \qquad (7-47)$$

（3）半波整流加全波整流的电磁式振动机

$A = 1 + \dfrac{B_0}{B_{a0}}$，$F_0 = \left[\dfrac{1}{2} + \left(1 + \dfrac{B_0}{B_{a0}}\right)^2\right]F_a$，$F_1 = 2\left(1 + \dfrac{B_0}{B_{a0}}\right)F_a$，$F_2 = \dfrac{1}{2}F_a$，电磁力作用区间为 $0 \sim 2\pi$，因而是谐波形式的。其表达式为：

$$F = F_a\left[\frac{1}{2} + \left(1 + \frac{B_0}{B_{a0}}\right)^2 + 2\left(1 + \frac{B_0}{B_{a0}}\right)\sin\left(\omega t - \frac{\pi}{2}\right) + \frac{1}{2}\sin\left(2\omega t + \frac{\pi}{2}\right)\right] \times \frac{1}{(1 - \sigma x_\delta)^2}$$
$$(7-48)$$

（4）对可控半波整流的电磁式振动机

$A = \cos\varepsilon$，$F_0 = \left(\dfrac{1}{2} + \cos^2\varepsilon\right)F_a$，$F_1 = 2\cos\varepsilon F_a$，$F_2 = \dfrac{1}{2}F_a$，电磁激振力作用区间为 $\varepsilon \sim (2\pi - \varepsilon)$，因而在整个周期内不是谐波形式的。其表达式为：

$$F = \begin{cases} F_a\left[\dfrac{1}{2} + \cos^2\varepsilon + 2\cos\varepsilon\sin\left(\omega t - \dfrac{\pi}{2}\right) + \dfrac{1}{2}\sin\left(2\omega t + \dfrac{\pi}{2}\right)\right] \times \dfrac{1}{(1 - \sigma x_\delta)^2} \\ \qquad\qquad\qquad\qquad\qquad 当\ \omega t = \varepsilon \sim \varepsilon_0 \\ 0 \qquad\qquad\qquad\qquad\quad 当\ \omega t = 0 \sim \varepsilon,\ \varepsilon_0 \sim 2\pi \end{cases} \quad (7-49)$$

（5）可控半波整流间歇触发的降频电磁式振动机

$A = \cos\varepsilon$，$F_0 = \left(\dfrac{1}{2} + \cos^2\varepsilon\right)F_a$，$F_1 = 2\cos\varepsilon F_a$，$F_2 = \dfrac{1}{2}F_a$，电磁激振力作用区间为 $\varepsilon \sim (2\pi - \varepsilon)$，因而在整个周期内不是谐波形式的。其表达式为：

$$
F = \begin{cases} F_a \left[\dfrac{1}{2} + \cos^2\varepsilon + 2\cos\varepsilon\sin\left(\omega t - \dfrac{\pi}{2}\right) + \dfrac{1}{2}\sin\left(2\omega t + \dfrac{\pi}{2}\right) \right] \times \dfrac{1}{(1 - \sigma x_\delta)^2} \\ \qquad\qquad\qquad\qquad\quad 当\ \omega t = \varepsilon \sim (2\pi - \varepsilon) \\ 0 \qquad\qquad\qquad\qquad\ 当\ \omega t = 0 \sim \varepsilon,\ (2\pi - \varepsilon) \sim 4\pi \end{cases} \tag{7-50}
$$

（6）可控半波整流交替触发（H 形铁心）的降频电磁式振动机

$A = \cos\varepsilon$，$F_0 = \left(\dfrac{1}{2} + \cos^2\varepsilon\right)F_a$，$F_1 = 2\cos\varepsilon F_a$，$F_2 = \dfrac{1}{2}F_a$，电磁激振力作用区间为 $\varepsilon \sim (2\pi - \varepsilon)$，$(2\pi + \varepsilon) \sim (4\pi - \varepsilon)$，在整个周期内激振力不是谐波形式的。其表达式为：

$$
F = \begin{cases} F_a \left[\cos\varepsilon + \sin\left(\omega t - \dfrac{\pi}{2}\right) \right]^2 \times \dfrac{1}{(1 - \sigma x_\delta)^2} & 当\ \omega t = \varepsilon \sim (2\pi - \varepsilon) \\ -F_a \left[\cos\varepsilon + \sin\left(\omega t - \dfrac{\pi}{2}\right) \right]^2 \times \dfrac{1}{(1 - \sigma x_\delta)^2} & 当\ \omega t = (2\pi + \varepsilon) \sim (4\pi - \varepsilon) \\ 0 & 当\ \omega t = 0 \sim \varepsilon,\ (2\pi - \varepsilon) \sim (2\pi + \varepsilon),\ (4\pi - \varepsilon) \sim 4\pi \end{cases} \tag{7-51}
$$

对可控半波整流电振机、可控半波整流间歇触发降频电振机及可控半波整流交替触发（H 形铁心）降频电振机，当晶闸管的触发角 $\varepsilon = 0$ 时，电磁激振力也是谐波形式的。

对于电磁力为谐波形式的电振机，在进行动力学计算时，可以直接利用上述诸电磁激振力计算公式。对于电磁力为非谐波形式的电振机，则需先将电磁力展为富氏级数的形式，然后才能进行动力学计算；也可以利用电磁激振力的原始表达式，用分段积分法进行计算。

将式（7-44）激振力的原始表达式按富氏级数展开，得

$$
F = (F_0' + F_1'\sin\omega t_1 + F_2'\sin 2\omega t_2 + \cdots) \dfrac{1}{(1 - \sigma x_\delta)^2} \tag{7-52}
$$

当电磁铁的漏磁甚少，电路内无其他串联电阻或电感（即 $\sigma = 0$）时，按富氏级数展开的电磁激振力为：

$$
F = F_0' + F_1'\sin\omega t_1 + F_2'\sin 2\omega t_2 + \cdots \tag{7-53}
$$

式中 　F_0'——按富氏级数展开的平均电磁力；

　　　F_1'——按富氏级数展开的一次谐波力幅值；

　　　F_2'——按富氏级数展开的二次谐波力幅值。

表 7-3 所列数据是当 $K_r \neq 0$ 时，晶闸管触发角 ε、遏止角 ε_0、按富氏级数展开的平均电磁力 F_0' 和一次谐波力幅值 F_1'。

表 7-3 $K_r \neq 0$ 时 ε、ε_0、F_0' 及 F_1' 的值

$K_r = \dfrac{r}{L_0\omega}$	0	0.05	0.1	0.2	0.3	0.4
$\varepsilon/$ (°)	0	0	0	0	0	0
$\varepsilon_0/$ (°)	360	317	300	280	267	257
F_0'	$1.5F_a$	$1.25F_a$	$1.01F_a$	$0.81F_a$	$0.63F_a$	$0.53F_a$
F_1'	$2F_a$	$\approx 1.74F_a$	$\approx 1.55F_a$	$\approx 1.23F_a$	$\approx 1.04F_a$	$\approx 0.91F_a$

7.5.5 最大电磁激振力和主谐波激振力幅

各类电振机电磁激振力的一般表达式为：

$$F = \begin{cases} F_a[A + \sin(\omega t - \varphi)]^2 \dfrac{1}{(1 - \sigma x_\delta)^2} & \text{当 } \omega t = \varepsilon \sim \varepsilon_0 \\ F_{00} \dfrac{1}{(1 - \sigma x_\delta)^2} & \text{当 } \omega t = 0 \sim \varepsilon,\ \varepsilon_0 \sim 2\pi \end{cases} \qquad (7-54)$$

由式（7-54），当 $\sin(\omega t - \varphi) = 1$ 时，可得最大电磁力为：

$$F_{\max} = (1 + A_{\max})^2 F_a \frac{1}{(1 - \sigma\gamma')^2} \qquad (7-55)$$

式中　$F_{\max}$——最大电磁力；

　　　　$A_{\max}$——电振机的特征数（考虑电阻影响）。

主谐波激振力幅 F_z 与基本电磁力 F_a 有以下关系：

$$F_z = K_z K_z' F_a \qquad (7-56)$$

式中　K_z——电阻为零时，主谐波激振力幅系数 $K_z = F_z/F_a$，对半波整流电振机，$K_z = K_1' = K_1 = 2A - 2$；

　　　　K_1'——电阻为零时，按富氏级数展开的一次谐波激振力幅系数，$K_1' = F_1'/F_a$；

　　　　K_1——电阻为零时的一次谐波激振力幅系数，$K_1 = F_1/F_a = 2A$；

　　　　K_z'——电阻影响系数。

7.6　计算实例

计算实例一：某电磁式振动筛，筛箱部有效质量（包括物料折算质量）$m_1 = 85\text{kg}$，电磁铁部有效质量 $m_2 = 136\text{kg}$，采用半波整流激振方式。试求该筛机动力学参数。

解：（1）振动系统隔振弹簧刚度 k_g

选取系统固有频率 $n_{0d} = 300\text{r/min}$，则振动系统的隔振弹簧刚度 $k_g = k_1 +$

k_2 为：

$$k_g = (m_1 + m_2)\frac{\pi^2 n_{0d}^2}{900} = (85 + 136) \times \frac{3.14^2 \times 300^2}{900}$$

$$= 217897 \text{N/m}$$

$$k_1 = \frac{m_1}{m_1 + m_2}k_g = \frac{85}{85 + 136} \times 217897 = 83807 \text{N/m}$$

$$k_2 = \frac{m_2}{m_1 + m_2}k_g = \frac{136}{85 + 136} \times 217897 = 134090 \text{N/m}$$

（2）振动系统主振弹簧刚度 k

按电磁铁有漏磁，定感系数 $\sigma = 0.2$，属于拟线性电磁式振动筛，取 $z_{0y} = 0.92$，查表 7-1 可得实际弹簧刚度变化的百分比 $\Delta k_\delta = 0.083$，则主振弹簧刚度 k 为：

$$k = \frac{1}{z_{0y}^2} \times \frac{m_1 m_2}{m_1 + m_2}\omega'^2 \times \frac{1}{1 - \Delta k_\delta}$$

$$= \frac{1}{0.92^2} \times \frac{85 \times 136}{85 + 136} \times (2\pi \times 50)^2 \times \frac{1}{1 - 0.083}$$

$$= 6644769 \text{N/m}$$

（3）箱体 1 的振幅 λ_1 及相对振幅 λ

取 $\alpha_0 = 0°$，$\delta = 20°$，$D = 3$，则箱体 1 的振幅 λ_1 为：

$$\lambda_1 = \frac{900Dg\cos\alpha_0}{\pi^2 n^2 \sin\delta} = \frac{900 \times 9810 \times 3}{3.14^2 \times 3000^2 \sin 20°} = 0.87 \text{mm}$$

相对振幅 λ 为：

$$\lambda = \frac{m_1}{m_u}\lambda_1 = \frac{m_1 + m_2}{m_2}\lambda_1 = \frac{85 + 136}{136} \times 0.87 = 1.41 \text{mm}$$

（4）所需的激振力 F_z、基本电磁力 F_a 和最大电磁力 F_m

所需的激振力 F_z 为：

$$F_z = \frac{m_u\omega'^2\lambda(1 - z_{0y}^2)}{z_{0y}^2\cos\alpha'} = \frac{52.3 \times (2\pi \times 50)^2(1 - 0.92^2) \times 0.00141}{0.92^2\cos 39°59'} = 1722 \text{N}$$

其中

$$m_u = \frac{m_1 m_2}{m_1 + m_2} = \frac{85 \times 136}{85 + 136} = 52.3 \text{kg}$$

取阻尼比 $b = 0.07$ 时，则 $\alpha' = \arctan\dfrac{2bz_{0y}}{1 - z_{0y}^2} = \arctan\dfrac{2 \times 0.07 \times 0.92}{1 - 0.92^2} = 39°59'$

基本电磁力 F_a（半波整流电磁振动筛，特征数 $A = 1$）为：

$$F_a = \frac{F_z}{2A} = \frac{1722}{2} = 861 \text{N}$$

最大电磁力 F_m 为：

$$F_m = \frac{(1 + A)^2}{2A} F_z = 2F_z = 2 \times 1722 = 3444 \text{N}$$

（5）电磁振动筛所需功率

电磁铁效率取 $\eta = 0.9$，则电磁振动筛所需功率 P 为：

$$P = \frac{F_z^2 z_{0y}^2 \sin 2\alpha'}{4000 \eta m_u \omega'(1 - z_{0y}^2)} = \frac{1722^2 \times 0.92^2 \sin(2 \times 39°59')}{4000 \times 0.9 \times 52.3 \times 2\pi \times 50 \times (1 - 0.92^2)} = 0.272 \text{kW}$$

最大功率 P_{max} 为：

$$P_{max} = \frac{P}{\sin 2\alpha'} = \frac{0.272}{\sin(2 \times 39°59')} = 0.276 \text{kW}$$

计算实例二：已知某电磁式振动筛箱体部分的计算质量 $m_1' = 85 \text{kg}$，电磁激振器部分的计算质量为 $m_2' = 133 \text{kg}$，其诱导质量为 $m_u = \dfrac{m_1' m_2'}{m_1' + m_2'} = 52 \text{kg}$；采用可控半波整流激磁方式，晶闸管触发角 $\varepsilon = 0°$，要求箱体振幅 $\lambda_1 = 0.88 \times 10^{-3} \text{m}$。求其该筛机主要电参数。

解：（1）所需的一次谐波力幅 F_1' 的计算

实际频率比 z_{0y} 取 0.92，相对阻尼比取 $b = 0.05$，则可求得相位差角 $\alpha' = \arctan \dfrac{2bz_{0y}}{1 - z_{0y}^2} \approx 30°$，一次谐波力幅 F_1' 为：

$$F_1' = F_1 = \frac{m_1' \omega'^2 \lambda_1 (1 - z_{0y}^2)}{z_{0y}^2 \cos \alpha'}$$

$$= \frac{85 \times (2 \times 3.14 \times 50)^2 \times 0.88 \times 10^{-3}(1 - 0.92^2)}{0.92^2 \times \cos 30°} = 1545 \text{N}$$

（2）实际所需最大电磁力 F_{max} 的计算

取等效阻抗比 $K_r = 0.05$，特征数 $A = 0.87$，漏磁系数 $\sigma_T = 0.2$，计算不变电感系数 $\sigma = 0.14$，$\gamma' = \dfrac{\lambda}{\delta_0} = 0.7$，则实际所需最大电磁力 F_{max} 为：

$$F_{max} = \frac{(1 + A)^2 F_1'}{2A(1 - \sigma\gamma')^2} = \frac{(1 + 0.87)^2 \times 1545}{2 \times 0.87(1 - 0.14 \times 0.7)^2} = 3816 \text{N}$$

（3）气隙许用最大磁通密度 $[B_{lm}]$ 的计算

对 D41 硅钢片，当取相对磁导率 $\mu_T = 500$ 时，硅钢片的磁通密度值 $[B_{Tm}] = 1.6 \text{T}$。

取硅钢片压紧程度系数 $K_1 = 0.93$，取考虑涂漆层厚度的系数 $K_2 = 0.92$，则气隙许用最大磁通密度 $[B_{lm}]$ 为：

$$[B_{lm}] = \frac{K_1 K_2 [B_{Tm}]}{1 + \sigma_T} = \frac{0.93 \times 0.92 \times 1.6}{1 + 0.2} = 1.14 \text{T}$$

(4) 单位面积上许用最大电磁力 $[q_m]$ 的计算

根据求得的气隙最大许用磁通密度 $[B_{1m}]$，可以计算出气隙单位面积上许用的最大电磁力 $[q_m]$ 为：

$$[q_m] = \frac{[B_{1m}]}{\mu_0} = \frac{1.14^2}{4 \times 3.14 \times 10^{-7}} = 10.34 \times 10^5 \text{ N/m}^2$$

(5) 铁心柱截面积 S_T 的计算

$$S_T = S' = \frac{F_{max}}{[q_m]} = \frac{3816}{10.34 \times 10^5} = 3.7 \times 10^{-3} \text{m}^2$$

(6) 电磁铁线圈匝数 w 的计算

取 $U_1 = 220\text{V}$，$\sigma_a = 0.2$，$f = 50\text{Hz}$，则电磁铁线圈匝数 w 为：

$$w = \frac{U_1(1 - \sigma_a)(1 + A)\sin\varphi}{4.44[B_{1m}]S'f(1 - \sigma\gamma')}$$

$$= \frac{220 \times (1 - 0.2)(1 + 0.87) \times 1}{4.44 \times 1.14 \times 3.7 \times 10^{-3} \times 50 \times (1 - 0.14 \times 0.7)} = 390 \text{ 匝}$$

(7) 电流平均值 I_p 及有效值 I_e 的计算

电磁铁一个磁极的平均气隙 $\delta_0 = 0.18 \times 10^{-2}\text{m}$，铁心与衔铁的折算气隙 $\delta_T = 0.02 \times 10^{-2}\text{m}$，则等效电感 L_{10e} 为：

$$L_{10e} = \frac{0.63w^2S'}{\delta_0 + \delta_T} \times 10^{-6} = \frac{0.63 \times 390^2 \times 3.7 \times 10^{-3}}{0.18 \times 10^{-2} + 0.02 \times 10^{-2}} \times 10^{-6} = 0.177\text{H}$$

基本电流 I_a 为：

$$I_a = \frac{\sqrt{2}U_1(1 - \sigma_a)}{L_{10e}\omega'} = \frac{\sqrt{2} \times 220 \times (1 - 0.2)}{0.177 \times 2 \times 3.14 \times 50} = 4.48\text{A}$$

平均电流 I_p 为：

$$I_p = I_a\left[\left(1 - \frac{1}{2}a\sigma\gamma'^2\right)A - \frac{1}{2}(a - \sigma)\gamma'\cos\alpha'\right]$$

$$= 4.48 \times [(1 - 0.5 \times 0.9 \times 0.14 \times 0.7^2) \times 0.87 -$$

$$0.5 \times (0.9 - 0.14) \times 0.7 \times 0.87] = 2.74\text{A}$$

其中，比例系数 $a = \frac{\delta_0}{\delta_0 + \delta_T} = \frac{0.18 \times 10^{-2}}{0.18 \times 10^{-2} + 0.02 \times 10^{-2}} = 0.9$

电流有效值 I_e 为：

$$I_e = \xi I_a = I_a\sqrt{\xi_0^2 + \frac{1}{2}(\xi_{1m}^2 + \xi_{2m}^2 + \xi_{3m}^2)}$$

$$= 4.48\sqrt{0.74^2 + 0.5 \times (0.61^2 + 0.243^2 + 0.016^2)}$$

$$= 3.91\text{A}$$

其中 $\xi_0 = 1 - \dfrac{1}{2}a\sigma\gamma'^2 - \dfrac{1}{2}(a-\sigma)\gamma'\cos\alpha'$

$$= 1 - \frac{1}{2}\times 0.9\times 0.14\times 0.7^2 - \frac{1}{2}\times(0.9-0.14)\times 0.7\times 0.87 = 0.74$$

$$\xi_{1m} = \sqrt{\left[\left(1-\frac{1}{2}a\sigma\gamma'^2\right)-\gamma'(a-\sigma)A\cos\alpha'-\frac{1}{4}a\sigma\gamma'^2\cos 2\alpha'\right]^2 + \left[\gamma'(a-\sigma)A\sin\alpha'+\frac{1}{4}a\sigma\gamma'^2\sin 2\alpha'\right]^2}$$

$$= \sqrt{\left[\left(1-\frac{1}{2}\times 0.9\times 0.14\times 0.7^2\right)-0.7\times(0.9-0.14)\times 0.87^2-\frac{1}{4}\times 0.9\times 0.14\times 0.7^2\times\frac{1}{2}\right]^2 + \left[0.7\times(0.9-0.14)\times 0.87\times 0.5+\frac{1}{4}\times 0.9\times 0.14\times 0.7^2\times 0.87\right]^2}$$

$$= 0.61$$

$$\xi_{2m} = \frac{1}{2}\gamma'\sqrt{(a-\sigma-a\sigma\gamma'A\cos\alpha')^2 + (a\sigma A\gamma'\sin\alpha')^2}$$

$$= 0.5\times 0.7\sqrt{(0.9-0.14-0.9\times 0.14\times 0.7\times 0.87^2)^2 + (0.9\times 0.14\times 0.87\times 0.7\times 0.5)^2}$$

$$= 0.243$$

$$\xi_{3m} = \frac{1}{4}a\sigma\gamma'^2 = 0.25\times 0.9\times 0.14\times 0.7^2 = 0.016$$

（8）功率 P 的计算

$$P \approx \frac{1}{4000\eta}\times\frac{F_1'z_{0y}^2\sin 2\alpha'}{m_u\omega'(1-z_{0y}^2)}$$

$$= \frac{1}{4000\times 0.95}\times\frac{1545^2\times 0.92^2\times 0.87}{52\times 2\times 3.14\times 50\times(1-0.92^2)} = 0.2\text{kW}$$

最大功率 P_{max} 为：

$$P_{max} = \frac{P}{\sin 2\alpha'} = \frac{0.2}{0.87} = 0.23\text{kW}$$

8 双电动机驱动振动筛的同步理论

8.1 概述

为了满足不同的工艺要求，振动机械常常需要两台或多台电机同时工作，而同时要求它们具有相同的速度和相位。早期实现同步的方式是采用刚性传动（如齿轮传动）或采用柔性传动（如带式传动），自60年代以来，由于发现在振动机械中可以利用振动的固有特性，在两个由两台电机分别驱动的偏心转子间实现振动同步（或称自同步），而实现振动同步的该种机械则称为自同步振动机，由于采用了自同步原理，使得它们的构造大为简化。这种原理在以后振动机械的设计、制造和使用过程中获得大量采用，从而使振动机械进入了振动同步的新时代。使振动机械实现振动同步必须满足一定的条件，因此研究振动机的同步理论，以保证振动机在最佳或较优状态下工作，十分必要。进入20世纪80和90年代，由于控制理论的发展，在极为重要的场合，为了获得更高的同步精度和同步稳定性，可以采用控制同步。因此，同步理论及实现同步的方式可分为以下三代（或三个阶段）：

（1）第一代同步方式：采用刚性传动（如齿轮传动）或柔性（如链传动或带传动）传动实现同步。

（2）第二代同步方式：采用振动同步（对于双激振器式振动机）或电轴同步（对一般机械）。

（3）第三代同步方式：控制同步或控制同步与振动同步相结合的复合同步。

在多数情况下，采用一般振动同步，即可满足同步要求。因此，振动同步的理论研究仍具有十分重要的意义。

近30年来，由两台电动机或振动电机分别驱动的自同步振动机，在冶金、矿山、电力、煤炭、化工、环保、建筑、筑路和食品加工等工业部门中，得到了广泛的应用。这类振动机包括自同步直线振动筛、大型自同步冷矿筛、大型自同步热矿筛、自同步清砂筛、自同步概率筛、自同步等厚筛、自同步概率等厚筛、自同步椭圆振动筛、自同步高频振动细筛、自同步螺旋振动细筛、自同步锥形振动细筛、自同步反流振动筛和自同步振动脱水、脱介、脱泥筛等。这是一种先进技术，它具有下列优点：

（1）利用自同步原理代替了强制同步式振动机中的齿轮传动，使该类筛机传动部的结构相当简单。

（2）由于取消了齿轮传动，使机器的润滑、维护和检修等经常性的工作大为简化。

（3）可以减小启动、停车通过共振区时的垂直方向和水平方向的共振振幅。但在一些自同步振动机中，通过共振区时的摇摆振动的振幅有时会显著增大，这是该种振动机的不足。

（4）双机驱动自同步振动机虽然增加了一个电动机，但目前工业中应用的自同步振动机不少采用激振电动机直接驱动，使它的结构相当简单。

（5）自同步振动机激振器两根主轴，可在较大的距离条件下进行安装。

（6）便于实现通用化、系列化和标准化。

为了使这种振动机实现自同步运转，必须满足它的同步性条件；为了获得所要求的运动轨迹，必须满足既定同步运转状态的稳定性条件。由于目前工业部门中应用的自同步振动机的类型众多，例如，做平面运动的和做空间运动的、单质体的和双质体的、非共振型和近共振性的、两轴做同向回转的和做反向回转的。本章对一些典型的自同步振动机进行分析。

8.2 双电机驱动平面运动惯性振动筛的振动同步理论

8.2.1 双惯性激振器驱动的自同步振动筛的两种运动状态与运动轨迹

平面运动自同步振动筛是指作平面运动的自同步振动筛，双电动机驱动的平面运动自同步振动机，按轴的回转方向可分为反向回转和同向回转两种。

8.2.1.1 平面单质体两轴反向回转时的情形

图 8-1 表示了两轴反向回转自同步振动筛的力学模型图。设在稳态运动的情况下，轴 2 超前轴 1 某相位差角 $\Delta\alpha = \Delta\varphi$ 等速回转（实际上在一个振动周期内角速度会发生某些变化，但变化不很明显，对激振力影响很小，因此可以忽略），这时偏心块回转时产生的 y 方向和 x 方向之激振力 $F_y(t)$、$F_x(t)$ 及对机体质心 O 点的激振力矩 $M(t)$ 可近似表示为：

$$\left. \begin{aligned} F_y(t) &= F_y\sin \omega t, & F_y &= 2m_0\omega^2 r\cos \frac{1}{2}\Delta\alpha \\ F_x(t) &= F_x\sin \omega t, & F_x &= 2m_0\omega^2 r\sin \frac{1}{2}\Delta\alpha \\ M(t) &= M_0\cos (\omega t + \beta), & M_0 &= 2m_0\omega^2 rl_0\sin \frac{1}{2}\Delta\alpha \end{aligned} \right\} \tag{8-1}$$

式中　F_y，F_x，M_0——y 方向和 x 方向的激振力幅及对质心 O 点的激振力矩幅值；

m_0，r——每一轴上偏心块的质量及其质心至回转轴线之距；

ω——轴回转角频率；

l_0——轴心至机体质心 O 点之距；

$\Delta\alpha$——轴 2 对轴 1 之相位差角（见图 8 - 1）；

β——轴心与机体质心之连线与 x 轴线之夹角；

t——时间；

φ——转角，$\varphi = \omega t$。

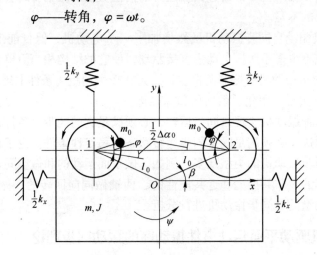

图 8 - 1 两轴反向回转的自同步振动筛力学模型图

振动机体沿 y 方向及 x 方向的振动方程及绕其质心回转的振动方程可近似表示为：

$$\left.\begin{array}{l} (m + \sum m_0)\ddot{y} + c_y\,\dot{y} + k_y y = F_y\sin\omega t \\ (m + \sum m_0)\ddot{x} + c_x\,\dot{x} + k_x x = F_x\sin\omega t \\ (J + \sum J_0)\ddot{\psi} + c_\psi\dot{\psi} + k_\psi\psi = M_0\cos(\omega t + \beta) \end{array}\right\} \qquad (8-2)$$

式中 m，$\sum m_0$——机体质量和偏心块总质量；

J，$\sum J_0$——机体对其质心的转动惯量及偏心块对机体质心的总转动惯量；

c_y，c_x，c_ψ——y、x 方向的阻力系数及对质心的扭振阻力矩系数；

k_y，k_x，k_ψ——y、x 方向与 ψ 方向的弹簧刚度；

y，$\dot{y}$，$\ddot{y}$，x，$\dot{x}$，$\ddot{x}$，ψ、$\dot{\psi}$，$\ddot{\psi}$——机体质心在 y 方向、x 方向的位移、速度和加速度及机体质心回转方向的角位移、角速度和角加速度。

在同步运转的情况下，位移 y、x 及角位移 ψ 可由以下方程求出

$$y = \lambda_y \sin(\omega t - \alpha_y) , \quad \lambda_y = -\frac{F_y \cos \alpha_y}{m'_y \omega^2} \left.\right\}$$

$$x = \lambda_x \sin(\omega t - \alpha_x) , \quad \lambda_x = -\frac{F_x \cos\alpha_x}{m'_x \omega^2} \qquad (8-3)$$

$$\psi = \theta_\psi \cos(\omega t + \beta - \alpha_\psi) , \quad \theta_\psi = -\frac{M_0 \cos \alpha_\psi}{J' \omega^2}$$

式中　λ_y，λ_x，θ_ψ——y、x 方向之振幅和对其质心摆动之幅角；

　　　m'_y，m'_x，J'——y 方向和 x 方向的计算质量和绕质心的计算转动惯量：

$$m'_y = m + \sum m_0 - \frac{k_y}{\omega^2} \left.\right\}$$

$$m'_x = m + \sum m_0 - \frac{k_x}{\omega^2} \qquad (8-4)$$

$$J' = J + \sum J_0 - \frac{k_\psi}{\omega^2}$$

式中　α_y，α_x，α_ψ——y 方向和 x 方向的激振力对其位移的相位差角和激振力矩
　　　　　　　　对角位移的相位差角：

$$\alpha_y = \arctan\left(\frac{-c_y}{m'_y \omega}\right) \left.\right\}$$

$$\alpha_x = \arctan\left(\frac{-c_x}{m'_x \omega}\right) \qquad (8-5)$$

$$\alpha_\psi = \arctan\left(\frac{-c_\psi}{J' \omega}\right)$$

由式(8-3)看出，当两轴之相位差角 $\Delta\alpha = 0$ 时，$x = 0$，$\psi = 0$（因 $F_x = M_0 = 0$），
工作机体仅产生沿 y 方向之直线振动，即

$$y = \lambda_y \sin(\omega t - \alpha_y) \qquad (8-6)$$

当 $\Delta\alpha = 180°$ 时，工作机体将出现 x 方向的直线振动与绕 O 点的扭摆振动的组合
振动：

$$x = \lambda_x \sin(\omega t - \alpha_x) \left.\right\}$$

$$\psi = \theta_\psi \cos(\omega t + \beta - \alpha_\psi) \qquad (8-7)$$

当 $\Delta\alpha$ 在 0°～180°之间时，运动轨迹可由式(8-3)来说明。

8.2.1.2　两轴同向回转时的情形

图 8-2 表示了两轴同向回转自同步振动筛的力学模型。设轴 2 超前轴 1 某
相位差角$\Delta\alpha$作等速回转，则机体沿 y 方向和 x 方向之振动方程及对其质心扭摆
振动之方程可近似表示为

$$\left.\begin{array}{l}(m + \sum m_0)\ddot{y} + c_y\,\dot{y} + k_y y = F_y \sin \omega t \\[2mm] (m + \sum m_0)\ddot{x} + c_x\,\dot{x} + k_x x = F_x \cos \omega t \\[2mm] (J + \sum J_0)\ddot{\psi} + c_\psi\dot{\psi} + k_\psi\psi = M_0 \cos \omega t\end{array}\right\} \qquad (8-8)$$

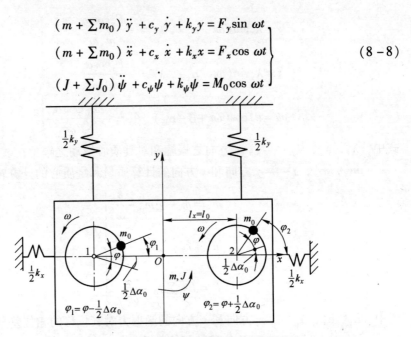

图 8 - 2　两轴同向回转的自同步振动筛力学模型图

其中

$$\left.\begin{array}{l}F_y = 2m_0\omega^2 r\cos\dfrac{1}{2}\Delta\alpha \\[4mm] F_x = 2m_0\omega^2 r\cos\dfrac{1}{2}\Delta\alpha \\[4mm] M_0 = 2m_0\omega^2 r l_0 \sin\dfrac{1}{2}\Delta\alpha\end{array}\right\} \qquad (8-9)$$

式中　l_0——激振器主轴轴心与机体质心之距；

　　　$\Delta\alpha$——两激振器偏心块相位之差，其他符号见式(8-2)。

上述运动方程式(8-8)的稳态解为

$$y = \lambda_y\sin(\omega t - \alpha_y), \quad \lambda_y = -\frac{F_y\cos\alpha_y}{m'_y\omega^2}$$

$$x = \lambda_x\cos(\omega t - \alpha_x), \quad \lambda_x = -\frac{F_x\cos\alpha_x}{m'_x\omega^2} \qquad (8-10)$$

$$\psi = \theta_\psi\cos(\omega t - \alpha_\psi), \quad \theta_\psi = -\frac{M_0\cos\alpha_\psi}{J'\omega^2}$$

式中，α_y、α_x、α_ψ、m'_y、m'_x、J'意义与式(8-4)及式(8-5)相同。

由式(8-10)和式(8-9)看出，当$\Delta\alpha = 0$时，$\psi = 0$，若$\alpha_y \approx \alpha_x$，则由式

(8-10)可求得机体的运动轨迹为椭圆：

$$\left(\frac{y}{\lambda_y}\right)^2 + \left(\frac{x}{\lambda_x}\right)^2 = 1 \tag{8-11}$$

当 $\Delta\alpha = 180°$ 时，$y = x = 0$，机体仅出现扭摆振动：

$$\psi = \theta_\psi \cos(\omega t - \alpha_\psi) \tag{8-12}$$

8.2.2 平面运动自同步振动筛同向与反向回转的同步性条件

两主轴在变角速度运转的情况下，轴1和轴2的力矩平衡方程式可表示为

$$\left.\begin{array}{l} M_{g1} = M_{d1} - M_{\mu1} - M_{z1}(t) \\ M_{g2} = M_{d2} - M_{\mu2} - M_{z2}(t) \end{array}\right\} \tag{8-13}$$

式中　M_{gi}，M_{di}，$M_{\mu i}$，$M_{zi}(t)$——轴系1和轴系2换算至轴1和轴2上的惯性力矩、电机转矩、摩擦阻矩和振动阻矩；$i = 1$、2，其中1代表轴系1，2代表轴系2。

将具体数据代入式(8-13)，则力矩平衡方程式为

$$\left.\begin{array}{l} J_2\ddot{\varphi}_2 = A_2(\omega_s - \omega_2 i_2)i_2\eta_2 - m_0\omega_2^2\mu_2\dfrac{d_2}{2} - \\ \qquad m_0\left[(\ddot{y} + l_x\ddot{\psi})r\cos\left(\varphi + \dfrac{1}{2}\Delta\alpha\right) - (\ddot{x} - l_y\ddot{\psi})r\sin\left(\varphi + \dfrac{1}{2}\Delta\alpha\right)\right] \\ J_1\ddot{\varphi}_1 = A_1(\omega_s - \omega_1 i_1)i_1\eta_1 - m_0\omega_1^2\mu_1\dfrac{d_1}{2} - \\ \qquad m_0\left[(\ddot{y} - l_x\ddot{\psi})r\cos\left(\varphi - \dfrac{1}{2}\Delta\alpha\right) - (\ddot{x} - l_y\ddot{\psi})r\sin\left(\varphi - \dfrac{1}{2}\Delta\alpha\right)\right] \end{array}\right\}$$

$$\tag{8-14}$$

式中　J_1，J_2——轴系1与轴系2换算至轴1与轴2上的转动惯量；

$\ddot{\varphi}_1$，$\ddot{\varphi}_2$——轴1与轴2的角加速度；

A_1，A_2——电机1和电机2的特征系数；

ω_s——感应电动机的同步角速度；

ω_1，ω_2——轴1与轴2的角频率；

i_1，i_2——轴系1与轴系2的速比；

η_1，η_2——轴系1与轴系2的传动效率；

μ_1，μ_2——轴1与轴2轴承的当量摩擦因数；

d_1，d_2——轴1与轴2的轴颈直径；

γ——系数，同向转动时 $\gamma = +1$，反向转动时 $\gamma = -1$；

l_x，l_y——激振器主轴1和主轴2至机体质心的坐标长度。

在变角速度情况下，轴2与轴1的转矩差的平衡方程式可由式（8-13）的

第二式减去第一式得出，即

$$\Delta M_g = \Delta M_d - \Delta M_\mu - \Delta M_z(t) \tag{8-15}$$

其中 $\qquad \Delta M_g = \Delta M_{g2} - \Delta M_{g1}, \qquad \Delta M_d = \Delta M_{d2} - \Delta M_{d1}$

$$\Delta M_\mu = \Delta M_{\mu2} - \Delta M_{\mu1}, \qquad \Delta M_z(t) = \Delta M_{z2}(t) - \Delta M_{z1}(t)$$

式中 $\quad \Delta M_g$，ΔM_d，ΔM_μ，$\Delta M_z(t)$——轴系 2 和轴系 1 惯性力矩之差、电动机输出转矩之差、摩擦转矩之差及振动阻矩之差。

在同步运转情况下，每一周期的平均角速度 ω_1 和 ω_2 应等于常数，平均角加速度 $\ddot{\varphi}_{1平均}$、$\ddot{\varphi}_{2平均}$ 应等于零。因此，轴 1 和轴 2 力矩平衡方程式为：

$$M_{d10} - M_{\mu10} - M_{z10} = 0$$
$$M_{d20} - M_{\mu20} - M_{z20} = 0 \tag{8-16}$$

式中 $\quad M_{d10}$，M_{d20}，$M_{\mu10}$，$M_{\mu20}$——轴 1 和轴 2 的驱动电机输出的平均转矩及平均摩擦阻矩；

$\qquad\qquad M_{z10}$，M_{z20}——轴 1 和轴 2 的平均振动阻矩。

在同步运转情况下，平均力矩之差的平衡方程式可由式(8-16)求出：

$$\Delta M_{d0} - \Delta M_{\mu0} - \Delta M_{z0} = 0 \tag{8-17}$$

其中平均振动阻矩之差可由式(8-18)求得：

$$\Delta M_{z0} = m_0^2 \omega^2 r^2 W \sin \Delta \alpha \tag{8-18}$$

其中

$$W = \frac{l_0^2}{J'} \cos^2 \alpha_\psi - \frac{\cos^2 \alpha_y}{m'_y} - \gamma \frac{\cos^2 \alpha_x}{m'_x} \tag{8-19}$$

式中 $\quad \gamma$——系数，当反向回转时，取 $\gamma = -1$；同向回转时取 $\gamma = +1$。

对于反向回转，因 $\gamma = -1$，所以式（8-19）之 W 等号最后两项可消去，这时 $W = \frac{l_0^2}{J'} \cos^2 \alpha_\psi \approx \frac{l_0^2}{J'}$。对于同向回转，$\gamma = +1$，所以式（8-19）之 W 有一个临界点，即 $W = 0$，因 $\cos^2 \alpha_\psi = \cos^2 \alpha_y = \cos^2 \alpha_x \approx 1$，$m'_y \approx m'_x \approx m'$，$J' \approx m' \rho^2$（式中 ρ 为当量回转半径），所以临界状态的判别式为：$W = \frac{l_0^2}{J'} - \frac{2}{m'} = 0$，即 $l_0^2 = 2\rho^2$，或 $l_0 = \sqrt{2}\rho = 1.414\rho$。当两激振器的轴心与机体质心之距 l_0 大于回转半径 ρ 的 1.414 倍时，可得 $\Delta \alpha \approx 0°$，此时自同步振动机机体做圆周运动；而当两激振器的轴心之距 l_0 小于回转半径 ρ 的 1.414 倍时，可得 $\Delta \alpha \approx 180°$，此时自同步振动机对机体质心做摇摆振动。

将式(8-18)、式(8-19)代入式(8-17)，可求出稳定同步运转情况下的相位差角

$$\Delta \alpha = \arcsin \frac{\Delta M_{d0} - \Delta M_{\mu0}}{m_0^2 \omega^2 r^2 W} \tag{8-20}$$

若设

$$D = \frac{m_0^2 \omega^2 r^2 W}{\Delta M_{d0} - \Delta M_{\mu 0}} \qquad (8-21)$$

则

$$\Delta \alpha = \arcsin \frac{1}{D} \qquad (8-22)$$

因为 $\sin\Delta\alpha$ 的值在 $+1 \sim -1$ 范围内，若 $|D| \geqslant 1$，$\Delta\alpha$ 有解；而当 $-1 < D < 1$，$\Delta\alpha$ 无解。这就是说轴系 1 和轴系 2 的所有转矩不可能在同步条件下获得平衡，只能在不同步条件下获得平衡，"自同步"振动机只能在失步情况下运转。正因为 D 数值的大小可以用来判别振动机能否实现同步运转，所以 D 称为同步性指数。振动机的同步性条件或同步性判据，可由式（8-22）得出：

$$|D| \geqslant 1 \qquad (8-23)$$

$$m_0^2 \omega^2 r^2 \left(\frac{l_0^2}{J'} \cos^2\alpha_\psi - \frac{\cos^2\alpha_y}{m'_y} - \gamma \frac{\cos^2\alpha_x}{m'_x} \right) \sin\Delta\alpha_0 \geqslant |\Delta M_{d0} - \Delta M_{\mu 0}| \qquad (8-24)$$

因此，增大不等式左边的值和减小不等式右边的值，是提高自同步振动机同步性能的基本措施。

8.2.3 平面运动自同步振动筛同向与反向回转同步状态的稳定性条件

8.2.3.1 两种同步运转状态的试验

作者在自同步概率筛上进行过两种同步运转状态的实验，利用两轴上偏心块回转至某一位置而使电路接通的办法把它们的相位用记录仪记录下来。图 8-3a 和图 8-3b 分别表示了两轴同向回转和反向回转时偏心块的相位图。由图可见，反向回转时两轴上偏心块的相位接近相同，而同向回转自同步振动机两轴上的偏心块相位大约相差180°，同时可以看出这两种运动情况均达到了同步运转。

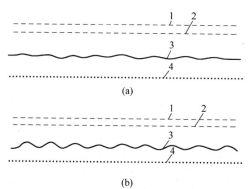

图 8-3 两轴同向及反向回转情况的同步性试验

（a）同向回转的同步性试验；（b）反向回转的同步性试验

1—轴 1 的偏心块相位；2—轴 2 的偏心块相位；3—机体位移；4—时标

根据试验可知，当两轴做反向回转时，自同步振动机机体将做直线振动。当同向回转时，有时 $\Delta\alpha \approx 0°$ 的平衡运动状态是稳定的，机体做圆周运动或近似于圆周的椭圆运动；而有时 $\Delta\alpha \approx 180°$ 的平衡运动状态是稳定的，机体做摇摆振动。

下面将从理论上说明这两种平衡状态及其稳定条件与不稳定条件。

8.2.3.2 两种平衡的运动状态

当同步性指数 D 满足条件 $|D| \geq 1$ 时，振动机可以实现同步运转。根据式 (8-21) 可求出两轴上偏心块的相位差角 $\Delta\alpha$，十分明显，$\Delta\alpha$ 有两个根：

(1) 当 D 为正值时，一个根在 $0° \sim 90°$ 范围内，另一个根在 $90° \sim 180°$ 范围内。

(2) 当 D 为负值时，一个根在 $-90° \sim 0$ 范围内，另一个根在 $180° \sim 270°$ 范围内。

(3) 当 D 为零时，一个根为 $0°$，另一个根为 $180°$。

所以，在同一 D 值的情况下，有两个相位差角可以满足力矩平衡方程式，也就是说有两个相位差角所对应的平衡状态可以满足力矩平衡方程式。以后，把 $\Delta\alpha = -90° \sim +90°$ 的状态（平均值为 $0°$）称为状态 1，而把 $\Delta\alpha = 90° \sim 270°$ 的状态（平均值为 $180°$）称为状态 2。

8.2.3.3 两种平衡状态的稳定性条件及稳定性判据

在变角速度的情况下，两轴的转矩差的平衡方程式可由式 (8-14) 第二式减去第一式得出：

$$J_2\ddot{\varphi}_2 - J_1\ddot{\varphi}_1 = A_2(\omega_s - \omega_2 i_2)i_2\eta_2 - A_1(\omega_s - \omega_1 i_1)i_1\eta_1$$

$$- m_0 r(\omega_2^2\mu_2\frac{d_2}{2} - \omega_1^2\mu_1\frac{d_1}{2}) - \Delta M_z(t) \tag{8-25}$$

对大多数自同步振动机，$d_2 \approx d_1$，并设

$$\omega_2 = \omega + \Delta\omega_2, \quad \omega_1 = \omega + \Delta\omega_1$$

式中，ω 与 $\Delta\omega_2$ 及 $\Delta\omega_1$ 分别为不变部分与可变部分。

$\Delta\ddot{\alpha} = \ddot{\varphi}_2 - \ddot{\varphi}_1$，$\Delta\dot{\alpha} = \omega_2 - \omega_1 = \Delta\omega_2 - \Delta\omega_1$，这时，式 (8-25) 可近似表示为：

$$J_1\Delta\ddot{\alpha} + \varepsilon b\Delta\dot{\alpha} + \Delta M_z(t) = \Delta M_{d0} - \Delta M_{\mu0} \tag{8-26}$$

式中　b——当量"阻力矩系数"；

　　　ε——小参数项；

其他符号意义同前。

为了判别平衡的运动状态是否稳定，只要研究平衡运动状态邻近区域的稳定性即可。在平衡状态的邻近区域，振动阻矩差 $\Delta M_z(t)$ 可近似表示为：

$$\Delta M_z(t) \approx m_0^2\omega^2 r^2 W\sin\Delta\alpha \tag{8-27}$$

其中

$$W = \frac{l_0^2}{J'}\cos^2\alpha_\psi - \frac{\cos^2\alpha_y}{m'_y} - \gamma\frac{\cos^2\alpha_x}{m'_x} \tag{8-28}$$

式中 W——稳定性指数。

$\Delta\alpha$ 为平衡状态邻近区域的相位差角，它包括不变部分 $\Delta\alpha_0$ 和可变部分 $\Delta\alpha_a$，即

$$\Delta\alpha = \Delta\alpha_0 + \Delta\alpha_a \qquad (8-29)$$

因为

$$\sin\Delta\alpha = \sin(\Delta\alpha_0 + \Delta\alpha_a) \approx \sin\Delta\alpha_0 + \Delta\alpha_a\cos\Delta\alpha_0 \qquad (8-30)$$

所以

$$\Delta M_z(t) \approx m_0^2\omega^2 r^2 W(\sin\Delta\alpha_0 + \Delta\alpha_a\cos\Delta\alpha_0) \qquad (8-31)$$

代入式(8-26)中，并利用以下公式：

$$\Delta\alpha_0 = \arcsin\frac{\Delta M_{d0} - \Delta M_{\mu 0}}{m_0^2\omega^2 r^2 W} \qquad (8-32)$$

可得出用于判别平衡运动状态稳定性的方程式，即所谓扰动方程式

$$J_1\Delta\ddot{\alpha}_a + \varepsilon\, b\Delta\dot{\alpha}_a + m_0^2\omega^2 r^2 W(\cos\Delta\alpha_0)\Delta\alpha_a = 0 \qquad (8-33)$$

变值 $\Delta\alpha_a$ 是扩散还是收敛，由系数 J_1、b 和 $m_0^2\omega^2 r^2 W\cos\Delta\alpha_0$ 的正或负来决定。当上述数值均为正值时，则根据微分方程的基本理论，可知 $\Delta\alpha_a$ 是衰减的，因而平衡状态是稳定的。因为 J_1 和 b 一般为正值，若 $m_0^2\omega^2 r^2 W\cos\Delta\alpha_0$ 为负时，则 $\Delta\alpha_a$ 是扩散的，因而平衡状态是不稳定的。因为 $m_0^2\omega^2 r^2$ 为正，所以决定平衡状态是否稳定的基本因素是 $W\cos\Delta\alpha_0$ 的正或负。

因此，$\Delta\alpha_0$ 的平衡状态的稳定条件是

$$W\cos\Delta\alpha_0 > 0 \qquad (8-34)$$

而 $\Delta\alpha_0$ 的平衡状态的不稳定条件是

$$W\cos\Delta\alpha_0 < 0 \qquad (8-35)$$

进而可以引出状态1（$\Delta\alpha_0$ 在 $-90° \sim +90°$ 范围内）和状态2（$\Delta\alpha_0$ 在 $90° \sim 270°$ 范围内）的稳定性判据。

状态1 的稳定判据为

$$\cos\Delta\alpha_0 > 0, \qquad W = 0 \sim 1 \qquad (8-36)$$

状态2 的稳定判据为

$$\cos\Delta\alpha_0 < 0, \; W = 0 \sim -1 \qquad (8-37)$$

由式(8-34)和式(8-35)可知，当状态1的稳定性条件满足时，状态2的稳定性条件不能满足，即状态2是不稳定的；或相反。

当 $W = 0$ 时，振动机的同步性条件通常不能满足，因为这时同步性指数 $|D| < 1$，振动机不能实现同步。

还应注意，D 值的正或负又与 J'、m_y' 和 m_x' 的正负有关，而 J'、m_y'、m_x' 的正负又与各个方向的固有频率 $\omega_{\psi 0}$、ω_{y0}、ω_{x0} 的大小有直接联系。

由式(8 – 4)可得

$$\left. \begin{array}{l} J' = J + \sum J_0 - \dfrac{k_\psi}{\omega^2} = (J + \sum J_0)\left(1 - \dfrac{\omega_{\psi 0}^2}{\omega^2}\right), \quad \omega_{\psi 0} = \sqrt{\dfrac{k_\psi}{m + \sum m_0}} \\[3mm] m_y' = m + \sum m_0 - \dfrac{k_y}{\omega^2} = (m + \sum m_0)\left(1 - \dfrac{\omega_{y 0}^2}{\omega^2}\right), \quad \omega_{y 0} = \sqrt{\dfrac{k_y}{m + \sum m_0}} \\[3mm] m_x' = m + \sum m_0 - \dfrac{k_x}{\omega^2} = (m + \sum m_0)\left(1 - \dfrac{\omega_{x 0}^2}{\omega^2}\right), \quad \omega_{x 0} = \sqrt{\dfrac{k_x}{m + \sum m_0}} \end{array} \right\} (8 - 38)$$

将式(8 – 38)和式(8 – 5)代入式(8 – 28),则稳定性指数可写为

$$W = \left\{ \frac{l_0^2(\omega^2 - \omega_{\psi 0}^2)}{(J + \sum J_0)\left[(\omega^2 - \omega_{\psi 0}^2)^2 + 4b_\psi^2\omega^2\right]} - \frac{\omega^2 - \omega_{y 0}^2}{(m + \sum m_0)\left[(\omega^2 - \omega_{y 0}^2)^2 + 4b_y^2\omega^2\right]} \right.$$
$$\left. - \gamma \frac{\omega^2 - \omega_{x 0}^2}{(m + \sum m_0)\left[(\omega^2 - \omega_{x 0}^2)^2 + 4b_x^2\omega^2\right]} \right\}\omega^2 \qquad (8 - 39)$$

其中

$$\left. \begin{array}{l} b_\psi = \dfrac{c_\psi}{2(m + \sum m_0)\omega_{\psi 0}} \\[3mm] b_y = \dfrac{c_y}{2(m + \sum m_0)\omega_{y 0}} \\[3mm] b_x = \dfrac{c_x}{2(m + \sum m_0)\omega_{x 0}} \end{array} \right\} \qquad (8 - 40)$$

由上式可看出,只要满足同步性条件,即使在共振情况下,也可以实现同步运转。

再由式(8 – 36)和式(8 – 37)可看出,状态 1 和状态 2 稳定与不稳定的临界条件是 $W = 0$,根据此条件可求出激振器主轴轴心至机体质心的临界距离:

$$l_{0k}^2 = \frac{|J'|}{\cos^2\alpha_\psi}\left(\frac{\cos^2\alpha_y}{m_y'} + \gamma\frac{\cos^2\alpha_x}{m_x'}\right) \qquad (8 - 41)$$

当实际距离 l_0 满足以下条件时,状态 1 是稳定的,即

$$\left. \begin{array}{l} l_0^2 > l_{0k}^2 \quad \text{当 } J' > 0 \text{ 时} \\[2mm] l_0^2 < l_{0k}^2 \quad \text{当 } J' < 0 \text{ 时} \end{array} \right\} \qquad (8 - 42)$$

当实际距离 l_0 满足以下条件时,状态 2 是稳定的,即

$$\left. \begin{array}{l} l_0^2 > l_{0k}^2 \quad \text{当 } J' > 0 \text{ 时} \\[2mm] l_0^2 < l_{0k}^2 \quad \text{当 } J' < 0 \text{ 时} \end{array} \right\} \qquad (8 - 43)$$

对于大多数单质体式自同步振动机,工作频率 ω 远大于固有频率 ω_0,通常情况下,$\alpha_y \approx \alpha_x \approx \alpha_\psi \approx 180°$,即 $\cos^2\alpha_\psi \approx \cos^2\alpha_y \approx \cos^2\alpha_x \approx 1$。在这一条件下,反

向回转自同步振动机状态 1 稳定条件为:

$$\frac{(m + \sum m_0) l_0^2}{J + \sum J_0} > 0, \quad 即 \ l_0^2 > 0 \tag{8-44}$$

而状态 2 是不稳定的。

对同向回转的自同步振动机,状态 1 的稳定条件为:

$$l_0^2 > l_{0k}^2, \quad l_{0k}^2 = 2\frac{J + \sum J_0}{m + \sum m_0} \tag{8-45}$$

而状态 2 的稳定条件为

$$l_0^2 < l_{0k}^2, \quad l_{0k}^2 = 2\frac{J + \sum J_{0.}}{m + \sum m_0} \tag{8-46}$$

为了使自同步振动机的平衡状态(1 或 2)获得稳定,必须同时满足同步条件与稳定条件。

8.2.4 自同步振动筛"失步失稳"的预防与调试

预防自同步振动机"失步",保证稳定运转,最主要的措施是控制相位差角 $\Delta\alpha_0$。根据设计要求,或是使 $\Delta\alpha_0 \to 0°$,或是使 $\Delta\alpha_0 \to 180°$。而为了控制 $\Delta\alpha_0$,尽可能使同步性指数绝对值大于 1,并满足稳定性条件。因此,应采取以下各种具体措施:

(1)选择同种型号的电动机,同时尽量使它们的特性趋向接近相同。因此,应对电动机进行调试。

(2)对皮带传动的自同步振动机,应将轴系 1 和轴系 2 的速比调整到接近相同。采取削减高速轴系小皮带轮直径的方法取得了良好的效果。在皮带传动的系统中,增设皮带张紧装置,以调整皮带张紧力,使振动机达到同步,并控制振动方向角的变化量。

(3)必须十分注意传动部分的安装,使轴系 1 和轴系 2 的摩擦阻矩接近相等,因为较大的摩擦阻矩差对自同步振动机性能影响很大。在无法控制摩擦阻矩差的情况下,可在阻矩较小的轴系中增加一个摩擦阻矩(如利用小型直流电机来自动调节摩擦阻矩)。

(4)调整偏心块的质量和偏心矩也是有用的办法。在阻矩较小的轴上增加若干偏心块或增大它的偏心矩,这时机体的运动轨迹可能会发生某些变化。对一般振动机,运动轨迹不大明显的变化是许可的。

(5)从理论上讲,适当选择各个方向的合适的弹簧刚度,以便得到合适的频率比,从而增大稳定性指数 $|W|$ 的数值,以提高振动机的同步性能和运动状态的稳定性。但对单质体振动机,这种方法不常采用。

(6)对于工作频率 ω 远大于自振频率 ω_0 的自同步振动机,根据所需的运动轨迹，可以选择较大的 l_0 值，即激振器离机体质心较远（如直线振动和圆周振动的自同步振动机），或选择较小的 l_0 值（如扭摆振动的自同步振动机）。同时由式（8-44）看出，对直线振动和圆周振动的自同步振动机，选择较小的转动惯量通常是有益的，也就是选择激振器较适宜的安装方式（如对称于机体的纵轴或横轴安装激振器，J 的值是不相同的）。

应该指出，为了更好地掌握自同步振动机的调试方法，必须首先了解它的同步原理。

在调试自同步概率筛和自同步直线振动筛的过程中，发现有些自同步振动机在安装完毕后不能实现同步运转，振幅与振动方向角都是不稳定的，必须采取适当措施，机器才能实现同步运转。

8.2.5 平面运动自同步振动筛试验的若干结果

作者对自同步式概率筛进行过这样的试验：当两台激振电动机单独运转时，测得它们的转速分别为 2800r/min 和 2750r/min，因其转速差为 50r/min，数值较大。当转差率为 18‰同时开动时，不能实现同步运转。后来选择转速差较小的两台电动机，单独运转时，它们的转速分别是 2800r/min 和 2780r/min，转速差为 20r/min，转差率 7.14‰。而当同时开动时，两电动机的转速均达到 2790r/min，实现了同步。

但是在另一种皮带传动的振动次数为 1000r/min 的概率筛中，即使是当两轴单独运转时转速差为 3r/min，转差率为 3‰，当同时运转时机器不能实现同步运转。后来采用将转速较高的传动轴系的电动机小皮带轮直径减小若干，以降低其主轴转速，最后该振动机实现了同步。

此外，还做过这样的试验：当某自同步振动机实现同步运转之后，切断（拉开电门）其中一台电动机电路，另一台电动机继续供电，这时两台激振电机照常同步运转（但此时机体的振动方向角发生改变）。对另一台自同步概率筛进行同样的试验，其结果是断电的激振电机不能跟随另一台供电的电机继续同步运转，经过一定时间后，断电的电机停止回转。

通过试验，证明了自同步振动机"失步"或是同步运转都有它们的具体条件，只有在满足一定条件的情况下，振动机才有可能实现同步运转。

8.3 双电动机驱动空间运动惯性振动筛的振动同步理论

现以具有交叉轴式激振器的螺旋振动筛为例，讨论空间运动单质体自同步振动机的同步理论。图 8-4a 为螺旋振动筛的示意图。这种振动机通常在远超共振的状态下工作，即强迫振动频率远大于系统的固有频率。该机除了沿垂直方向振动外，还绕垂直轴线做扭转振动。两种振动的合成可使螺旋筛面和螺旋槽内的物料沿螺旋面向上运动，但也有少数振动机要求物料沿螺旋槽体向下运动。图8-4b表示了交叉轴式激振器偏心块的安装位置。由图可见，两轴（通常采用两台异步感应式激振电动机）成交叉方式安装，从正视图看出，两轴做反向回转；从俯视图看出，两轴作同向回转。由于整个振动机体悬吊于（或支撑于）隔振弹簧上，所以，振动质体可产生六个自由度的振动。为了研究该种振动机的同步理论，必须首先分析振动质体的运动规律。

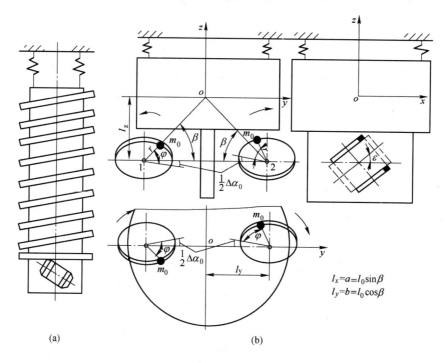

图 8-4 空间运动单质体螺旋振动筛的示意图及力学模型图

（a）示意图；（b）力学模型图

8.3.1 振动质体的运动方程式及其求解

为了使分析过程不过分繁琐，并能获得足够的精确度，可以略去一些次要因素。对于空间运动的单质体交叉轴式激振器的垂直振动筛，激振电机 1 上的偏心块与激振电机 2 上的偏心块运动的相位角分别为

$$\varphi_1 = \varphi - \frac{1}{2}\Delta\alpha_0, \qquad \varphi_2 = \varphi + \frac{1}{2}\Delta\alpha_0 \qquad (8-47)$$

式中　$\Delta\alpha_0$——激振电机 2 上的偏心块超前于激振电机 1 上的偏心块的相位差角；

　　　φ——相对于某初始时刻的相位角，$\varphi = \omega t = \dot{\varphi}t$；

　$\omega，\dot{\varphi}$——两电机同步回转的平均角速度；

　　　　　　t——时间。

　　参照图 8 - 4，垂直振动筛在同步运转的情况下，偏心块在 x、y、z 方向的激振力与对 x、y、z 轴的激振力矩的近似值可表示为：

$$\left.\begin{array}{l} F_x(t) = -2m_0\dot{\varphi}^2 r\sin\varepsilon\sin\dfrac{1}{2}\Delta\alpha_0\cos\varphi \\[2mm] F_y(t) = 2m_0\dot{\varphi}^2 r\sin\dfrac{1}{2}\Delta\alpha_0\sin\varphi \\[2mm] F_z(t) = 2m_0\dot{\varphi}^2 r\cos\varepsilon\cos\dfrac{1}{2}\Delta\alpha_0\sin\varphi \\[2mm] M_x(t) = 2m_0\dot{\varphi}^2 r\left(a\sin\dfrac{1}{2}\Delta\alpha_0\sin\varphi + b\cos\varepsilon\sin\dfrac{1}{2}\Delta\alpha_0\cos\varphi\right) \\[2mm] M_y(t) = 2m_0\dot{\varphi}^2 ra\sin\varepsilon\sin\dfrac{1}{2}\Delta\alpha_0\cos\varphi \\[2mm] M_z(t) = 2m_0\dot{\varphi}^2 rb\sin\varepsilon\cos\dfrac{1}{2}\Delta\alpha_0\sin\varphi \end{array}\right\} \quad (8-48)$$

式中　　　　　　m_0，r——激振电机轴上偏心块的质量及其质心至回转轴线之距；

　　　　　　　　　ε——激振电机轴线与水平面之夹角；

　　　　　　　　　a——激振器轴心连线与机体质心之距，$a = l_0\sin\beta$；

　　　　　　　　　b——激振器轴心距离之半，$b = l_0\cos\beta$；

　　　　　　　　　l_0——激振电机中心点与机体质心之距；

　　　　　　　　　β——电机中心与机体质心联线同水平面之夹角；

$F_x(t)$，$F_y(t)$，$F_z(t)$——x、y、z 方向之激振力；

$M_x(t)$，$M_y(t)$，$M_z(t)$——对 x、y、z 轴之激振力矩。

　　这时，螺旋振动筛的运动方程式（当两台电机作同步运转且其偏心块的相位差角为 $\Delta\alpha_0$ 的情况下）可表示为：

$$\left.\begin{array}{l} m\ddot{x} + c\dot{x} = -2m_0\dot{\varphi}^2 r\sin\varepsilon\sin\dfrac{1}{2}\Delta\alpha_0\cos\varphi \\[2mm] m\ddot{y} + c\dot{y} = 2m_0\dot{\varphi}^2 r\sin\dfrac{1}{2}\Delta\alpha_0\sin\varphi \\[2mm] m\ddot{z} + c\dot{z} + kz = 2m_0\dot{\varphi}^2 r\cos\varepsilon\cos\dfrac{1}{2}\Delta\alpha_0\sin\varphi \\[2mm] J_x\ddot{\psi}_x + c_\psi\dot{\psi}_x + k_\psi\psi_x = 2m_0\dot{\varphi}^2 r\left(a\sin\dfrac{1}{2}\Delta\alpha_0\sin\varphi + b\cos\varepsilon\sin\dfrac{1}{2}\Delta\alpha_0\cos\varphi\right) \\[2mm] J_y\ddot{\psi}_y + c_\psi\dot{\psi}_y + k_\psi\psi_y = 2m_0\dot{\varphi}^2 ra\sin\varepsilon\sin\dfrac{1}{2}\Delta\alpha_0\cos\varphi \\[2mm] J_z\ddot{\psi}_z + c_\psi\dot{\psi}_z = 2m_0\dot{\varphi}^2 rb\sin\varepsilon\cos\dfrac{1}{2}\Delta\alpha_0\sin\varphi \end{array}\right\} \quad (8-49)$$

式中　　　m——振动机体质量（包括偏心块质量）；

J_x，J_y，J_z——振动机体（包括偏心块）对 x 轴、y 轴和 z 轴的转动惯量；

c，c_ψ——振动质体移动的当量阻力系数及转动的当量阻力系数；

k_z，k_ψ——z 方向弹簧刚度及对 x 轴和 y 轴转动之弹簧刚度；

x，$\dot{x}$，$\ddot{x}$——机体在 x 方向的位移、速度和加速度；

y，$\dot{y}$，$\ddot{y}$——机体在 y 方向的位移、速度和加速度；

z，$\dot{z}$，$\ddot{z}$——机体在 z 方向之位移、速度和加速度；

ψ_x，$\dot{\psi}_x$，$\ddot{\psi}_x$——机体对 x 轴的角位移、角速度和角加速度；

ψ_y，$\dot{\psi}_y$，$\ddot{\psi}_y$——机体对 y 轴的角位移、角速度和角加速度；

ψ_z，$\dot{\psi}_z$，$\ddot{\psi}_z$——机体对 z 轴的角位移、角速度和角加速度。

由于阻尼的存在，机体在正常工作时自由振动将逐渐消失，而仅存在着强迫振动。

十分明显，方程（8-49）的六个运动方程式均为独立方程，其稳态强迫振动解显然为：

$$\left. \begin{aligned}
x &= \lambda_x \cos(\varphi - \alpha_x) \\
y &= \lambda_y \sin(\varphi - \alpha_y) \\
z &= \lambda_z \sin(\varphi - \alpha_z) \\
\psi_x &= \theta_{x1} \sin(\varphi - \alpha_{\psi x1}) + \theta_{x2} \cos(\varphi - \alpha_{\psi x2}) \\
\psi_y &= \theta_y \cos(\varphi - \alpha_{\psi y}) \\
\psi_z &= \theta_z \sin(\varphi - \alpha_{\psi z})
\end{aligned} \right\} \qquad (8-50)$$

式中　λ_x，λ_y，λ_z——振动质体在 x、y、z 方向的振幅；

θ_{xi}（$i=1$，2），θ_y，θ_z——质体对 x、y、z 轴的振动幅角；

α_x，α_y，α_z，$\alpha_{\psi x1}$，$\alpha_{\psi x2}$，$\alpha_{\psi y}$，$\alpha_{\psi z}$——激振力与激振力矩对相应位移的相位差角。

将式（8-50）代入式（8-49），可求出振幅与振动幅角：

$$\left. \begin{aligned}
\lambda_x &= -\frac{F_x \cos \alpha_x}{m\omega^2}, \quad \theta_{xi} = -\frac{M_{xi} \cos \alpha_{\psi xi}}{J_x' \omega^2}, \quad i=1, 2 \\
\lambda_y &= -\frac{F_y \cos \alpha_y}{m\omega^2}, \quad \theta_y = -\frac{M_y \cos \alpha_{\psi y}}{J_y' \omega^2} \\
\lambda_z &= -\frac{F_z \cos \alpha_z}{m_z' \omega^2}, \quad \theta_z = -\frac{M_z \cos \alpha_{\psi z}}{J_z \omega^2}
\end{aligned} \right\} \qquad (8-51)$$

其中

$$\left.\begin{aligned} F_x &= -2m_0\omega^2 r\sin\varepsilon\sin\frac{1}{2}\Delta\alpha_0 \\[2mm] F_y &= 2m_0\omega^2 r\sin\frac{1}{2}\Delta\alpha_0 \\[2mm] F_z &= 2m_0\omega^2 r\cos\varepsilon\cos\frac{1}{2}\Delta\alpha_0 \\[2mm] M_{x1} &= 2m_0\omega^2 ra\sin\frac{1}{2}\Delta\alpha_0 \ , \ M_{x2} = 2m_0\omega^2 rb\cos\varepsilon\sin\frac{1}{2}\Delta\alpha_0 \\[2mm] M_y &= 2m_0\omega^2 ra\sin\varepsilon\sin\frac{1}{2}\Delta\alpha_0 \\[2mm] M_z &= 2m_0\omega^2 rb\sin\varepsilon\cos\frac{1}{2}\Delta\alpha_0 \end{aligned}\right\} \tag{8-52}$$

相位差角可由下式（8-53）求出：

$$\left.\begin{aligned} \alpha_x &= \arctan\frac{-c}{m\omega} \ , \quad \alpha_{\psi xi} = \arctan\frac{-c_\psi}{J'_x\omega} \ , \ i = 1,\ 2 \\[2mm] \alpha_y &= \arctan\frac{-c}{m\omega} \ , \quad \alpha_{\psi y} = \arctan\frac{-c_\psi}{J'_y\omega} \\[2mm] \alpha_z &= \arctan\frac{-c}{m'_z\omega} , \quad \alpha_{\psi z} = \arctan\frac{-c_\psi}{J_z\omega} \end{aligned}\right\} \tag{8-53}$$

其中

$$\left.\begin{aligned} m'_z &= m - \frac{k_z}{\omega^2} \\[2mm] J'_x &= J_x - \frac{k_\psi}{\omega^2} \\[2mm] J'_y &= J_y - \frac{k_\psi}{\omega^2} \end{aligned}\right\} \tag{8-54}$$

由式（8-51）和式（8-52）看出，当相位差角 $\Delta\alpha_0 = 0$ 时，F_x、F_y、M_{x1}、M_{x2}、M_y 均为零，所以 λ_x、λ_y、θ_{x1}、θ_{x2} 和 θ_y 亦为零，由式（8-51）和式（8-52）可得 z 方向的振幅及绕 z 轴扭转振动的幅角：

$$\left.\begin{aligned} \lambda_z &= -\frac{2m_0 r\cos\varepsilon\cos\alpha_z}{m'_z} \\[2mm] \theta_z &= -\frac{2m_0 rb\sin\varepsilon\cos\alpha_{\psi z}}{J_z} \end{aligned}\right\} \tag{8-55}$$

这两种振动的组合是螺旋式垂直振动筛使物料向上运动的基本条件之一。

8.3.2　两转轴的转动方程式及振动筛的同步性条件

两激振电机在变角速度的条件下的转动方程式可由下式表示：

$$\left.\begin{aligned}
J_1\ddot{\varphi}_1 &= A_1(\dot{\varphi}_s - \dot{\varphi}_1) - \left(m_0\dot{\varphi}_1^2\mu_1\frac{d}{2} + L_1\dot{\varphi}_1 + M_{1m}\right) - \\
&\quad \left[m_0\ddot{z}_1 r\cos\varepsilon\cos\left(\varphi - \frac{1}{2}\Delta\alpha_0\right) - m_0\ddot{y}_1 r\sin\left(\varphi - \frac{1}{2}\Delta\alpha_0\right) + \right. \\
&\quad \left. m_0\ddot{x}_1 r\sin\varepsilon\cos\left(\varphi - \frac{1}{2}\Delta\alpha_0\right)\right] \\
J_2\ddot{\varphi}_2 &= A_2(\dot{\varphi}_s - \dot{\varphi}_2) - \left(m_0\dot{\varphi}_2^2\mu_2\frac{d}{2} + L_2\dot{\varphi}_2 + M_{2m}\right) - \\
&\quad \left[m_0\ddot{z}_2 r\cos\varepsilon\cos\left(\varphi + \frac{1}{2}\Delta\alpha_0\right) + m_0\ddot{y}_2 r\sin\left(\varphi + \frac{1}{2}\Delta\alpha_0\right) - \right. \\
&\quad \left. m_0\ddot{x}_2 r\sin\varepsilon\cos\left(\varphi + \frac{1}{2}\Delta\alpha_0\right)\right]
\end{aligned}\right\} \quad (8-56)$$

式中　　J_1，J_2——轴系 1 和轴系 2 的转动惯量；

$\quad\quad\ddot{\varphi}_1$，$\ddot{\varphi}_2$——轴 1 和轴 2 的角加速度；

$\quad\quad A_1$，A_2——电动机 1 和 2 之特性系数；

$\quad\quad\quad\dot{\varphi}_s$——电动机 1 和 2 之同步角速度；

$\quad\quad\dot{\varphi}_1$，$\dot{\varphi}_2$——轴 1 和轴 2 的角速度；

$\quad\quad\mu_1$，μ_2——轴 1 和轴 2 上轴承的当量摩擦因数；

$\quad\quad\quad d$——轴径直径；

$\quad\quad L_1$，L_2——与轴 1 和轴 2 的角速度成正比的摩擦力矩系数；

M_{1m}，M_{2m}——轴 1 和轴 2 的不变摩擦力矩；

$\ddot{x}_1$，$\ddot{x}_2$，$\ddot{y}_1$，$\ddot{y}_2$，$\ddot{z}_1$，$\ddot{z}_2$——偏心块 1 和 2 在三个坐标方向牵连运动加速度。

公式(8-56)等号左侧分别为轴 1 和轴 2 的惯性力矩的负值：

$$M_{g1} = J_1\ddot{\varphi}_1, \qquad M_{g2} = J_2\ddot{\varphi}_2 \qquad (8-57)$$

等号右边第一项为电动机 1 和 2 的输出转矩，可根据电动机的特性曲线写出其近似值：

$$M_{d1} = A_1(\dot{\varphi}_s - \dot{\varphi}_1), \qquad M_{d2} = A_2(\dot{\varphi}_s - \dot{\varphi}_2) \qquad (8-58)$$

等号右侧第二项为轴 1 和轴 2 的摩擦力矩，由下式等号后的三个部分所组成：

$$\left.\begin{aligned}
M_{\mu1} &= m_0\dot{\varphi}_1^2\mu_1\frac{d}{2} + L_1\dot{\varphi}_1 + M_{1m} \\
M_{\mu2} &= m_0\dot{\varphi}_2^2\mu_2\frac{d}{2} + L_2\dot{\varphi}_2 + M_{2m}
\end{aligned}\right\} \qquad (8-59)$$

等号右侧第三项为偏心块牵连运动加速度 $\ddot{x}_1$、$\ddot{y}_1$、$\ddot{z}_1$ 及 $\ddot{x}_2$、$\ddot{y}_2$、$\ddot{z}_2$ 引起的振动阻力矩，以 $M_{z1}(t)$ 和 $M_{z2}(t)$ 表示之。

在同步运转的情况下，轴 1 和轴 2 平均加速度 $\ddot{\varphi}_1$ 和 $\ddot{\varphi}_2$ 为零，其平均角速度 $\dot{\varphi}_1$ 和 $\dot{\varphi}_2$ 相等，即 $\dot{\varphi}_1 = \dot{\varphi}_2 = \dot{\varphi}$。由于牵连加速度 $\ddot{x}_1$、$\ddot{y}_1$、$\ddot{z}_1$ 和 $\ddot{x}_2$、$\ddot{y}_2$、$\ddot{z}_2$ 的周期性变化，在每一振动周期内，偏心块的角加速度会发生某些变化，但不很明显，因此，这里将不予考虑。

若用 M_{g1}、M_{g2}、M_{d1}、M_{d2}、$M_{\mu 1}$、$M_{\mu 2}$、$M_{z1}(t)$、$M_{z2}(t)$ 代表式（8 - 56）中的各种转矩，则转动方程式可表示为：

$$\left.\begin{array}{l} M_{g1} = M_{d1} - M_{\mu 1} - M_{z1}(t) \\ M_{g2} = M_{d2} - M_{\mu 2} - M_{z2}(t) \end{array}\right\} \tag{8 - 60}$$

由上式可求出两轴上的转矩差方程式：

$$M_{g2} - M_{g1} = M_{d2} - M_{d1} - (M_{\mu 2} - M_{\mu 1}) - [M_{z2}(t) - M_{z1}(t)] \tag{8 - 61a}$$

或

$$\Delta M_g = \Delta M_d - \Delta M_\mu - \Delta M_z \tag{8 - 61b}$$

式中 ΔM_g——惯性转矩之差，$\Delta M_g = M_{g2} - M_{g1}$；

ΔM_d——电动机转矩之差，$\Delta M_d = M_{d2} - M_{d1}$；

ΔM_μ——轴摩擦转矩之差，$\Delta M_\mu = M_{\mu 2} - M_{\mu 1}$；

ΔM_z——振动阻力之差，$\Delta M_z = M_{z2}(t) - M_{z1}(t)$。

为了得出空间运动自同步振动机的同步性条件，必须首先求出轴 2 和轴 1 振动阻矩之差。由于轴 2 和轴 1 的振动阻矩是周期性变化的，所以应求出轴 2 和轴 1 每一周期内的平均阻矩，电动机输出转矩的大小直接与平均振动阻矩大小有关，它对振动机能否同步运转有重要影响。

当两轴做同步运转时，轴 1 每周期的平均振动阻矩为：

$$M_{z1} = \frac{1}{2\pi} \int_0^{2\pi} M_{z1}(t) \, \mathrm{d}\varphi$$

$$= \frac{1}{2\pi} \int_0^{2\pi} \left[m_0 \ddot{z}_1 r \cos \varepsilon \cos \left(\varphi - \frac{1}{2}\Delta\alpha_0 \right) - m_0 \ddot{y}_1 r \sin \left(\varphi - \frac{1}{2}\Delta\alpha_0 \right) + \right.$$

$$\left. m_0 \ddot{x}_1 r \sin \varepsilon \cos \left(\varphi - \frac{1}{2}\Delta\alpha_0 \right) \right] \mathrm{d}\varphi$$

$$= \frac{1}{2\pi} \int_0^{2\pi} \left[m_0 (\ddot{z} - b\ddot{\psi}_x) r \cos \varepsilon \cos \left(\varphi - \frac{1}{2}\Delta\alpha_0 \right) - m_0 (\ddot{y} + a\ddot{\psi}_x) r \times \right.$$

$$\sin \left(\varphi - \frac{1}{2}\Delta\alpha_0 \right) + m_0 (\ddot{x} + b\ddot{\psi}_z + a\ddot{\psi}_y) r \sin \varepsilon \cos \left(\varphi - \frac{1}{2}\Delta\alpha_0 \right) \Big] \mathrm{d}\varphi$$

$$= \frac{1}{2} m_0 \dot{\varphi}^2 r \Big[\lambda_z \cos \varepsilon \sin \left(\alpha_z - \frac{1}{2}\Delta\alpha_0 \right) + \lambda_y \cos \left(\alpha_y - \frac{1}{2}\Delta\alpha_0 \right) -$$

$$\lambda_x \sin \varepsilon \cos \left(\alpha_x - \frac{1}{2}\Delta\alpha_0 \right) - b \cos \varepsilon \theta_{x1} \sin \left(\alpha_{\psi x1} - \frac{1}{2}\Delta\alpha_0 \right) +$$

$$b \cos \varepsilon \theta_{x2} \cos \left(\alpha_{\psi x2} - \frac{1}{2}\Delta\alpha_0 \right) + a\theta_{x1} \cos \left(\alpha_{\psi x1} - \frac{1}{2}\Delta\alpha_0 \right) +$$

$$a\theta_{x2}\sin\left(\alpha_{\psi x2} - \frac{1}{2}\Delta\alpha_0\right) + b\sin\varepsilon\theta_z\sin\left(\alpha_{\psi z} - \frac{1}{2}\Delta\alpha_0\right) +$$

$$a\sin\varepsilon\theta_y\cos\left(\alpha_{\psi y} - \frac{1}{2}\Delta\alpha_0\right)\big]\tag{8-62}$$

轴 2 每周期的平均振动阻矩为:

$$
\begin{aligned}
M_{z2} &= \frac{1}{2\pi}\int_0^{2\pi}M_{z2}(t)\,\mathrm{d}\varphi\\
&= \frac{1}{2\pi}\int_0^{2\pi}\big[m_0\ddot{z}_2 r\cos\varepsilon\cos\left(\varphi + \frac{1}{2}\Delta\alpha_0\right) + m_0\ddot{y}_2 r\sin\left(\varphi + \frac{1}{2}\Delta\alpha_0\right) -\\
&\quad m_0\ddot{x}_2 r\sin\varepsilon\cos\left(\varphi + \frac{1}{2}\Delta\alpha_0\right)\big]\mathrm{d}\varphi\\
&= \frac{1}{2\pi}\int_0^{2\pi}\big[m_0(\ddot{z} + b\ddot{\psi}_x)r\cos\varepsilon\cos\left(\varphi + \frac{1}{2}\Delta\alpha_0\right) + m_0(\ddot{y} + a\ddot{\psi}_x)r\cos\varepsilon\times\\
&\quad \sin\left(\varphi + \frac{1}{2}\Delta\alpha_0\right) + m_0(\ddot{x} - b\ddot{\psi}_z - a\ddot{\psi}_y)r\sin\varepsilon\cos\left(\varphi + \frac{1}{2}\Delta\alpha_0\right)\big]\mathrm{d}\varphi\\
&= \frac{1}{2}m_0\dot{\varphi}^2 r\big[\lambda_z\cos\varepsilon\sin\left(\alpha_z + \frac{1}{2}\Delta\alpha_0\right) - \lambda_y\cos\left(\alpha_y + \frac{1}{2}\Delta\alpha_0\right) + \lambda_x\sin\varepsilon\times\\
&\quad \cos\left(\alpha_x + \frac{1}{2}\Delta\alpha_0\right) + b\cos\varepsilon\theta_{x1}\sin\left(\alpha_{\psi x1} + \frac{1}{2}\Delta\alpha_0\right) - b\cos\varepsilon\theta_{x2}\cos\times\\
&\quad \left(\alpha_{\psi x2} + \frac{1}{2}\Delta\alpha_0\right) - a\theta_{x1}\cos\left(\alpha_{\psi x1} + \frac{1}{2}\Delta\alpha_0\right) + a\theta_{x2}\sin\left(\alpha_{\psi x2} + \frac{1}{2}\Delta\alpha_0\right) +\\
&\quad b\sin\varepsilon\theta_z\sin\left(\alpha_{\psi z} + \frac{1}{2}\Delta\alpha_0\right) - a\sin\varepsilon\theta_y\sin\left(\alpha_{\psi y} + \frac{1}{2}\Delta\alpha_0\right)\big]\tag{8-63}
\end{aligned}
$$

当两轴做同步运转时, 轴 2 及轴 1 的平均振动阻矩之差为:

$$
\begin{aligned}
\Delta M_z &= M_{z2} - M_{z1}\\
&= m_0^2\dot{\varphi}^2 r^2\Big(-\frac{\cos^2\varepsilon\cos^2\alpha_z}{m_z'} + \frac{\cos^2\alpha_y}{m} + \frac{\sin^2\varepsilon\cos^2\alpha_x}{m} +\\
&\quad \frac{b^2\cos^2\varepsilon\cos^2\alpha_{\psi x2}}{J_x'} + \frac{a^2\cos^2\alpha_{\psi x1}}{J_x'} - \frac{b^2\sin^2\varepsilon\cos^2\alpha_{\psi z}}{J_z} +\\
&\quad \frac{a^2\sin^2\varepsilon\cos^2\alpha_{\psi y}}{J_y'}\Big)\sin\Delta\alpha_0\tag{8-64}
\end{aligned}
$$

当振动机做同步运转时, $\Delta M_g = 0$, 由式(8-61)可得:

$$\Delta M_z = \Delta M_d - \Delta M_\mu\tag{8-65}$$

将式(8-64)代入式(8-65), 得

$$\sin\Delta\alpha_0 = \frac{\Delta M_d - \Delta M_\mu}{m_0^2\dot{\varphi}^2 r^2 W}\tag{8-66}$$

其中

$$W = -\frac{\cos^2\varepsilon\cos^2\alpha_z}{m_z'} + \frac{\cos^2\alpha_y}{m} + \frac{\sin^2\varepsilon\cos^2\alpha_x}{m} + \frac{b^2\cos^2\varepsilon\cos^2\alpha_{\psi x2}}{J_x'} +$$

$$\frac{a^2\cos^2\alpha_{\psi x1}}{J_x'} - \frac{b^2\sin^2\varepsilon\cos^2\alpha_{\psi z}}{J_z} + \frac{a^2\sin^2\varepsilon\cos^2\alpha_{\psi y}}{J_y'} \qquad (8-67)$$

设

$$D_a = \frac{m_0^2\dot\varphi^2 r^2 W}{\Delta M_d - \Delta M_c} \qquad (8-68)$$

所以式(8-66)可表示为：

$$\Delta\alpha_0 = \arcsin\frac{1}{D_a} \qquad (8-69)$$

式中的 D_a 称为同步性指数。由式(8-69)看出，当 $|D_a| \geqslant 1$，相位角 $\Delta\alpha_0$ 有确定的值，因此，振动机的同步性条件（同步性判据）为：

$$|D_a| \geqslant 1 \quad 即 \quad \left|\frac{m_0^2\dot\varphi^2 r^2 W}{\Delta M_d - \Delta M_\mu}\right| \geqslant 1 \qquad (8-70)$$

可以证明，式(8-70)不仅是自同步振动机同步运转的必要条件，而且是充分条件。

为使振动机实现同步运转，必须满足

$$|m_0^2\dot\varphi^2 r^2 W| \geqslant |\Delta M_d - \Delta M_\mu| \qquad (8-71)$$

显然，为提高自同步振动机的同步性，可采取以下措施：

(1) 减小 $|\Delta M_d - \Delta M_\mu|$ 的值，即减小两电动机转矩及两轴摩擦转矩之差，最理想的是此值为零。

(2) 适当增大 $|m_0^2\dot\varphi^2 r^2 W|$ 的值，最不理想的是此值为零。因此，使式(8-70)或式(8-71)中的 W 等于零是最不理想的。

8.3.3 两种同步运转状态及其稳定性条件

两种同步运转状态及其稳定性条件可由式(8-69)得出，当同步性指数的绝对值 $|D_a| \geqslant 1$ 时，相位差角 $\Delta\alpha_0$ 是存在的，并且由每一个 $\frac{1}{D_a}$ 的值可得出两个不同的相位角 $\Delta\alpha_0$。例如 $\frac{1}{D_a} = 0$，则有 $\Delta\alpha = 0°$ 或 $180°$；当 $\frac{1}{D_a} = 0.5$，则有 $\Delta\alpha_0 = 30°$ 或 $150°$。为了研究方便，根据相位差角 $\Delta\alpha_0$ 的大小分为两种同步运转状态，即

状态1： $\qquad\qquad \Delta\alpha_0 = -90° \sim 90°$

状态2： $\qquad\qquad \Delta\alpha_0 = 90° \sim 270°$

通过分析可以证明，这两种同步运转状态，其中之一是稳定的，另一种是不稳定的。

为了研究上述两状态的稳定性，对同步状态临近区域的转动方程式进行讨

论，将式(8-57)~式(8-64)代入式(8-65)并化简，得：

$$J_1 \Delta \ddot{\alpha}_0 + b_d \Delta \dot{\alpha}_0 + m_0^2 \dot{\varphi}^2 r^2 W \sin \Delta \alpha_0 = \Delta M_d - \Delta M_\mu + \mu M(\dot{\varphi}, \Delta \alpha_0) \quad (8-72)$$

式中　　$\Delta \ddot{\alpha}_0$，$\Delta \dot{\alpha}_0$，$\Delta \alpha_0$——轴2和轴1角加速度差、角速度差和相位差，即

$$\Delta \ddot{\alpha}_0 = \ddot{\varphi}_2 - \ddot{\varphi}_1, \quad \Delta \dot{\alpha}_0 = \dot{\varphi}_2 - \dot{\varphi}_1, \quad \Delta \alpha_0 = \varphi_2 - \varphi_1;$$

J_1，J_2——轴系1和2之转动惯量，$J_1 = J_2$；

b_d——当量"阻力矩"系数；

$\mu M(\dot{\varphi}, \Delta \alpha_0)$——小参数项。

设相位差角 $\Delta \alpha$ 是由常量 $\Delta \alpha_0$ 与变量 $\Delta \alpha_a$ 所组成，即：

$$\Delta \alpha = \Delta \alpha_0 + \Delta \alpha_a \quad (8-73)$$

式中　　$\Delta \alpha_a$——微小扰动量。

这时有以下近似关系：

$$\sin \Delta \alpha = \sin (\Delta \alpha_0 + \Delta \alpha_a) \approx \sin \Delta \alpha_0 + \Delta \alpha_a \cos \Delta \alpha_0 \quad (8-74)$$

十分明显，常量 $\Delta \alpha_0$ 即是同步运转状态两轴上偏心块之相位差角，参照式(8-66)应有：

$$\sin \Delta \alpha_0 = \frac{\Delta M_d - \Delta M_\mu}{m_0^2 \dot{\varphi}^2 r^2 W} \quad (8-75)$$

将式(8-74)、式(8-75)代入式(8-72)，略去小参数项并化简，可得出判别同步运转状态稳定性的扰动方程式：

$$J_1 \Delta \ddot{\alpha}_a + b_d \Delta \dot{\alpha}_a + m_0^2 \dot{\varphi}^2 r^2 W \cos \Delta \alpha_0 \Delta \alpha_a = 0 \quad (8-76)$$

若 $\Delta \alpha_a$ 发散，则 $\Delta \alpha_0$ 所对应的同步运转状态是不稳定的；若 $\Delta \alpha_a$ 收敛，则同步运转状态是稳定的或渐进稳定的。$\Delta \alpha_a$ 是发散还是收敛，由系数 J_1、b_d、$m_0^2 \dot{\varphi}^2 r^2 W \cos \Delta \alpha_0$ 来决定，因为 J_1 与 b_d 通常为正值，又 $m_0^2 \dot{\varphi}^2 r^2$ 亦为正，所以决定同步运转状态是否稳定要由 $W \cos \Delta \alpha_0$ 的正负来决定。

对于式(8-76)所表示的扰动方程，$\Delta \alpha_a$ 收敛，即 $\Delta \alpha_0$ 所对应的同步运转状态的稳定性条件（稳定性判据）是：

$$W \cos \Delta \alpha_0 \geq 0 \quad (8-77)$$

而 $\Delta \alpha_a$ 发散，即 $\Delta \alpha_0$ 的同步运转状态的不稳定条件是：

$$W \cos \Delta \alpha_0 < 0 \quad (8-78)$$

假如 W 值为正，则 $\Delta \alpha_0$ 由 $-90° \sim 90°$ 的同步状态（即状态1）是稳定的，因为 $\cos(-90°) \sim \cos 90°$ 为正值，式(8-77)的条件可以满足；而 $\Delta \alpha_0$ 由 $90° \sim 270°$ 的同步状态（即状态2）是不稳定的，因为 $\cos 90° \sim \cos 270°$ 为负值，式(8-78)的条件可以满足。

假设 W 值为负，则状态1是不稳定的，而状态2是稳定的。

假设 W 值为零，则同步性指数 $D_a = 0$ 或 D_a 是不定式，式(8-70)的同步性

条件通常不能满足，所以一般不能实现同步运转。

因此，称 W 为稳定性指数。

在设计自同步振动机时，通常要求：

（1）根据工艺要求确定机体所需的运动轨迹。对螺旋式振动筛，要求机体沿 z 轴振动和绕 z 轴扭转振动，即 $\lambda_z \neq 0$，$\theta_z \neq 0$，而要求 $\lambda_x \approx 0$，$\lambda_y \approx 0$，$\theta_{xi} \approx 0$，$\theta_y \approx 0$。为满足上述要求，应使 $\Delta\alpha \approx 0$。这时，振动角 γ（即振动方向与水平面夹角）可由下式确定：

$$\gamma \approx \arctan \frac{\lambda_z}{R\theta_z} \tag{8-79}$$

式中　R——螺旋槽上某点的半径。

当振动机在远离共振状态（$\omega > \omega_0$）工作时，$m'_z \approx m$，这时，式（8-79）可写为：

$$\gamma \approx \arctan \frac{\cot \varepsilon}{b} \times \frac{J_z}{Rm} \tag{8-80}$$

根据所需的 γ 角，可以计算出电动机轴与水平面的夹角 ε：

$$\varepsilon = \operatorname{arccot}\left(\frac{bRm}{J_z}\tan \gamma\right) \tag{8-81}$$

（2）为保证同步运转，要满足式（8-70），即同步性指数

$$|D_a| = \left| \frac{m_0^2 \dot{\varphi}^2 r^2 W}{\Delta M_d - \Delta M_c} \right| \geqslant 1 \tag{8-82}$$

（3）对螺旋振动机，为了得到所要求的运动轨迹，必须保证状态 1 的稳定性。为此，应满足式（8-77）的条件：

$$W > 0 \tag{8-83}$$

对于远超共振（即 $\omega \gg \omega_0$，式中 ω_0 为固有频率）的螺旋振动机，$m'_z \approx m$，$J'_x \approx J_x$，$\alpha_x \approx \alpha_y \approx \alpha_z \approx \alpha_{\psi x1} \approx \alpha_{\psi x2} \approx 180°$，即 $\cos^2\alpha_j \approx 1$，这时，式（8-67）可写为：

$$W = \sin^2 \varepsilon \left(\frac{2}{m} + \frac{a^2}{J_y} - \frac{b^2}{J_z} + \frac{a^2 + b^2 \cos^2 \varepsilon}{J_x \sin^2 \varepsilon} \right) > 0 \tag{8-84a}$$

或

$$\frac{2}{m} + \frac{a^2}{J_y} + \frac{a^2 + b^2 \cos^2 \varepsilon}{J_x \sin^2 \varepsilon} > \frac{b^2}{J_z} \tag{8-84b}$$

对式（8-67）与式（8-84）进行比较，可以看出，文献［1］的结果仅是本书研究结果的一种特例。

除此以外，为了获得所要求的运动轨迹，应使相位差角 $\Delta\alpha$ 仅在 0°附近不大范围内变化。为此，应使 $\Delta M_d - \Delta M_\mu \approx 0$，即两电机输出转矩差与两轴摩擦转矩

差的差值近似等于零。

8.4 弹性连杆式振动筛的振动同步理论

弹性连杆式振动筛和电磁式振动筛，当其长度很大或所需功率很大时，需采用双机驱动。双机驱动情况下，两个由两台电机分别驱动的激振器可否实现同步和同相运转，是一个需要解决的理论问题。下面通过理论分析，可以证明在一定条件下可以实现同步运行。

双激振器弹性连杆式振动筛的简化力学模型（图 8-5）如下式：

$$\left.\begin{array}{l} m\ddot{y} + c\dot{y} + ky + k_{01}(y - r_1\sin\varphi_1) + k_{02}(y - r_2\sin\varphi_2) = 0 \\ J_1\ddot{\varphi}_1 = A_1(\dot{\varphi}_s - \dot{\varphi}_1) - M_{\mu 1} - k_{01}(r_1\sin\varphi_1 - y)\cos\varphi_1 \\ J_2\ddot{\varphi}_2 = A_2(\dot{\varphi}_s - \dot{\varphi}_2) - M_{\mu 2} - k_{02}(r_2\sin\varphi_2 - y)\cos\varphi_2 \end{array}\right\} \quad (8-85)$$

上式可写成

$$\left.\begin{array}{l} m\ddot{y} + c\dot{y} + (k + k_{01} + k_{02})y = k_{01}r_1\sin\varphi_1 + k_{02}r_2\sin\varphi_2 \\ J_1\ddot{\varphi}_1 = A_1(\dot{\varphi}_s - \dot{\varphi}_1) - M_{\mu 1} - k_{01}(r_1\sin\varphi_1 - y)\cos\varphi_1 \\ J_2\ddot{\varphi}_2 = A_2(\dot{\varphi}_s - \dot{\varphi}_2) - M_{\mu 2} - k_{02}(r_2\sin\varphi_2 - y)\cos\varphi_2 \end{array}\right\} \quad (8-86)$$

其中

$$\varphi_1 = \varphi + \frac{1}{2}\Delta\alpha, \qquad \varphi_2 = \varphi - \frac{1}{2}\Delta\alpha$$

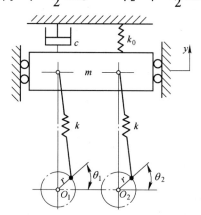

图 8-5 双电动机驱动的单质体弹性连杆式振动筛的力学原理图

下面对连杆式振动机的同步性条件和稳定性条件进行分析。由第一式可求得：

$$y = \lambda_1\sin(\varphi_1 - \beta_1) + \lambda_2\sin(\varphi_2 - \beta_2)$$

$$\lambda_1 = \frac{k_{01}r_1\cos\beta_1}{k + k_{01} + k_{02} - m\omega^2}, \qquad \lambda_2 = \frac{k_{02}r_2\cos\beta_2}{k + k_{01} + k_{02} - m\omega^2} \quad (8-87)$$

式(8 – 86)第二、三式可写为

$$\left.\begin{array}{l} M_{g1} = M_{d1} - M_{\mu1} - M_{z1}\ (t) \\ M_{g2} = M_{d2} - M_{\mu2} - M_{z2}\ (t) \end{array}\right\} \tag{8 – 88}$$

式中，M_{g1}、M_{g2}、M_{d1}、M_{d2}、$M_{\mu1}$、$M_{\mu2}$、$M_{z1}(t)$、$M_{z2}(t)$ 分别为轴 1 和轴 2 上的惯性转矩、电机转矩、摩擦转矩和振动阻矩，其值为

$$\left.\begin{array}{l} M_{g1} = J_1 \ddot{\varphi}_1, M_{d1} = A_1(\dot{\varphi}_s - \dot{\varphi}_1), \\ M_{\mu1} = M_{01} + c_1\dot{\varphi}_1 + m_0\dot{\varphi}^2 r_1\mu_{d1}\dfrac{d}{2} \\ M_{g2} = J_2 \ddot{\varphi}_2, M_{d2} = A_2(\dot{\varphi}_s - \dot{\varphi}_2), \\ M_{\mu2} = M_{02} + c_2\dot{\varphi}_2 + m_0\dot{\varphi}^2 r_2\mu_{d2}\dfrac{d}{2} \end{array}\right\} \tag{8 – 89}$$

$$\left.\begin{array}{l} M_{z1}(t) = k_{01}\left[r_1\sin\varphi_1 - \lambda_1\sin(\varphi_1 - \beta_1) - \lambda_2\sin(\varphi_2 - \beta_2) \right]\cos\varphi_1 \\ M_{z2}(t) = k_{02}\left[r_2\sin\varphi_2 - \lambda_1\sin(\varphi_1 - \beta_1) - \lambda_2\sin(\varphi_2 - \beta_2) \right]\cos\varphi_2 \end{array}\right\} \tag{8 – 90}$$

式中 M_{01}，M_{02}——轴 1 和轴 2 上的不变摩擦力矩；

　　　　c_1，c_2——轴 1 和轴 2 的阻力矩系数；

　　　　μ_{d1}，μ_{d2}——轴承 1 和轴承 2 的摩擦因数；

　　　　d——轴承内径。

当 $k_{01} = k_{02} = k_0$，$r_1 = r_2$，$\beta_1 = \beta_2$ 时，则

$$\lambda_1 = \lambda_2 = \lambda,$$

$$\lambda_1\sin(\varphi_1 - \beta) + \lambda_2\sin(\varphi_2 - \beta) = 2\lambda\cos\frac{1}{2}\Delta\alpha\sin(\varphi - \beta) \tag{8 – 91}$$

为了求出平均振动阻矩，利用以下积分

$$\left.\begin{array}{l} M_{z1} = \dfrac{1}{2\pi}\displaystyle\int_0^{2\pi} M_{z1}(t)\,\mathrm{d}\varphi = k_0 r\lambda\cos\dfrac{1}{2}\Delta\alpha\sin\left(\beta + \dfrac{1}{2}\Delta\alpha\right) \\ M_{z2} = \dfrac{1}{2\pi}\displaystyle\int_0^{2\pi} M_{z2}(t)\,\mathrm{d}\varphi = k_0 r\lambda\cos\dfrac{1}{2}\Delta\alpha\sin\left(\beta - \dfrac{1}{2}\Delta\alpha\right) \end{array}\right\} \tag{8 – 92}$$

式(8 – 92)两式相减，得

$$\Delta M_z = k_0 r\lambda\sin\Delta\alpha\cos\beta = \frac{k_0^2 r^2 \cos^2\beta}{k + 2k_0 - m\omega^2}\sin\Delta\alpha \tag{8 – 93}$$

式(8 – 88)两式相减，得

$$\left.\begin{array}{l} \Delta M_d - \Delta M_\mu = \Delta M_z = k_0^2 r^2 W\sin\Delta\alpha \\ \Delta M_d = M_{d1} - M_{d2}, \ \Delta M_\mu = M_{\mu1} - M_{\mu2} \\ W = \dfrac{\cos^2\beta}{k + 2k_0 - m\omega^2} \end{array}\right\} \tag{8 – 94}$$

由式 (8-94)，有

$$\sin \Delta\alpha = \frac{\Delta M_{\mathrm{d}} - \Delta M_{\mu}}{k_0^2 r^2 W} = \frac{1}{D}, \qquad D = \frac{k_0^2 r^2 W}{\Delta M_{\mathrm{d}} - \Delta M_{\mu}} \tag{8-95}$$

D 称为同步指数，当同步指数的绝对值大于或等于 1 时，方程有解，所以振动机可以实现同步运转。即

$$|D| \geq 1 \quad \text{或} \quad \left| \frac{k_0^2 r^2 W}{\Delta M_{\mathrm{d}} - \Delta M_{\mu}} \right| \geq 1 \tag{8-96}$$

式(8-96)即为双激振器驱动的弹性连杆式振动机的同步性条件。

但是，在同步运转情况下，两激振器的相位差角 $\Delta\alpha$ 应该处在什么条件下才能有效工作呢？由前面公式可以看出，仅仅在 $\Delta\alpha \approx 0$ 时才能有效工作。为此，必须研究此一条件的稳定性问题。

由式(8-89)和式(8-90)，可写出：

$$\left. \begin{array}{l} J_1 \ddot{\varphi}_1 = A_1(\dot{\varphi}_{\mathrm{s}} - \dot{\varphi}_1) - \left(M_{01} + c_1 \dot{\varphi}_1 + m_0 \dot{\varphi}_1^2 r_1 \mu_{\mathrm{d}1} \dfrac{d}{2} \right) - M_{z1}(t) \\[3mm] J_2 \ddot{\varphi}_2 = A_2(\dot{\varphi}_{\mathrm{s}} - \dot{\varphi}_2) - \left(M_{02} + c_2 \dot{\varphi}_2 + m_0 \dot{\varphi}_2^2 r_2 \mu_{\mathrm{d}2} \dfrac{d}{2} \right) - M_{z2}(t) \end{array} \right\} \tag{8-97}$$

为了分析方便，设

$$\left. \begin{array}{l} J_1 = J_2 = J, \ \Delta\ddot{\alpha} = \ddot{\varphi}_1 - \ddot{\varphi}_2, \ \Delta\dot{\alpha} = \dot{\varphi}_1 - \dot{\varphi}_2, \ \Delta\alpha = \varphi_1 - \varphi_2 \\[2mm] \Delta\alpha = \Delta\alpha_0 + \Delta\alpha_{\mathrm{a}} \\[2mm] \sin(\Delta\alpha_0 + \Delta\alpha_{\mathrm{a}}) \approx \sin \Delta\alpha_0 + \Delta\alpha_{\mathrm{a}} \cos \Delta\alpha_0 \end{array} \right\} \tag{8-98}$$

式(8-97)两式相减，可得

$$J\Delta\ddot{\alpha} + b\Delta\dot{\alpha} + k_0^2 r^2 W(\cos \Delta\alpha_0) \Delta\alpha_{\mathrm{a}} = \Delta M_{\mathrm{d}} - \Delta M_{\mu} - k_0^2 r^2 W \sin \Delta\alpha_0 \tag{8-99}$$

因为等号后的值近似为零，为使方程的特征根为负，应满足以下条件：

$$k_0^2 r^2 W \cos \Delta\alpha \geq 0 \quad \text{即} \quad W \cos \Delta\alpha \geq 0$$

当 $\Delta\alpha \approx 0$ 时，W 为正值。因此，工作频率 ω 小于固有频率 $\omega_0 = \sqrt{\dfrac{k + 2k_0}{m}}$ 的运动状态是稳定的。即

$$k + 2k_0 - m\omega^2 > 0, \qquad \omega < \omega_0 \tag{8-100}$$

弹性连杆式振动机通常在亚共振状态下工作，所以采用双激振器驱动是可以实现所需工况的。如果在超共振状态下工作，是不能采用双激振器驱动的。

8.5 振动同步理论的发展及应用

同步现象是自然界、人类社会及工程技术领域中客观存在的一种运动形式。最早发现机械系统的振动同步现象或自同步现象的是 Huygens（1629～1695），他曾做过这样的试验：当两台挂钟同时挂在可摆动的薄板上，并满足一定的条件

时，可以观察到这两台挂钟的摆实现同步摆动；而将它们挂于墙壁上时，则会失去同步。

从 1894 年至 1922 年，同步现象在非线性电路中也被许多科学家（如 Rayleigh，Vincent，Moller，Appletont，van der Pol）所发现，并称这种现象为"频率俘获"。在非线性系统中，当系统接近共振工作时，其固有频率 ω_0 常常被强迫振动频率 ω 所俘获，此时系统只能出现频率为 ω 的振动；而在线性系统中，当系统接近共振工作时，强迫振动频率 ω 与固有频率 ω_0 两种频率的振动同时都会产生，因而线性系统会出现所谓的"拍振"。因此，"频率俘获"（或称"同步"），是非线性振动系统的特有现象。

20 世纪 60 年代，苏联的 Blehman 博士提出了双激振器振动机的同步理论。即在一个振动体上，安装两台感应电动机分别驱动的两个惯性激振器，在具备一定条件时，两惯性激振器可以实现同步运转，在振动机中就可以取消齿轮同步器。采用由两台感应电动机分别驱动的两个惯性激振器激励，可使振动机实现所要求的直线振动、圆周运动或其他形式的运动。

1980 年，日本学者 Inoue 和 Araki 等研究了双电动机驱动的平面振动机的 3 倍频同步；本书作者也指出：在某些非线性系统中，不仅可以实现 3 倍频同步，而且可以实现各次谐波的倍频同步，即 2 倍频、3 倍频和 n 倍频同步，同时还可以获得次谐波的降频同步。

分别由两台感应电动机驱动的双激振器激励的振动机械，由于应用了振动同步原理，使机器结构大为简化。在许多工业部门中，利用振动同步原理的自同步振动机得到了十分广泛的应用。例如，目前已应用于工业部门中的自同步振动机有自同步直线振动筛、自同步概率筛、激振器偏移式自同步冷矿筛、自同步热矿筛、自同步振动垂直输送机、自同步振动成型机、自同步振动冷却机、自同步振动干燥机、自同步振动破碎机、自同步振动球磨机、自同步振动落砂机、自同步振动上料机、自同步振动输送机、自同步振动给料机、自同步振动脱水机、自同步高频振动细筛、自同步双向半螺旋振动细筛、自同步锥面振动细筛、自同步振动采油装置等，都发挥着巨大作用，创造了巨大的经济效益。

9 振动筛某些零部件的设计计算

9.1 弹性元件的设计计算

9.1.1 弹性元件的种类及其用途

振动机械中所采用的弹性元件，按照用途可分为五类：

（1）隔振弹簧。它的作用是对振动机体实现弹性支承，使机体产生弹性振动，并减小传给地基或结构架上的动载荷。这类弹簧的刚度选得较小，机器振动系统的固有频率远小于其工作频率。

（2）主振弹簧。它的作用是使振动机工作在指定的工作状态下（如近共振状态）。例如，惯性式共振筛、弹性连杆式近共振振动筛及电磁式近共振振动筛等，通常选用强迫振动频率 ω 稍低于固有频率 ω_0 的近亚共振的工作状态，这时必须采用刚度适当的主振弹簧。

（3）传动弹簧。它的主要作用是传递激振力。例如弹性连杆式振动筛，在连杆端部装有弹簧，除了使系统实现弹性振动外，还传递给振动系统为保持持续振动所必需的激振力。

（4）导向板弹簧。它的作用是起导向作用，以使振动机体沿垂直于板弹簧中心线方向的振动。

（5）其他特殊用途的弹簧。如橡胶链等。

目前，在振动机械中所采用弹簧的结构形式很多，最常见的有以下几种：

（1）金属螺旋弹簧。圆断面圆柱形螺旋弹簧是振动机械中目前应用最广的一种弹性元件。它的优点是：制造较为方便；内摩擦小，能耗较经济；在正确设计与制造的情况下，具有较长的寿命。缺点是：体积较大，易产生噪声；调节其刚度较不方便；横向刚度小，容易使机体出现横向摇晃。

除了采用钢丝为圆截面的圆柱弹簧外，还采用矩形截面的圆柱弹簧，以及采用塔形圆截面弹簧等。在小型机器中还采用拉力弹簧。

（2）板弹簧。在许多振动机械中，板弹簧作为导向杆使用；在板弹簧电振给料机和振动输送机中，可作为主振弹簧使用；在某些振动筛中，弯曲成圆弧形或椭圆形的板弹簧作为隔振弹簧使用。板弹簧的优点是：增减弹簧片数就可以调节弹簧的总刚度；能使机体实现定向振动。缺点是：加工量大，制造工艺要求较严；所占空间较大等。

（3）橡胶弹簧。在振动机械中，橡胶弹簧得到广泛的应用，它既可以作为主振弹簧使用，也可以作为隔振弹簧和传动弹簧使用。这种弹簧既可以在压缩状态下工作，也可以在剪切情况下工作。

橡胶弹簧具有下列特点：

1）它可以被制成各种不同的形状和尺寸，结构紧凑，能有效地利用空间。

2）橡胶的弹性模量远比金属小，且随硬度的变化在较大范围内变化，可以根据需要来改变橡胶硬度，使弹簧获得不同的刚度，即同一形状和尺寸的橡胶弹簧，其刚度可在一定范围内选取。此外，改变弹簧的内部结构（如圆柱形弹簧改变其中心孔的尺寸等），也可以改变弹簧的刚度。

3）橡胶弹簧三个方向的刚度，可根据实际需要进行设计。此外，橡胶弹簧可同时承受剪切变形和压缩变形。

4）橡胶弹簧的内摩擦阻尼比金属弹簧大得多，因而橡胶弹簧振动机启动、停车通过共振区时，出现的振幅比螺旋弹簧振动机要小得多，所以，采用橡胶弹簧的近共振振动机，其振幅比较稳定，但能耗比金属弹簧要大。

5）橡胶弹簧传递声音的阻力比金属弹簧大得多，所以隔音较好，工作时噪声小。

由于橡胶弹簧由高分子材料制成，比金属弹簧适应高低温的能力差，刚度受温度影响较大。对近共振式橡胶弹簧振动机，温度变化极易引起工作点的漂移。此外，橡胶弹簧抗油性能和抗光性能都较差，且易老化。尽管有上述不足，但其优点很突出，所以在振动机械中应用十分广泛。

（4）复合弹簧。复合弹簧是在金属螺旋弹簧周围包裹一层橡胶材料复合硫化而成的一种弹簧。它集金属弹簧和橡胶弹簧的优点于一体，并克服两者的缺点，形状和力学性能稳定，既具有橡胶弹簧的非线性和结构阻尼的特性，又具有金属螺旋弹簧大变形和承载能力大的特性，隔振降噪效果好，寿命长，工作平稳，过共振区时间短等优点，在振动机械中得到了广泛应用。

除上述 4 类弹簧外，还有空气弹簧和金属蝶形弹簧等。

9.1.2 弹性元件的等效刚度

在振动机械中，常常是由多个弹簧组合而成一个弹簧组，并将它们联接于一个或多个振动质体上。无论是隔振弹簧、主振弹簧或是连杆弹簧，按照它们的组合方式，可分为图 9-1 所示的反接式、并联式、串联式和复合式四种。

这些组合弹簧的总刚度的求法，就是用一个等效的弹簧来代替这些弹簧（如图 9-1e），当相同的力作用于等效弹簧上时，应该产生相同的变形。

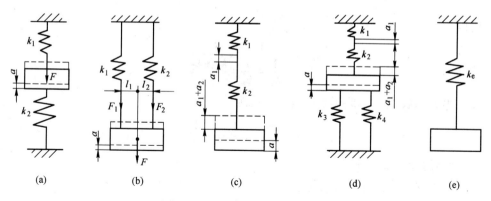

图 9 - 1　弹簧的组合方式示意图

（a）反接式；（b）并联式；（c）串联式；（d）复合式；（e）等效弹簧系统

9.1.2.1　反接式

当力 F 作用时（图 9 - 1a），弹簧 1 和 2 产生的变形均为 a，设它们所受的力分别为 F_1 和 F_2。显然，力 F 应是力 F_1 和 F_2 之和，因而有

$$k_e = \frac{F}{a} = \frac{F_1}{a} + \frac{F_2}{a} = k_1 + k_2 \qquad (9-1)$$

式中　k_e——弹簧的等效刚度；

k_1，k_2——弹簧 1 和 2 的刚度。

由此可知，反接式组合弹簧的等效刚度 k_e，可由弹簧 1 和 2 的刚度 k_1、k_2 直接相加而得。

9.1.2.2　并联式

假如 F 力的作用线恰好与弹簧 1 和 2 合力的作用线重合（图 9 - 1b），即 $F_1 l_1 = k_1 a l_1 = F_2 l_2 = k_2 a l_2$，显然，在此条件下，$F = F_1 + F_2$，弹簧 1 和 2 的变形为 a，则组合弹簧的等效刚度为

$$k_e = \frac{F}{a} = \frac{F_1}{a} + \frac{F_2}{a} = k_1 + k_2 \qquad (9-2)$$

并联式组合弹簧等效刚度的求法与反接式相同。

当弹簧 1 和 2 的合力作用线与作用力 F 不相重合时，其等效刚度必须另行计算。此外，在振动情况下，弹簧刚度的合成，还必须考虑振动机体转动惯量的影响。

9.1.2.3　串联式

弹簧 1 和 2 所受的力均为 F，F 力作用点的位移量 a 应等于弹簧 1 的变形 a_1 及弹簧 2 的变形 a_2 之和（图 9 - 1c），即

$$a = a_1 + a_2 \quad \text{或} \quad \frac{F}{k_e} = \frac{F}{k_1} + \frac{F}{k_2} \qquad (9-3)$$

所以

$$k = \frac{1}{\frac{1}{k_1} + \frac{1}{k_2}} = \frac{k_1 k_2}{k_1 + k_2} \qquad (9-4)$$

当 $k_1 = k_2$ 时，串联弹簧的合成刚度为

$$k = \frac{k_1 k_2}{k_1 + k_2} = \frac{1}{2} k_1 = \frac{1}{2} k_2 \qquad (9-5)$$

9.1.2.4 复合式

复合式弹簧的等效刚度是前几种情况的综合（图9-1d），即

$$k_e = k_{12} + k_{34} = \frac{k_1 k_2}{k_1 + k_2} + k_3 + k_4 \qquad (9-6)$$

式中 k_1，k_2，k_3，k_4——弹簧1、2、3、4的刚度；

$\quad\quad\quad$ k_{12}，k_{34}——弹簧1、2和3、4的等效刚度。

9.1.3 弹性元件的设计计算

9.1.3.1 金属螺旋弹簧的设计计算

在振动机械中应用的螺旋弹簧有圆截面的圆柱形弹簧、方截面的圆柱形螺旋弹簧和圆截面的塔式（锥形）螺旋弹簧等几种。

A 圆截面圆柱形螺旋弹簧的设计计算

螺旋弹簧受轴向力 F 作用时，弹簧轴向变形为

$$y = \frac{8FD^3 i}{Gd^4} \qquad (9-7)$$

式中 i——螺旋弹簧的工作圈数；

$\quad\quad$ D——螺旋弹簧的中径，即弹簧丝中心线处的直径，m；

$\quad\quad$ d——螺旋弹簧钢丝直径，m；

$\quad\quad$ G——弹簧钢的切变模量，$G = 8.0 \times 10^{10}\,\text{Pa}$。

每个弹簧中心线方向的刚度为

$$k_y = \frac{Gd^4}{8D^3 i} \qquad (9-8)$$

螺旋弹簧水平方向的刚度为：

$$k_x = \gamma k_y$$

其中 $\quad\quad$ $\gamma = \dfrac{2 \times 10^9 (1 - 0.6\alpha\beta^{1.5})}{G(1 + 0.8\beta^2)} \qquad (9-9)$

$$\alpha = \frac{y}{H}, \quad \beta = \frac{H}{D}$$

式中 γ——刚度系数，其值可由图9-2查出；

　　H——工作状态下弹簧的高度，m。

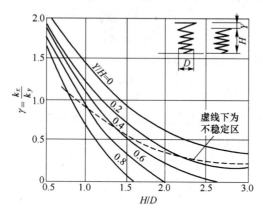

图9-2　水平方向刚度系数 γ

当轴向刚度 k_y 选定以后，则可按式（9-8）导出计算弹簧所需圈数 i、弹簧中径 D 或弹簧丝直径 d 的公式如下：

$$\left.\begin{aligned} i &= \frac{Gd^4}{8D^3k_y} \\ d &= \sqrt[4]{\frac{8k_yD^3i}{G}} \\ D &= \sqrt[3]{\frac{Gd^4}{8k_yi}} \end{aligned}\right\} \tag{9-10}$$

此外，螺旋弹簧还必须进行强度验算。其剪切应力应小于许用剪切应力，即

$$\tau = K\frac{8DF}{\pi d^3} = K\frac{GdA'}{\pi D^2 i} \leqslant [\tau] \tag{9-11}$$

式中 A'——弹簧的总变形，$A' = a + a_0$；

　　a_0——弹簧的静变形；

　　a——弹簧的动变形幅值；

　　K——曲度系数。

当机器正常工作时，a 即为机体的振幅 λ；当机器启动或停车时，$a = K_r\lambda$，其中 K_r 为通过共振时振幅的增大倍数，K_r 一般取为 $3\sim7$。

式（9-11）中的系数 K 可按下式计算：

$$K = \frac{4c-1}{4c-3}, \quad c = \frac{D}{d} \tag{9-12}$$

式中 c——弹簧指数。

假如已知弹簧的刚度 k_y 及选定弹簧的工作应力等于许用应力 $[\tau]$，则只要选定 $c = D/d$ 值，便可按下式求出所选的钢丝直径：

$$d \geq \sqrt{\frac{8 k_y c K y}{\pi [\tau]}} \qquad (9-13)$$

弹簧的工作圈数 i 可按下式求出：

$$i = \frac{Gd}{8 c^3 k_y} \qquad (9-14)$$

目前工业部门中所采用的螺旋弹簧的材质一般为 60Si2Mn。按正常工作载荷计算时，许用剪切应力应适当降低，以取 $[\tau] = 3.0 \times 10^8 \mathrm{Pa}$ 为宜。

B 方截面圆柱形螺旋弹簧的设计计算

正方形截面圆柱形螺旋弹簧，当受轴向力 F 作用时，其变形为

$$y = \frac{45 F D^3 i}{8 G b^4} \qquad (9-15)$$

式中 b——弹簧钢丝的边长，m。

每个弹簧的刚度为

$$k_y = \frac{F}{y} = \frac{8}{45} \frac{G b^4}{D^3 i} \qquad (9-16)$$

当 D、i 或 b 确定以后，剪应力为

$$\tau = K \frac{A' G b}{9 i D} \leq [\tau] \qquad (9-17)$$

上式中的系数 K 可按下式计算：

$$K = \frac{4c-1}{4c-4} + \frac{0.615}{c}, \quad c = \frac{D}{d} \qquad (9-18)$$

C 圆截面锥形螺旋弹簧的设计计算

此类弹簧有两种，一种是等节距的，另一类是等螺旋角的。

等节距圆锥形螺旋弹簧的刚度为

$$k_y = \frac{F}{y} = \frac{G d^4}{16 i \ (r_1 + r_2) \ (r_1^2 + r_2^2)} \qquad (9-19)$$

式中 r_1，r_2——圆锥弹簧小头和大头弹簧圈的平均半径。

等螺旋角圆锥形螺旋弹簧的刚度为

$$k_y = \frac{F}{y} = \frac{0.294 G d^4 \ln \left(\dfrac{r_2}{r_1} \right)}{(r_2^3 - r_1^3) 2 \pi i} \qquad (9-20)$$

其剪应力可按大头中径计算，即

$$\tau = K \frac{8 D F}{\pi d^3} \qquad (9-21)$$

上式中的 K 可按式(9-12)计算。

9.1.3.2 板弹簧的设计计算

在振动机械中应用的板弹簧,大多是由矩形截面的轧制弹簧板制成,有直线形和弯曲成圆弧形两类。

A 直线形板弹簧

直线形板弹簧按照其端部的固定方式有以下三种:

(1)一端固接,另一端自由(图9-3a)。

(2)两端均为固接,且两端可作相对平移运动(图9-3b)。

(3)两端固接在一个机体上,而中间固接在另一个机体上(图9-3c),两机体做相对平移运动。

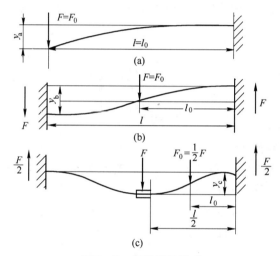

图9-3 板弹簧的形式

如图9-3所示,在垂直于板弹簧中心线作用一个力 F 时,上述三种弹簧的相对变形量分别为:

$$
\left.
\begin{aligned}
y_a &= \frac{Fl^3}{3EI} = \frac{4Fl^3}{Ebh^3} \\
y_b &= \frac{Fl^3}{12EI} = \frac{Fl^3}{Ebh^3} \\
y_c &= \frac{Fl^3}{192EI} = \frac{Fl^3}{16Ebh^3}
\end{aligned}
\right\}
\tag{9-22}
$$

式中　F——作用力,N;

　　　l——板弹簧的有效长度,m;

　　　E——钢的拉伸弹性模量,Pa,$E = 2.1 \times 10^{11}$;

　　　I——板弹簧抗弯惯性矩,m^4,$I = bh^3/12$;

b——板弹簧宽度，m；

h——板弹簧厚度，m。

因而板弹簧的刚度分别为

$$\left.\begin{aligned} k_a &= \frac{F}{y_a} = \frac{3EI}{l^3} = \frac{Ebh^3}{4l^3} \\[2mm] k_b &= \frac{F}{y_b} = \frac{12EI}{l^3} = \frac{Ebh^3}{l^3} \\[2mm] k_c &= \frac{F}{y_c} = \frac{192EI}{l^3} = \frac{16Ebh^3}{l^3} \end{aligned}\right\} \qquad (9-23)$$

若板弹簧的片数为 i，同时考虑板弹簧端部的压紧情况不可能达到完全紧固的程度，计算刚度时，须除以压不紧系数 α。板弹簧组实际刚度的计算公式为

$$\left.\begin{aligned} k_a &= i\,\frac{Ebh^3}{4\alpha l^3} \\[2mm] k_b &= i\,\frac{Ebh^3}{\alpha l^3} \\[2mm] k_c &= i\,\frac{16Ebh^3}{\alpha l^3} \end{aligned}\right\} \qquad (9-24)$$

式中　i——板弹簧片数；

　　　α——压不紧系数，$\alpha = 1.05 \sim 1.4$，对小型机器，取 $\alpha = 1.05 \sim 1.25$；对大型机器，取 $\alpha = 1.25 \sim 1.4$。

在选定板弹簧的尺寸以后，还应验算板弹簧危险断面上的弯曲应力。此弯曲应力应小于或等于许用弯曲应力：

$$\left.\begin{aligned} \sigma_a &= \frac{F_0 l_0}{W} = \frac{k_a A' l_0}{W} = \frac{Ebh^3 A' l}{4l^3 \dfrac{bh^2}{6}\alpha} = \frac{3EhA'}{2\alpha l^2} \leqslant [\sigma] \\[4mm] \sigma_b &= \frac{F_0 l_0}{W} = \frac{k_b A' l_0}{W} = \frac{Ebh^3 A' \dfrac{l}{2}}{l^3 \dfrac{bh^2}{6}\alpha} = \frac{3EhA'}{\alpha l^2} \leqslant [\sigma] \\[4mm] \sigma_c &= \frac{F_0 l_0}{W} = \frac{k_c A' l_0}{2W} = \frac{16Ebh^3 A' \dfrac{l}{4}}{2l^3 \dfrac{bh^2}{6}\alpha} = \frac{12EhA'}{\alpha l^2} \leqslant [\sigma] \end{aligned}\right\} \qquad (9-25)$$

式中　F_0，l_0——等效悬臂梁的作用力与力臂；

　　　A'——弹簧的最大变形，$A' = a_0 + a$，a_0 为静变形量，a 为动变形幅值。

板弹簧的材料一般选用 60Si2Mn。金属板弹簧的许用弯曲应力 $[\sigma]$，对厚

度不大的一般为 $1.1 \times 10^8 \sim 1.3 \times 10^8 \mathrm{Pa}$，对厚度大的一般为 $1.0 \times 10^8 \sim 1.2 \times 10^8 \mathrm{Pa}$；经喷丸处理的，许用应力可取较高的值，未经喷丸处理的应取低值。

在有些振动机械中，例如在共振筛中，其导向板弹簧是由玻璃钢或酚醛压层板制成。有的振动机械的板弹簧用竹片制成。而有的采用优质木料（如榆木等）制成。用木料做板弹簧时，应事先在沸水中浸煮。

试验证明，金属板弹簧经喷丸处理之后，其工作耐久性可以显著提高，因此，板弹簧表面应进行喷丸处理。

B 圆弧形板弹簧

圆弧形板弹簧的载荷 F_Q 应满足以下条件：

$$F_Q \leqslant 2.79 \frac{Ebh^2}{12R^2} \tag{9-26}$$

式中 R——圆环半径。

圆环材料中的弯曲应力为

$$\sigma = \frac{1.84Eh}{R} \leqslant [\sigma] \tag{9-27}$$

环形弹簧垂直方向与水平方向的刚度为

$$\left. \begin{array}{c} k_y = \dfrac{2EI}{\pi^3 R^3} \beta_y \\[2mm] k_x = \dfrac{EI}{\pi^3 R^3} \beta_x \end{array} \right\} \tag{9-28}$$

式中 I——弹簧的断面惯性矩（m^4），$I = \dfrac{bh^3}{12}$；

β_y，β_x——y 方向与 x 方向的系数（见图 9-4）。

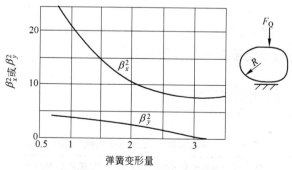

图 9-4 系数 β_y 与 β_x 曲线

9.1.3.3 橡胶弹簧的设计计算

在振动机械中，最常用的橡胶弹簧按其形状分为实心圆柱、空心圆柱、矩形等几种（图 9-5）；按照受力情况分为受压、受剪和倾斜力作用下的复合变形

（压缩变形与剪切变形同时作用）等几种（图9-5、图9-9）；按照弹性力曲线的形状，分为线性和非线性两类（图9-6）。

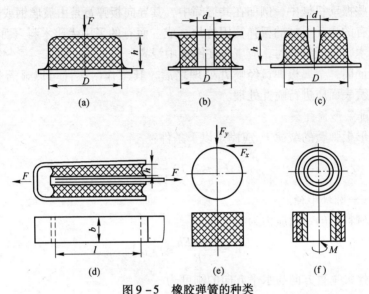

图9-5 橡胶弹簧的种类

（a），（e）实心圆柱；（b），（c）空心圆柱；（d）矩形；（f）橡胶铰链

　　下面介绍压缩橡胶弹簧、剪切橡胶弹簧、复合弹簧和橡胶铰链的计算方法。

　　橡胶弹簧所用橡胶材料的弹性模数 E 与邵氏硬度 HS 有关。

　　橡胶材料的拉压弹性模数 E 与邵氏硬度 HS 的关系为：

$$E = 3.57e^{0.033HS} \qquad (9-29)$$

　　橡胶材料的切变模量 G 与邵氏硬度 HS 的关系为：

$$G = 1.19e^{0.033HS} \qquad (9-30)$$

E 值和 G 值也可由表9-1查出。

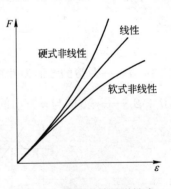

图9-6 橡胶弹簧的弹性力

表9-1 橡胶材料的拉压弹性模数与切变模量

邵氏硬度 HS	拉压弹性模数 E/MPa	切变模量 G/MPa	动刚度系数 K_d
40	1.35	0.45	1.10
45	1.54	0.51	1.15
50	1.80	0.60	1.20
55	2.12	0.71	1.28

邵氏硬度 HS	拉压弹性模数 E/MPa	切变模量 G/MPa	动刚度系数 K_d
60	2.48	0.83	1.40
65	2.96	0.99	—
70	3.47	1.18	—

A 压缩橡胶弹簧的计算

各种橡胶弹簧在设计过程中，通常按具体要求确定其外形尺寸和结构形状，所以橡胶弹簧的弹性模量与橡胶材料的弹性模量并不相同。如果把橡胶材料的弹性模量作为压缩橡胶弹簧的弹性模量，则在计算中会产生很大误差。其原因是：在压缩条件下，橡胶弹簧的弹性模量不仅与橡胶材料的弹性模量有关，而且与弹簧的形状、结构尺寸以及附件支承表面的结合状态有很大关系。因此，橡胶弹簧的弹性模量 E' 与橡胶材料的弹性模量 E 有以下关系：

$$E' = KE \tag{9-31}$$

式中　K——弹簧的压缩形状系数。

对于圆柱形橡胶弹簧，其形状系数为

$$K = 1.2(1 + 1.65\varphi^2) \tag{9-32}$$

式中　φ——橡胶弹簧受力面积 A_F 与橡胶弹簧侧表面自由面积 A_z 之比，简称为"面积比"。

对中心孔直径 d、外径 D、高度 h 的橡胶弹簧，其面积比为

$$\varphi = \frac{A_F}{A_z} = \frac{\frac{1}{4}\pi(D^2 - d^2)}{\pi(D + d)h} = \frac{D - d}{4h} \tag{9-33}$$

对实心圆柱弹簧，取 $d = 0$ 代入上式即可。

对于矩形橡胶弹簧，其形状系数为

$$K = 1.2(1 + 2.22\varphi^2) \tag{9-34}$$

面积比 φ 可由下式求出

$$\varphi = \frac{A_F}{A_z} = \frac{ab}{2(a + b)h} \tag{9-35}$$

式中　a，b——矩形两个边的尺寸，即长度与宽度。

求得橡胶弹簧的弹性模量 E'，可得橡胶弹簧静态情况下压力与变形的关系为

$$F_y = E'A_F \frac{y}{h - y} = KEA_F \frac{y}{h - y} \approx KEA_F\left(1 + \frac{y}{h}\right)\frac{y}{h} \tag{9-36}$$

橡胶弹簧刚度为

$$k_y = \frac{F_y}{y} = KEA_F \frac{1}{h} \left(1 + \frac{y}{h}\right) \qquad (9-37)$$

由上式可见，压缩变形的刚度随变形量的增大而增加，弹性力为硬式非线性曲线（图9-6）。而在变形很小的情况下，弹性力近似于线性，弹簧刚度公式可近似地表示为

$$k_y = KEA_F \frac{1}{h} \qquad (9-38)$$

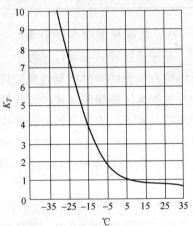

对橡胶弹簧来说，温度对橡胶弹簧的刚度有明显影响，温度增高，刚度减小；温度降低，则刚度增大。图9-7为温度影响系数K_T曲线。

动态情况下及不同温度下的弹簧刚度可表示为

$$k_{yd} = K_d K_T k_y \qquad (9-39)$$

式中　K_d，K_T——动刚度系数和温度影响系数（见表9-1与图9-7）。

图9-7　温度影响系数K_T曲线

为了使压缩弹簧耐久地工作，其实际应力σ应小于许用应力$[\sigma]$，即

$$\sigma = \frac{F_y}{A_F} = \frac{K_y y}{A_F} \leqslant [\sigma] \qquad (9-40)$$

B　剪切橡胶弹簧的计算

剪切橡胶弹簧通常在垂直于剪切力作用方向预先压缩，以防产生剪切变形后，橡胶弹簧某些部位承受拉力，以避免弹簧局部撕裂。

剪切橡胶弹簧的计算，可分为近似计算和精确计算两种方法。

a　近似计算法

不考虑横断面积的变化及弯曲变形的影响。在弹性限内，剪切应力τ与应变γ有以下关系（参看图9-8）：

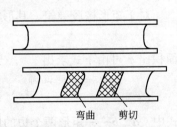

弯曲　剪切

$$\tau = G\gamma \quad \text{或} \quad \pi = \frac{F_x}{A_F} = G\gamma \qquad (9-41)$$

式中　G——切变模量（见表9-1）；

图9-8　剪切变形与弯曲变形

　　　　F_x——剪切力，$F_x = A_F \tau$；

　　　　A_F——受力面积。

对于矩形截面　　　　　　　　　　　$A_F = ab$

对于实心圆截面　　　　　　　　　　$A_F = \frac{1}{4}\pi D^2$

对于空心圆截面 $\qquad A_{\mathrm{F}} = \dfrac{1}{4}\pi(D^2 - d^2)$

剪切力 F_x 与应变 $\gamma = \dfrac{x}{h}$ 的关系为

$$F_x = A_{\mathrm{F}} G\gamma = A_{\mathrm{F}} G\,\frac{x}{h} \qquad (9-42)$$

式中　x——剪切力作用方向上橡胶弹簧的变形；

　　　h——橡胶弹簧高度。

剪切橡胶弹簧的静刚度为

$$k_x = \frac{F_x}{x} = \frac{A_{\mathrm{F}} Gq}{h} \qquad (9-43)$$

式中　q——剪切形状系数；

　　　其他符号意义同前。

对于矩形截面，当剪切变形方向平行于 a 边时，则剪切形状系数为：

$$q = \frac{1}{1 + \dfrac{G}{E}\left(\dfrac{h}{a}\right)^2} \qquad (9-44)$$

对于矩形截面，当剪切变形方向平行于 b 边时，则剪切形状系数为：

$$q = \frac{1}{1 + \dfrac{G}{E}\left(\dfrac{h}{b}\right)^2} \qquad (9-45)$$

对于实心圆截面，则剪切形状系数为：

$$q = \frac{1}{1 + \dfrac{4}{3}\dfrac{G}{E}\left(\dfrac{h}{D}\right)^2} \qquad (9-46)$$

对于空心圆截面，则剪切形状系数为：

$$q = \frac{1}{1 + \dfrac{4}{3}\dfrac{G}{E}\left(\dfrac{h}{D+d}\right)^2} \qquad (9-47)$$

剪切橡胶弹簧的动刚度为

$$k_{动} = K_{\mathrm{d}} K_T k_x \qquad (9-48)$$

式中　K_{d}——动刚度系数；

　　　K_T——温度影响系数（见图9-7）。

　b　精确计算

考虑横断面积变化对剪切力和刚度的影响，同时还考虑橡胶弯曲变形对刚度的影响。

实际上，当剪切力作用于弹簧上时，弹簧除了产生图9-8右侧所示的剪切变形外，还产生如图 9-8 左侧所示的弯曲变形，所以其总变形是两种变形的合成。

$$x = x_1 + x_2 = \frac{F_x h}{G(A_F - \Delta A_F)} + \frac{F_x h^3}{12EI}$$

$$\approx \frac{F_x h}{GA_F} \times \frac{\sqrt{h^2 + x^3}}{h} + \frac{F_x h^3}{12EI} \qquad (9-49)$$

式中　x_1，x_2——剪切弹簧的切变形和弯曲变形；

　　　G，E——橡胶弹簧切变模量和拉伸弹性模量；

　　　A_F，ΔA_F——初始面积和变形后面积减小量；

　　　　　I——弯曲断面的惯性矩。

对于矩形截面

$$I = \frac{ba^3}{12} \approx \frac{1}{12} A_F a^2 \frac{h}{\sqrt{h^2 + x^2}} \qquad (9-50)$$

对于圆截面

$$I = \frac{\pi}{64}(D^4 - d^4) \approx \frac{1}{16} A_F (D^2 + d^2) \frac{h}{\sqrt{h^2 + x^2}} \qquad (9-51)$$

将式(9-50)代入式(9-49)，得矩形截面弹簧位移为

$$x = \frac{F_x h}{GA_F}\Big[1 + \frac{G}{E}\Big(\frac{h}{a}\Big)^2\Big]\Big[1 + \frac{1}{2}\Big(\frac{x}{h}\Big)^2\Big] \qquad (9-52)$$

对圆截面弹簧，其位移

$$x = \frac{F_x h}{GA_F}\Big[1 + \frac{4}{3}\frac{G}{E}\Big(\frac{h^2}{D^2 + d^2}\Big)\Big]\Big[1 + \frac{1}{2}\Big(\frac{x}{h}\Big)^2\Big] \qquad (9-53)$$

因此，矩形截面弹簧的静刚度为

$$k_x = \frac{F_x}{x} = \frac{GA_F}{h\Big[1 + \frac{G}{E}\Big(\frac{h}{a}\Big)^2\Big]}\Big[1 - \frac{1}{2}\Big(\frac{x}{h}\Big)^2\Big] \qquad (9-54)$$

圆截面弹簧的静刚度为

$$k_x = \frac{F_x}{x} = \frac{GA_F}{h\Big(1 + \frac{4}{3}\frac{G}{E}\frac{h^2}{D^2 + d^2}\Big)}\Big[1 - \frac{1}{2}\Big(\frac{x}{h}\Big)^2\Big] \qquad (9-55)$$

由式(9-54)和式(9-55)可见，剪切橡胶弹簧的弹性力和刚度，随位移的增大而减少，因而它具有软式非线性的性质（见图 9-6）。当相对变形量 $\frac{x}{h}$ 较小时，弹性力近似于直线变化，弹簧刚度近似等于常数。

为了使剪切橡胶弹簧耐久地工作，其实际剪应力应小于许用剪应力，即

$$\tau = \frac{F_x}{A_F} = \frac{k_x \gamma}{A_F} \leqslant [\tau] \tag{9-56}$$

C　斜置复合变形橡胶弹簧的计算

设橡胶弹簧在 F 力作用下(见图9-9),将产生沿倾斜方向的变形 ΔS,由于垂直方向与水平方向刚度不同,F 力作用方向与变形方向并不相同,显然垂直方向的变形 ΔS_y 与水平方向的变形 ΔS_x 分别为

$$\left.\begin{array}{l} \Delta S_y = \dfrac{F\cos\alpha}{k_y} \\[3mm] \Delta S_x = \dfrac{F\sin\alpha}{k_x} \end{array}\right\} \tag{9-57}$$

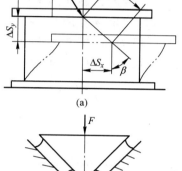

图9-9　斜置复合变形橡胶弹簧
(a) 单个的;(b) 组合的

式中　α——力 F 与垂直线的夹角;

k_y,k_x——y 方向与 x 方向的刚度。

垂直方向变形 ΔS_y、水平方向变形 ΔS_x 及总变形 ΔS 的关系为

$$\left.\begin{array}{l} \Delta S_y = \Delta S\cos\beta \\[2mm] \Delta S_x = \Delta S\sin\beta \end{array}\right\} \tag{9-58}$$

或　　　　$$\tan\beta = \frac{\Delta S_x}{\Delta S_y} = \frac{k_y}{k_x}\tan\alpha$$

橡胶弹簧在 F 力作用下产生的位移 ΔS,其变形能为:

$$k\frac{\Delta S^2}{2} = \frac{k_y \Delta S_y^2}{2} + \frac{k_x \Delta S_x^2}{2} \tag{9-59}$$

式中　k——弹簧在 F 力作用线方向的刚度。

式(9-59)可写为:

$$k\Delta S^2 = k_y \Delta S^2 \cos^2\beta + k_x \Delta S^2 \sin^2\beta \tag{9-60}$$

或　　　　　　$$k = k_y \cos^2\beta + k_x \sin^2\beta$$

将式(9-58)代入式(9-60),则得

$$k = k_x k_y \left(\frac{k_y \sin^2\alpha + k_x \cos^2\alpha}{k_y^2 \sin^2\alpha + k_x^2 \cos^2\alpha}\right) \tag{9-61}$$

而　　　$$\Delta S = \frac{F}{k} = \frac{F}{k_x k_y}\left(\frac{k_y^2 \sin^2\alpha + k_x^2 \cos^2\alpha}{k_y \sin^2\alpha + k_x \cos^2\alpha}\right) \tag{9-62}$$

图9-9b 所示的橡胶弹簧,F 力作用方向的总刚度为

$$\sum k = 2k = 2(k_y \sin^2\alpha + k_x \cos^2\alpha) \tag{9-63}$$

D　橡胶铰链的设计计算

在一些振动输送机和其他振动机中,用受挤压的筒形橡胶作为铰链(即相

当于轴承）使用。橡胶铰链与一般轴承（滑动或滚动）相比，它不需要润滑，工作寿命长，具有一定的缓冲性能，噪声小。滑动轴承与滚动轴承需经常润滑，有局部磨损，且有噪声。但橡胶铰链仅适用于摆角不大的情况。

橡胶铰链通常须进行扭转计算及受压计算。

a 扭转计算

筒形橡胶铰链如图 9 - 10 所示。当受扭转力矩 M 作用时，在半径 r 处的某层厚为 Δr 的橡胶层产生转角 $\Delta\varphi$，剪切相对变形 γ 为

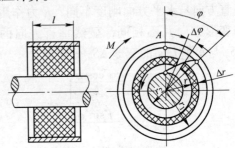

$$\gamma = \frac{r\Delta\varphi}{\Delta r} \qquad (9-64)$$

半径 r 处橡胶层的面积为

$$A = 2\pi rl \qquad (9-65)$$

图 9 - 10 橡胶铰链

式中 l——橡胶弹簧长度。

圆周方向的剪切力 F_s 为

$$F_s = GA\gamma = 2G\pi rl \frac{r\Delta\varphi}{\Delta r} \qquad (9-66)$$

剪切力产生的转矩为

$$M = F_s r = 2G\pi l \frac{\Delta\varphi}{\Delta r} r^3 \qquad (9-67)$$

由此得

$$\Delta\varphi = \frac{M\Delta r}{2G\pi lr^3} \qquad (9-68)$$

转角 φ 可由下式积分求得：

$$\varphi = \int_{r_2}^{r_1} \frac{M dr}{2G\pi lr^3} = \frac{M}{2\pi Gl}\left(\frac{1}{2r_2^2} - \frac{1}{2r_1^2}\right) = \frac{M(r_1^2 - r_2^2)}{4\pi Glr_1^2 r_2^2} \qquad (9-69)$$

因而扭转橡胶弹簧（即橡胶铰链）的刚度 k_φ 为

$$k_\varphi = \frac{M}{\varphi} = \frac{4\pi Glr_1^2 r_2^2}{r_1^2 - r_2^2} \qquad (9-70)$$

转矩 M 与转角 φ 之间的关系，由上式得

$$M = \frac{4\pi Glr_1^2 r_2^2 \varphi}{r_1^2 - r_2^2}, \quad \varphi = \frac{2\lambda}{l_{导向}} \qquad (9-71)$$

式中 r_1，r_2——橡胶铰链的外半径和内半径；

λ——相对振幅；

$l_{导向}$——导向杆长度（即两导向铰链的距离）。

橡胶铰链作用于两个机体的总转矩为

$$M_{总} = i_{支座}M_{支座} + \frac{1}{2}i_{导向}M_{导向} \tag{9-72}$$

式中 $M_{支座}$, $M_{导向}$——支座铰链与导向铰链的转矩;

　　　　$i_{支座}$, $i_{导向}$——支座铰链数目及导向铰链数目(每一导向杆有两个导向铰链)。

　　由铰链折算到两个质体相对振动方向上的刚度为

$$k_{铰} = \frac{M_{总}}{l_{导向}\lambda} \tag{9-73}$$

式中 $l_{导向}$——导向杆长度(即两导向铰链的距离)。

　　铰链扭转产生的剪切应力为

$$\tau = \frac{M}{2\pi r^2 l} \tag{9-74}$$

b　压缩计算

　　径向力作用下产生的压缩变形为:

$$y = \frac{F\ln\dfrac{r_1}{r_2}}{\pi l\ (EK + G)} \tag{9-75}$$

$$K = 1 + m_e\frac{r_2 l}{(2r_2 + l)h} \tag{9-76}$$

式中 K——系数;

　　　h——橡胶层厚度, $h = r_1 - r_2$;

　　　m_e——系数, 常取 $m_e = 4.67$。

　　铰链的压缩刚度为

$$k_{压} = \frac{F}{y} = \frac{\pi l(EK + G)}{\ln\dfrac{r_1}{r_2}} \tag{9-77}$$

　　橡胶铰链受压后的压应力与切应力:

$$\sigma = EK\frac{hy}{(h - y)^2} \tag{9-78}$$

$$\tau = G\frac{y}{h} \tag{9-79}$$

E　橡胶弹簧的许用变形与许用应力

　　为使橡胶弹簧耐久地工作, 其变形与应力应限制在许用范围以内。下面一些数据可供计算参考。

　　对高度不超过8cm的橡胶弹簧, 它在最大载荷作用下所产生的变形, 一般不超过下列数值:在静载荷时的压缩应变为15%, 切应变为20%; 在动载荷时的压缩应变为 5% ，切应变为 8% 。

其工作应力应满足以下要求：压缩应力 $\sigma < 15 \times 10^5$ Pa；切应力 $\tau < 4 \times 10^5$ Pa。

对于断裂强度为 $1 \times 10^7 \sim 2 \times 10^7$ Pa，断裂时相对伸长为 400% ～ 500% 的中等硬度橡胶，其许用应力见表 9 - 2。

表 9 - 2　许用应力值

应力与应变形式	许用应力/MPa		
	静载荷	短期冲击载荷	长期动力载荷
拉伸	1.0 ~ 2.0	1.0 ~ 2.5	0.5 ~ 1.0
压缩	3.0 ~ 5.0	2.5 ~ 5.0	1.0 ~ 1.5
平行剪切	1.0 ~ 2.0	1.0 ~ 2.0	0.3 ~ 0.5
旋转剪切	2.0	2.0	0.3 ~ 1.0
扭转剪切	2.0	2.0	0.3 ~ 0.5

9.2　激振器的设计计算

工程中常用的激振器有惯性式、弹性连杆式和电磁式三种类型。下面分别介绍这三种激振器的设计计算。

9.2.1　惯性激振器的设计计算

惯性式激振器分为偏心块式（见图 1 - 11）、偏心轴式（见图 1 - 12）及偏心块与偏心轴共存的复合式（见图 2 - 11）三种，其偏心块质量的配置方式及优缺点见表 9 - 3。偏心块式惯性激振器的偏心块形状如图 9 - 11 所示，分为扇形、半圆形和弓形。

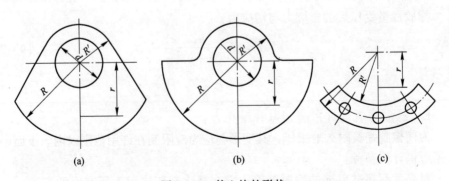

图 9 - 11　偏心块的形状
（a）扇形；（b）半圆形；（c）弓形

表9-3 偏心块质量的配置方式及优缺点

偏心质量的配置方式	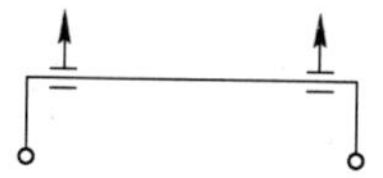		
弯矩图	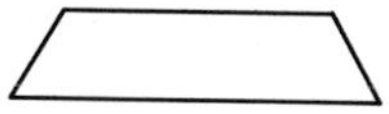		
结构特点	偏心质量全布置在侧壁以外的圆盘上	偏心质量全布置在两侧壁之间的传动轴上	偏心质量分别布置在传动轴和侧壁以外的圆盘上
优点	1. 传动轴各部无偏心，加工简便； 2. 中点弯矩较小； 3. 偏心质量可调，振动机振幅可调	1. 无圆盘，结构简单、紧凑； 2. 箱体宽度以外仅有皮带轮； 3. 偏心质量全在轴上，充分利用空间	1. 传动轴中心弯矩最小； 2. 偏心质量可调，振幅可调； 3. 圆盘直径较小，结构紧凑
缺点	1. 宽度尺寸大； 2. 圆盘直径较大，结构不紧凑； 3. 零件多，结构复杂	1. 传动轴中间弯矩最大； 2. 偏心质量不可变，振幅不可调	1. 轴和圆盘上都有偏心质量； 2. 宽度尺寸大； 3. 结构复杂，制造复杂

在偏心块式激振器设计时，首先要确定所设计的偏心块的形状，然后根据动力学参数计算出的偏心块总质量矩，由结构定出所需的偏心块个数 i 后，计算出每个偏心块的质量矩 M_0。再根据转轴的结构和空间大小确定出偏心块的 R 和 R' 值。最后利用理论力学求出偏心块的偏心距 r 值：

$$M_0 = Sh\rho r \tag{9-80}$$

式中　S——偏心块断面面积，m^2；

　　　h——偏心块的厚度，m；

　　　ρ——偏心块材料密度，$\mathrm{kg/m}^3$；

　　　r——偏心块偏心距，m。

9.2.2 弹性连杆式激振器的设计计算

在设计弹性连杆式激振器时，首先确定所设计的弹性连杆式激振器的形式，若确定具有偏心轴的弹性连杆式激振器（图1-12），根据所需要的激振力选择双列向心球面滚子轴承，然后对偏心轴进行结构设计，其偏心轴的偏心距 r 为：

$$r = \frac{\lambda}{\cos \alpha} \qquad (9-81)$$

式中　λ——相对振幅；

　　　α——相位差角。

根据动力学参数计算所得的连杆上的最大作用力，按机械原理设计连杆的结构尺寸，再按材料力学对偏心轴进行强度计算，最后根据动力学参数计算出的连杆弹簧的刚度，按6.5.4节中弹性元件的设计计算方法设计出连杆弹簧。

9.2.3　电磁式激振器的设计计算

9.2.3.1　电磁铁设计中应注意的几个问题

（1）当电磁铁有漏感，及电路内有串联电感或串联电阻时，无论是哪一种电振机，其电磁力都是位移的函数。它们对磁密及电磁力都有较明显的影响。同时还会引起实际频率比的改变和工作点的漂移。一般来说，它们的存在对电振机的工作是不利的。因此，在设计时应尽量选择漏磁较小的电磁铁，电路内尽量避免串联外加电感及电阻，阻抗比应控制在0.05以内，不变电感系数及漏感系数最好小于0.2。

（2）增大电磁铁的气隙，会显著增大线圈内的电流，降低功率因数，所以在保证铁心与衔铁不发生碰撞的条件下，应使气隙尽量小。通常取相对振幅与平均气隙之比为0.7~0.85。降频电振机通常要求有较大的振幅，所以必须相应地增大电磁铁的气隙。气隙增大，漏磁也相应增大，则线圈内的电流也明显增加，造成功率因数降低，这是值得注意的。另外，由于振幅较大，弹簧应力增大，这时采用螺旋弹簧较为合适。

（3）选择电磁铁的磁密时应注意：既不浪费电磁铁，又不允许跨入重饱和区。此外，还应使电磁铁的温升满足要求。出现磁饱和的特征是电流波形变尖。这会引起电流有效值增大，功率因数降低，功率损耗加大，因此，必须对最大磁密值加以限制。电磁铁的温升过高，可能是由于散热条件不好，电磁铁涡流损失过大而引起的，也必须防止温升过高。

（4）设计电磁铁的结构时，必须注意避免在电磁铁的内部产生较大的涡流损失，以免造成局部温升过高。

9.2.3.2　电磁铁式激振器的设计步骤

根据给定可使用电压、工作条件，如环境温度和湿度等、工作频率与相对振幅、所需的激振力幅值、激振力与位移间的相位差角等原始数据，按以下步骤进行电磁式激振器的设计计算。

A　选择激磁方式和调节方式

根据对电磁振动机工作频率与振幅的要求，可选定如图7-4所示的交流激磁、半波整流激磁、半波加全波整流激磁、可控半波整流间歇触发激磁、可控半波整流交替触发激磁和变频机降频激磁方式。它们可分别获得 6000 次/min、3000 次/min、1500 次/min 或频率更低的振动。

根据电振机的使用条件与工作特点，选择合适的调节方式：电感或电阻调节，调压器调节，可控硅调节等。

B 选择铁心结构

合理的铁心结构，可以有效地利用硅钢片，减少加工工时，减少漏磁，并有利于安装与调节。电磁铁铁心结构主要有三种：Π 型、Ⅲ 型和 H 型（见图 9-12）。

Π 型铁心结构简单，漏磁少，但结构不紧凑。Ⅲ 型铁心的结构较紧凑，便于安装，但漏磁较大，一般用于小型电振机中。GZ1 ~ GZ5 电振机采用 Ⅲ 型电磁铁；GZ6 ~ GZ9 电振机采用 Π 型电磁铁。H 型电磁铁的结构较为复杂，调节较困难，目前只在少数电振机中采用。

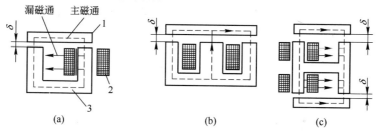

图 9-12 电磁铁的形式

（a）Π 型；（b）Ⅲ 型；（c）H 型

1—衔铁；2—线圈；3—铁心；δ—工作气隙

C 选定气隙磁密，确定磁极面积

气隙基本磁密许用值 $[B_0]$ 是根据铁心硅钢片的许用值确定的。选择许用磁密的原则是既不浪费电磁铁又不致出现过饱和。出现过饱和会引起电流有效值增大，功率因数降低，功耗增加，电磁铁温度升高。对于半波整流激振器许用气隙基本磁密 $[B_0]$ 一般选为 0.6 ~ 0.75T，一次谐波力幅值按式（9-82）计算：

$$F_1 = \frac{2K'[B_0]^2 S}{\mu_0} \quad (N) \tag{9-82}$$

由一次谐波力幅值 F_1，可求出磁极面积 S 为：

$$S = 2S' = \frac{\mu_0 F_1}{2K'[B_0]^2} \quad (m^2) \tag{9-83}$$

式中 K'——电阻影响系数；

μ_0——空气磁导率，$\mu_0 = 4\pi \times 10^{-7} H/m$；

S'——电磁铁铁心一个磁极气隙的截面积，m^2。

D 计算铁心磁密并求线圈匝数

铁心中交流磁密幅值 B_{0T} 为：

$$B_{0T} = \frac{\sigma_T B_0}{K_1 K_2} \tag{9-84}$$

式中 K_1——硅钢片压紧程度系数，取 $K_1 = 0.93 \sim 0.98$；

K_2——考虑涂漆层厚度的系数，取 $K_2 = 0.92 \sim 0.97$；

σ_T——漏磁系数，当安装气隙 $\delta_n = 1.5 \sim 2.5\text{mm}$ 时，可取 $\sigma_T = 1.05 \sim$
1.30；当安装气隙 $\delta_n = 2.5 \sim 6\text{mm}$ 时，可取 $\sigma_T = 1.15 \sim 1.50$，大型
电振机取小值，小型电振机取大值。

忽略电阻影响的基本磁密 B_0 为：

$$B_0 = \frac{\sqrt{2}u}{WS'\omega} \quad (\text{T}) \tag{9-85}$$

式中 u——交流电压有效值，V；

W——线圈匝数；

S'——电磁铁铁心一个磁极气隙的截面积，m^2；

ω——电源圆频率，$\omega = 2\pi f$，s^{-1}；

由式（9-85）可得出线圈匝数为：

$$W = \frac{u}{4.44 B_0 S' f} \tag{9-86}$$

考虑 K_1、K_2 和 σ_T 的影响，应取：

$$W = \frac{u}{4.44 B_{0T} S' f} \tag{9-87}$$

E 决定电磁铁的平均工作气隙 δ_0 和安装气隙 δ_n

$$\delta_n = \delta_0 + \Delta = \frac{\lambda}{\gamma} + \frac{F_0}{k} \tag{9-88}$$

式中 F_0——平均电磁力，N；

k——主振弹簧刚度，N/m；

λ——相对振幅，m；

Δ——主振弹簧静变形，m；

γ——比振幅，$\gamma = \lambda/\delta_0$，通常取 $\gamma = 0.7 \sim 0.8$。

F 计算电流有效值

基本电流 I_0 为：

$$I_0 = \frac{1.6 B_0 \delta_0 K_3}{W} \quad (\text{A}) \tag{9-89}$$

式中 K_3——考虑铁心磁阻的影响而引入的修正系数，一般取 $K_3 = 1.2 \sim 1.4$。

总电流有效值 I 为：

$$I = \zeta I_0 \quad (\text{A}) \tag{9-90}$$

其中

$$\zeta = \frac{1}{\sqrt{2}} \sqrt{2 \left(1 - \frac{\gamma}{2} \cos \alpha\right)^2 + 1 + \gamma^2 - 2\gamma \cos \alpha + \frac{1}{4} \gamma^2} \tag{9-91}$$

式中 γ——相对振幅 λ 与平均工作气隙 δ_0 之比；

α——位移落后于激振力的相位差角；

ζ——电流系数。

G 确定导线截面积

导线截面积 S_d 根据电流密度的许用值计算：

$$S_d = \frac{I}{[I_q]} \quad (\text{mm}^2) \tag{9-92}$$

式中 I——电流有效值，A；

$[I_q]$——电流密度的许用值，$[I_q] = 1.5 \sim 2\text{A/mm}^2$；对于大型电振机，取

$\qquad [I_q] = 1.5\text{A/mm}^2$；对于小型电振机，取 $[I_q] = 2\text{A/mm}^2$。

H 确定线圈及铁心尺寸并计算质量

根据线径和匝数，确定每一层的匝数，进而求出层数，把层与层之间绝缘层的厚度考虑进去，即可确定线圈的外形尺寸，由线圈的外形尺寸可设计出铁心窗口的尺寸。

（1）绕组铜质量：

$$m_T = \frac{\pi}{4} d^2 l \rho_T \quad (\text{kg}) \tag{9-93}$$

式中 ρ_T——铜导线密度，$\rho_T = 8.89 \times 10^3 \text{kg/m}^3$；

l——导线总长度，m；

d——导线直径，m。

（2）铁心质量：

$$m_{T1} = n S_1 \rho_g h \quad (\text{kg}) \tag{9-94}$$

其中

$$n = \frac{c}{h} K_1 K_2$$

式中 n——硅钢片片数；

S_1——铁心硅钢片的面积，m^2；

ρ_g——铁心硅钢片密度，$\rho_g = 7.55 \times 10^3 \text{kg/m}^3$；

c——铁心磁极断面厚度，m；

h——硅钢片每片厚度，m；

K_1——压紧程度系数，$K_1 = 0.93 \sim 0.98$；

K_2——填充系数，$K_2 = 0.92 \sim 0.97$。

（3）衔铁质量：

$$m_{T2} = nS_2\rho_g h \quad （kg） \tag{9-95}$$

式中 S_2——衔铁硅钢片的面积，m^2；

其他符号意义同前。

（4）磁铁总质量：

$$m_z = m_{T1} + m_{T2} \quad （kg） \tag{9-96}$$

I 线圈温升校核

线圈最大温升 θ 为：

$$\theta = \frac{W_c}{\mu_m S_0} = \frac{I^2 R}{\mu_m S_0} \tag{9-97}$$

式中 W_c——线圈功率损耗，W；

I——线圈总电流有效值，A；

R——线圈电阻，$R = \rho\dfrac{l}{S_d}$，Ω；

ρ——导线电阻系数，$\Omega \cdot m$；

μ_m——线圈的散热系数，$W/（m^2 \cdot \text{℃}）$，当温升为 65℃时，$\mu_m = 1.972$；当温升为 80℃时，$\mu_m = 11.35$；

S_0——线圈的散热面积，m^2，$S_0 = S_1 + \eta S_2$；

S_1——线圈的外表面面积，m^2；

S_2——线圈的内表面面积，m^2；

η——内表面折合系数。用绝缘材料做骨架时，$\eta = 0$；用金属材料作骨架时，$\eta = 1.7$；无骨架时，其内外表面散热效率基本相同。

9.3 箱体的结构设计

9.3.1 箱体的结构设计

筛箱由右侧板和横梁构成。侧板的厚度可根据机器的大小和所处理的物料性质，在 6~16mm 范围内选择，材料一般采用 Q235 和 20 号钢。筛箱必须要有足够的强度和刚性，箱体各零部件的联接方式有铆接、焊接和高强度螺栓联接三种。铆接结构的制造工艺复杂，但对振动负荷有较好的适应能力。焊接结构施工方便，但焊缝处内应力较大，在激烈的振动负荷下，容易发生焊缝开裂，甚至造成构件断裂。为了消除焊缝结构的内应力，可采用回火处理。焊接结构适用于中小型振动机。高强度螺栓联接可靠，可以在现场装配箱体，特别适合于大型振动机。

9.3.2 振动筛的动态特性与结构强度分析

振动筛的动态特性分析，可以采用理论分析法或实验分析法进行。如用理论分析法，则根据筛箱的特点，可以把筛箱离散为有限元网格模型。如节肢振动筛出料端筛机的筛框可离散为 SHELL63 单元 629 个、BEAM188 单元 78 个、MASS21 单元 51 个、COMBIN14 单元 8 个，总共划分为 654 个节点和 766 个单元，如图 9-13 所示。

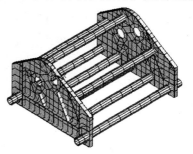

图 9-13　出料筛筛框的有限元模型

通过分析计算，可获得节肢筛出料筛前 10 阶固有频率值，见表 9-4，并能得到相应的固有振型，如图 9-14 所示。

表 9-4　出料筛前 10 阶固有频率值

阶数	1	2	3	4	5	6	7	8	9	10
频率/Hz	27.924	28.401	31.862	34.957	35.384	36.854	41.020	45.029	45.053	46.766

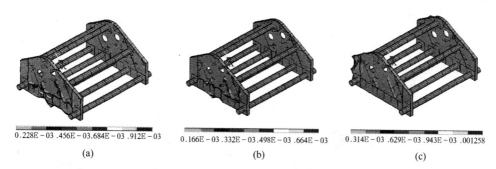

0.228E-03 .456E-03 .684E-03 .912E-03	0.166E-03 .332E-03 .498E-03 .664E-03	0.314E-03 .629E-03 .943E-03 .001258
(a)	(b)	(c)

图 9-14　节肢筛出料筛的前三阶固有振型

（a）第一阶固有振型；（b）第二阶固有振型；（c）第三阶固有振型

$$f_1 = 27.924\text{Hz} \qquad f_2 = 28.401\text{Hz} \qquad f_3 = 31.862\text{Hz}$$

该筛机的工作频率为 12Hz，从表 9-4 的计算结果可知一阶固有频率为 27.924Hz $=f_1 < f_2 < f_3 < f_4 < \cdots < f_{10} = 46.776\text{Hz}$，工作频率远小于第一阶固有频率，因此，工作频率不在共振区域，满足筛机工作时不会发生共振现象。

振动筛的结构强度问题一直受到用户的广泛关注，特别是大型振动筛更是如此。振动筛的结构较为复杂，利用弹性力学有限元法，根据筛箱的特点，把筛箱离散为有限元网格模型。如 LZS3090 冷矿振动筛，可离散为 SHELL63 单元 2990 个，BEAM188 单元 40 个，MASS21 单元 184 个，COMBIN14 单元 64 个。总共可分为 2578 个结点和 3278 个单元，如图 9-15 所示。

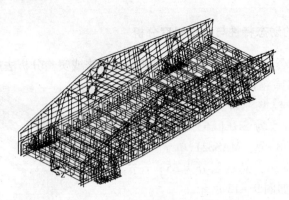

图 9 – 15　LZS3090 振动筛有限元网格图

　　通过结构分析计算，可获得梁和侧板上各部分的应力分布。计算结果表明，筛机正常工况下，从筛框在重力和简谐激励作用下的应力分布图 9 – 16 可以看出：筛框由前数第 6～12 根方梁与侧板连接部位及从后数第 2、3 根圆梁与侧板连接部位的应力均在 13.4MPa～21.5MPa 的范围内，个别部位的应力甚至达到 24.1MPa，其余各区域的应力均在 2.73MPa～13.4MPa 的范围内，均小于许用应力，满足强度要求。

　　筛机在停机过共振区工况下，从筛框应力分布图 9 – 17 可以看出：筛框从前数第 2、3、4 根方梁的中部，从后数第 3、4、5 根方梁的中部，上述各梁与侧板的连接部位，及其弹簧座与侧板的连接部位的应力，均在 37.1MPa～59.5MPa 的范围内，个别部位甚至达到 66.5MPa，其余各区域的应力均在 7.55MPa～37.1MPa 的范围内，均小于许用应力，满足强度要求。

| 52888 | .541E+0.7 | .108E+0.8 | .161E+0.8 | .215E+0.8 |
| .273E+0.7 | .808E+0.7 | .134E+0.8 | .188E+0.8 | .241E+0.8 |

| .1494163 | .150E+08 | .297E+08 | .445E+08 | .595E+08 |
| .755E+07 | .224E+08 | .371E+08 | .520E+08 | .665E+08 |

图 9 – 16　正常工况下的应力分布图　　　图 9 – 17　停机过共振区工况下的应力分布图

9.3.3　横梁断面的选取

　　振动筛的箱体横梁通常选用圆形钢管、槽钢、矩形钢管和工字钢制造。各种横梁的断面形状、尺寸及特点见表 9 – 5。

表 9 – 5 横梁的断面形状、尺寸及特点 单位: mm

项　目				
筛箱宽度	1000	$H=90$；$E=40$；$\delta=6$	$\phi=89$；$\delta=5$	
	1250	$H=100$；$E=46$；$\delta=6$	$\phi=95$；$\delta=6$	
	1500	$H=160$；$E=65$；$\delta=8$	$\phi=102$；$\delta=6$	
	1750	$H=160$；$E=65$；$\delta=8$	$\phi=108$；$\delta=6$	
	2000	$H=200$；$E=75$；$\delta=8$	$\phi=127$；$\delta=6$	
	2500		$\phi=159$；$\delta=8$	$H=250$；$E=160$；$\delta=8$
特　点		制造简单，与侧壁联结较方便，但抗扭能力较差，适用于小型筛机	制造简单，抗扭能力很强，各项受力一致，但与侧壁联接强度较弱，适用于单轴振动筛	制造复杂，但抗扭抗弯能力均较强，适用于大型双轴振动筛

参 考 文 献

[1] 闻邦椿, 刘凤翘. 振动机械的理论及应用 [M]. 北京：机械工业出版社, 1982.

[2] 闻邦椿, 刘凤翘, 刘杰. 振动给料机 振动筛 振动输送机的设计与调试 [M]. 北京：化学工业出版社, 1989.

[3] 闻邦椿, 刘树英, 何勋. 振动机械的理论与动态设计方法 [M]. 北京：机械工业出版社, 2001.

[4] 闻邦椿, 李以农, 张义民等. 振动利用工程 [M]. 北京：科学出版社, 2005.

[5] 闻邦椿, 赵春雨, 苏东海等. 机械系统的振动同步与控制同步 [M]. 北京：科学出版社, 2003.

[6] 闻邦椿, 刘树英, 张纯宇. 机械振动学 [M]. 北京：冶金工业出版社, 2000.

[7] 闻邦椿, 刘树英, 陈照波等. 机械振动理论及应用 [M]. 北京：高等教育出版社, 2009.

[8] 闻邦椿, 张天侠, 徐培民. 振动与波利用技术的新进展 [M]. 沈阳：东北大学出版社, 2000.

[9] 闻邦椿. 共振筛的构造及其理论的若干问题 [C]. 选矿文集 [M]. 第6集. 北京：冶金工业出版社, 1960, 29~54.

[10] 闻邦椿. 共振筛的动力学参数的选择与计算 [J]. 矿山机械, 1974.

[11] 闻邦椿. 在直线振动机上物料运动的基本特征及参数计算 [J]. 起重运输机械, 1974.

[12] 闻邦椿. 振动与冲击手册, 第三卷, 第六章, 振动的利用 [M]. 北京：国防工业出版社, 1992.

[13] 闻邦椿, 刘杰. 选矿手册, 第一卷, "筛分" 篇 [M]. 北京：冶金工业出版社, 1993.

[14] 唐敬麟. 破碎与筛分机械设计选用手册. 第二篇 "筛分机械" [M]. 北京：化学工业出版社, 2001.

[15] 闻邦椿. 机械设计手册 (第5版). 第6卷第38篇 [M]. 北京：机械工业出版社, 2010.

[16] 闻邦椿. 现代机械设计师手册. 下册：第10篇第4章 [M]. 北京：机械工业出版社, 2012.

[17] 闻邦椿. 电磁式振动机械的工作特性与运动学参数的计算 [J]. 石油化工起重运输, 1974, (2).

[18] 闻邦椿. 共振输送机与共振筛的动力学特性与改善其工作性能的措施 [J]. 起重运输机械, 1975.

[19] 闻邦椿等. 橡胶弹簧的静刚度和动刚度的试验 [J]. 石油化工起重运输, 1976, (4)：34~39.

[20] 闻邦椿, 电磁振动给料机电磁线圈匝数及漏磁系数测定值的计算 [J]. 石油化工起重运输, 1976, (1).

[21] 闻邦椿, 关立章. 自同步振动机的同步理论及调试方法 [J]. 矿山机械, 1979, (5).

[22] 闻邦椿. 振动输送机、振动给料机和振动筛的物料平均速度及生产率的计算 [J]. 起重运输机械, 1980, (5)：52~57.

[23] 闻邦椿. 激振器偏移式自同步振动机运动规律的研究 [J]. 应用力学学报, 1985, (3): 23～36.

[24] 闻邦椿. 概率等厚分级筛及其工业应用 [J]. 中国矿业学院学报, 1986, (1): 29～38.

[25] 闻邦椿. 概率筛分过程的理论与计算 [J]. 煤的输送, 1983, (2): 1～14.

[26] 闻邦椿, 林向阳. 概率等厚筛的研究与试验 [J]. 选煤技术, 1984, (2): 18～23.

[27] 闻邦椿. 振动同步理论的几个最新研究结果及其工业应用 [J]. 振动与冲击, 1983, (3): 1～42.

[28] 闻邦椿, 刘树英. 惯性式高频振动细筛的研究 [C]. 全国第二届振动机械学术会议论文集, 1983.

[29] 闻邦椿. 筛分方法的发展及新型筛分机械在工业中的应用 [C]. 第二届全国破碎磨碎学术会议论文集, 1983, 11: 98～108.

[30] 闻邦椿, 林向阳. 振动同步传动及其工业应用 [J]. 机械工程学报, 1984, (3): 26～42.

[31] 闻邦椿, 刘树英, 张纯宇. 机械振动学 (第2版) [M]. 北京: 冶金工业出版社, 2010.

[32] 闻邦椿、赵春雨、宋占传. 机械系统的振动同步、控制同步、复合同步 [J]. 工程设计, 1999. 3. 1～5.

[33] 闻邦椿, 纪盛青, 林向阳, 张天侠. LZS2585 偏转式双电机驱自同步冷矿振动筛理论与试验 [C]. 全国第五届振动机械与消振隔振会议论文集, 1990.

[34] 闻邦椿. 关于振动同步理论的几个最新研究结果及其应用 [C]. 长春: 在中国科学院技术学部扩大会议上的报告, 1982.

[35] Wen Bangchun, Li Yinong. The New Research and Development of Vibration Utilization Engineering [C]. Proceedings of 97' Asia～Pacific Vibration Conference, Kyongjn, Korea, 1997, 11: 19～24.

[36] Wen B C, Duan Z S. Study on the Nonlinear Dynamics of Self – Propelled Vibrating Machines with Rocked Impact [C]. Proceedings of International Conference on Nonlinear Oscillations, Valna, Bulgaria, 1984: 798～801.

[37] Wen B C. The Probability Thicklayer Screening Method and Its Industrial Applications [C]. Proceedings of International Symposium on Mining Science and Technology, Xuzhou, China, 1985.

[38] Wen B C, Ji S Q. The Theory and Experiment about the Resonant Probability Screen with Inertial Exciter [C]. Proceedings of International Conference on Vibration Problems In Engineering, Xi, an, China, 1986.

[39] Wen B C. Theory Experiments and Application of Probability Screen to Coal Classification [C]. Proceedings of International Conference on Modern Techniques of Coal Mining, Fuxing, China, 1986.

[40] Wen B C, Guan L C. Synchronization Theory of Self～Synchronous Vibrating Machine with Two Asymmetrical Vibrators [C]. Proceedings of International Conference on Mechanical Dynamics, Shenyang, China, 1987: 434～439.

[41] Wen B C. Synchronization Theory of Self ~ Synchronous Vibrating Machines with Ellips Motion Locus [C]. Proceedings of ASME Vibration and Noise Conference, Boston, USA, 1987.

[42] Wen B C, Zhang T X, Van J, Zhao C Y, Li Y N. Controlled Synchronization of Mechanical System [C]. Proceedings of the 3rd International Conference on Vibration and Motion Control, Tokyo, Japan, 1996, 2: 352 ~ 357.

[43] Wen B C, Zhang T X, Zhao C Y, Li Y N. Vibration Synchronization and Controlled Synchronization of Mechanical System [C]. Proceedings of Asia ~ Pacific Vibration Conference ' 95, Kuala Lumper, Malaysia, 1995: 30 ~ 39.

[44] Wen B C, Zhang T X, Fan J, Zhao C Y, Li Y N. Controlled Synchronization of Mechanical System [C]. Proceedings of the 3rd Inter. Conf. on Vibration and Motion Control, Tokyo, Japan, 1996.

[45] 刘树英, 刘杰, 闻邦椿. 高频振动细筛的机械设计与研究 [J]. 金属矿山, 1986, (6): 33 ~ 38.

[46] 刘树英, 王大成, 宫照民. 高频振动细筛的动力学实验 [J]. 选矿机械, 1986, (3): 21 ~ 24.

[47] 刘树英, 闻邦椿, 张天侠等. 旋振筛的设计研究 [J]. 机械设计与制造, 1992, (6): 27 ~ 28.

[48] 刘树英, 袁艺, 闻邦椿. 旋振式振动机的动力学分析 [J]. 东北大学学报, 1994, (1): 56 ~ 60.

[49] 刘树英, 闻邦椿. 大倾角振动输送机的设计研究 [C]. 第三届全国粉体工程学术会, 1994, 5: 203 ~ 207.

[50] 刘树英, 闻邦椿. 反流筛上物料的运动分析与反流筛动力学参数的选择 [J]. 选矿机械, 1988, (2): 13 ~ 17.

[51] 刘树英, 闻邦椿. 螺旋振动细筛的研究 [C]. 全国第四届振动机械与消振隔振会议论文集, 1987.

[52] 刘树英, 刘杰, 闻邦椿. 大型振动细筛的设计研究 [C]. 全国第五届振动机械与消振隔振会议论文集, 1990.

[53] 刘树英, 刘杰. 对惯性直线筛上石棉纤维与脉石运动的分析 [C]. 全国第五届振动机械与消振隔振会议论文集, 1990.

[54] 刘树英, 林向阳, 闻邦椿. QS1230 型琴弦筛的设计研究 [C]. 辽宁省振动工程学会第三届学术会论文集, 1991, 4: 104 ~ 107.

[55] 刘树英, 林向阳, 闻邦椿. 琴弦筛的设计研究 [J]. 矿山机械, 1991, (11): 26 ~ 27.

[56] 刘树英, 闻邦椿. 双向半螺旋振动细筛的设计研究 [J]. 机械设计与制造, 1995, (2): 37 ~ 39.

[57] 刘树英, 袁艺, 闻邦椿. 对直线振动筛上两种物料运动的分析 [J]. 东北大学学报, 1997, 振动专辑: 23 ~ 27.

[58] 刘树英, 宿苏英, 姚红良等. 双向半螺旋多层多路给料振动细筛的研究 [J]. 金属矿山, 2005, 专辑: 345 ~ 347.

[59] 刘树英，袁艺，闻邦椿. 考虑物料作用力的大倾角振动输送机的动力学分析 [J]. 东北大学学报，1996，(3)：315～318.

[60] Liu S Y, Yuan Y, Ji S Q, Wen B C. Dynamic Analysis of the Vibrating Conveyer with Large Inclination when Considering Material Forces [J]. Proceedings of Asia – Pacific Vibration Conference ' 95, Kuala Lumper, Malaysia, 1995：337～342.

[61] 刘杰，闻邦椿. 立式圆筒振动筛的物料运动理论 [J]. 选矿机械，1987，(4)：11～17.

[62] 刘杰. 弱非线性惯性共振式振动筛工作点的确定 [J]. 矿山机械，1990，(4)：22～25.

[63] 刘杰. 惯性共振式振动筛设计中的几个问题 [J]. 矿山机械，1990，(8)：44～48.

[64] 刘杰，闻邦椿. 筛面振动式电磁振动筛的设计与计算 [J]. 化工起重运输，1984，(4)：10～17.

[65] 刘杰，谢广平，纪盛青，佟杰新. 大型热矿振动筛动态有限元分析 [J]. 东北大学学报，1997，18 (3)：316～320.

[66] 刘杰，刘树英，林向阳，徐晓南. 摆动对水平振动筛物料运动的影响 [J]. 矿山机械，1991，(4)：6～9.

[67] 林向阳，闻邦椿，刘大瑛. 煤用概率等厚筛的研制与工业性试验 [J]. 选煤技术，1988，(3)：1～6.

[68] 闻邦椿，林向阳. 概率等厚筛的研究与实验 [J]，选煤技术，1984，(5)：18～23.

[69] 林向阳等. 概率等厚筛的动力学分析与电算 [J]. 矿山机械，1989，(1)：6～9.

[70] 关立章. 筛分机械横梁断面几何形状的分析 [J]. 矿山机械，1983，(3)：11～16.

[71] 骆明飞，林向阳，闻邦椿. 大倾角振动筛及振动输送机的物料运动速度 [J]. 起重运输机械，1987，(6)：16～20.

[72] 熊万里，闻邦椿，段志善. 自同步振动及振动同步传动的机电耦合机理 [J]. 振动工程学报，2000，(3)：325～331.

[73] 熊万里 闻邦椿. 弹性连杆式振动机的机电耦合自同步特性，振动与波利用技术的新进展 [M]. 沈阳：东北大学出版社，2000.

[74] 江晶. 多层多路给料振动脱水机的研究 [J]. 矿山机械，2008，(17)：102～104.

[75] Jing Jiang, Tong Zhu et al. Research and Application on Vibrating Style Drier with Conduction and Hear Transfer [J]. e – Engineering & Digital Enterprise Technology Ⅶ, Part 1, 2009：224～228.

[76] JIANG Jing, XIE Yuanhua, HAN Jin, WANG Lei. Research on Vibrating Spin – drier of Two – way and Half – spiral [C]. Proceedings of the 9th Vacuum Metallurgy and Surface Engineering Conference, Shenyang China. 2009：545～548.

[77] 王磊，江晶，刘树英. 节肢振动筛的动态特性分析 [J]. 矿山机械，2010，(1)：91～94.

[78] 王峰，刘恋华. 筛分机的动态特性分析 [J]. 矿山机械，1989，(10)：41～43.

[79] 王峰等. 振动筛启动与停车过程的减振问题 [J]. 矿山机械，1976，(4)：27～33.

[80] 韩二中. FGS—2—30 共振筛框架横梁的强度分析 [J]. 矿山机械，1975，(3)：27～33，(3)：45～51.

[81] 刘恋华，王峰. 大型筛分机的振动和结构强度 [J]. 矿山机械，1988，(4)：25～28.

[82] 陆信,张德生,周峰等. 矿山振动机械的新发展 [J]. 矿山机械,2008,(17):97~101.

[83] 张楠,王磊,闻邦椿. 基于 FEM 的节肢振动筛动力学特性分析 [J]. 机械制造,2007,(11):26~27.

[84] 任德树. 粉磨筛分原理与设备 [M]. 北京:冶金工业出版社,1984.

[85] 周恩浦等. 矿山机械(选矿机械部分)[M]. 北京:冶金工业出版社,1979.

[86] 铁摩申柯等. 工程中的振动问题 [M]. 胡礼人译. 北京:人民铁道出版社,1978.

[87] 张义民,宋占伟. 振动利用与控制工程的若干理论及应用 [M]. 长春:吉林科学技术出版社,2000.